Schnittkonstruktion in der Mode

Grundschnitte

Die französischsprachige Ausgabe dieses Buches erschien 2008 unter dem Titel „Le modélisme de Mode, Vol. 1: Coupe à plat, les bases" bei Édition Eyrolles, Paris.

Aus dem Fanzösischen von der MCS Schabert GmbH, München,unter Mitarbeit von Sabine Lemmer-Brust M.A. und Jürgen Brust M.A. (Übersetzung).

Bibliografische Information der Deutschen Nationalbibliothek
Die Deutsche Nationalbibliothek verzeichnet diese Publikation in der Deutschen Nationalbibliografie; detaillierte bibliografische Daten sind im Internet über http://dnb.d-nb.de abrufbar.

7., durchgesehene Auflage 2024

Druck: Central Dabas printing house, Ungarn

www.stiebner.com

ISBN 978-3-8307-0870-4

Teresa **Gilewska**

Schnittkonstruktion in der Mode

Grundschnitte

stiebner

Inhalt

Vorwort

Dieses Buch ist das Resultat von fast 30 Jahren Zusammenarbeit mit Auszubildenden und ihren Fragen. Ob es sich um meine vielen Schüler aus Polen, Frankreich oder China handelt oder aber um Menschen, die ohne den Beruf zu erlernen, einfach ihre Garderobe gestalten wollen – allen wollte ich stets erklären, dass die Entwicklung eines Kleidungsstücks nie auf dem Zufall beruht! Wie der Körper, so gehorcht auch seine Bekleidung präzisen Regeln der Architektur, an die sich selbst die größten Genies halten müssen.

Diese Konstruktionsregeln sind kein Joch, denn sie lassen sich einfach anwenden, wenn man sich die Mühe macht, sie Schritt für Schritt zu verstehen. Oft genug sehe ich, dass Designer mit Schablonen arbeiten (Grundschnitte in den Größen 38 oder 40 als Arbeitsgrundlage), ohne wirklich Zeit zu sparen und den strukturellen Aufbau des zu fertigenden Kleidungsstücks zu verstehen. Ohne dies kritisieren zu wollen, meine ich doch, dass es besser ist, die Schablone im Kopf zu haben als den Kopf in der Schablone!

Deswegen finden Sie in diesem Buch keine Schnittmuster „zum Kopieren und Ausschneiden", sondern grundlegende Hinweise, die Ihnen helfen, den detaillierten Aufbau des Kleidungsstücks zu verstehen, sei es ein Rock, ein T-Shirt oder eine Jacke. Auf dieser Basis können Sie dann auch einfach und logisch eigene Grundmuster erstellen.

Überhasten Sie nichts, denn im Verständnis liegt der Fortschritt und nur so werden Sie besser! Um Ihre Kreativität zu befriedigen, habe ich die Elemente der Details wie Ausschnitte, Kragen, Ärmel und Taschen kapitelweise abgehandelt. Sobald Sie den Grundschnitt für Ihr Kleidungsstück haben, können Sie ihn nach Belieben anpassen und persönlich gestalten.

Ich möchte, dass dieses Buch mehr bietet als eine Methode. Es ist ein Werkzeug, um die Logik von Kleidung zu verstehen und ein Mittel, um ihre Struktur und ihren Aufbau zu beschreiben.

Teresa Gilewska

Allgemeines

Mit diesem ersten Band über die Schnittkonstruktion in der Mode erlernen Sie die Grundlagen für die Erstellung von Schnittmustern.

Die Technik für das Anfertigen von Musterzeichnungen wird in allen Details gezeigt. Zu den Modellen gibt es zahlreiche Zeichnungen mit Beschreibung, damit Sie die Struktur des Kleidungsstücks kennen und verstehen lernen.

Die hier entwickelte Methode können auch nicht professionelle Schneider nachvollziehen.

Aber bevor wir in das Thema einsteigen, also Schnittmuster konstruieren und die Modelle Schritt für Schritt beschreiben, zunächst ein paar allgemeine Informationen: Körpermaße, Größentabelle und Begriffe für die Schnittbogen.

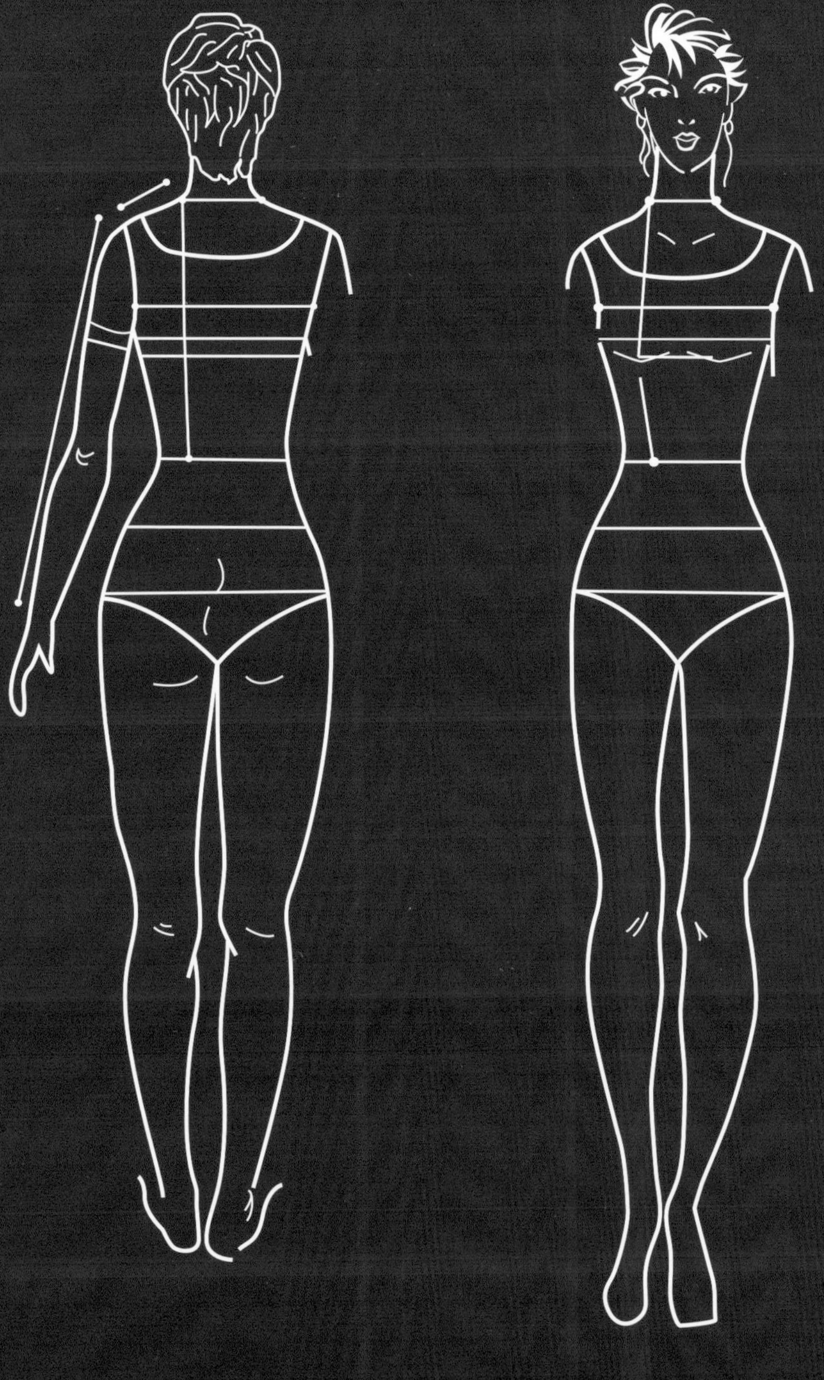

Körpermaße

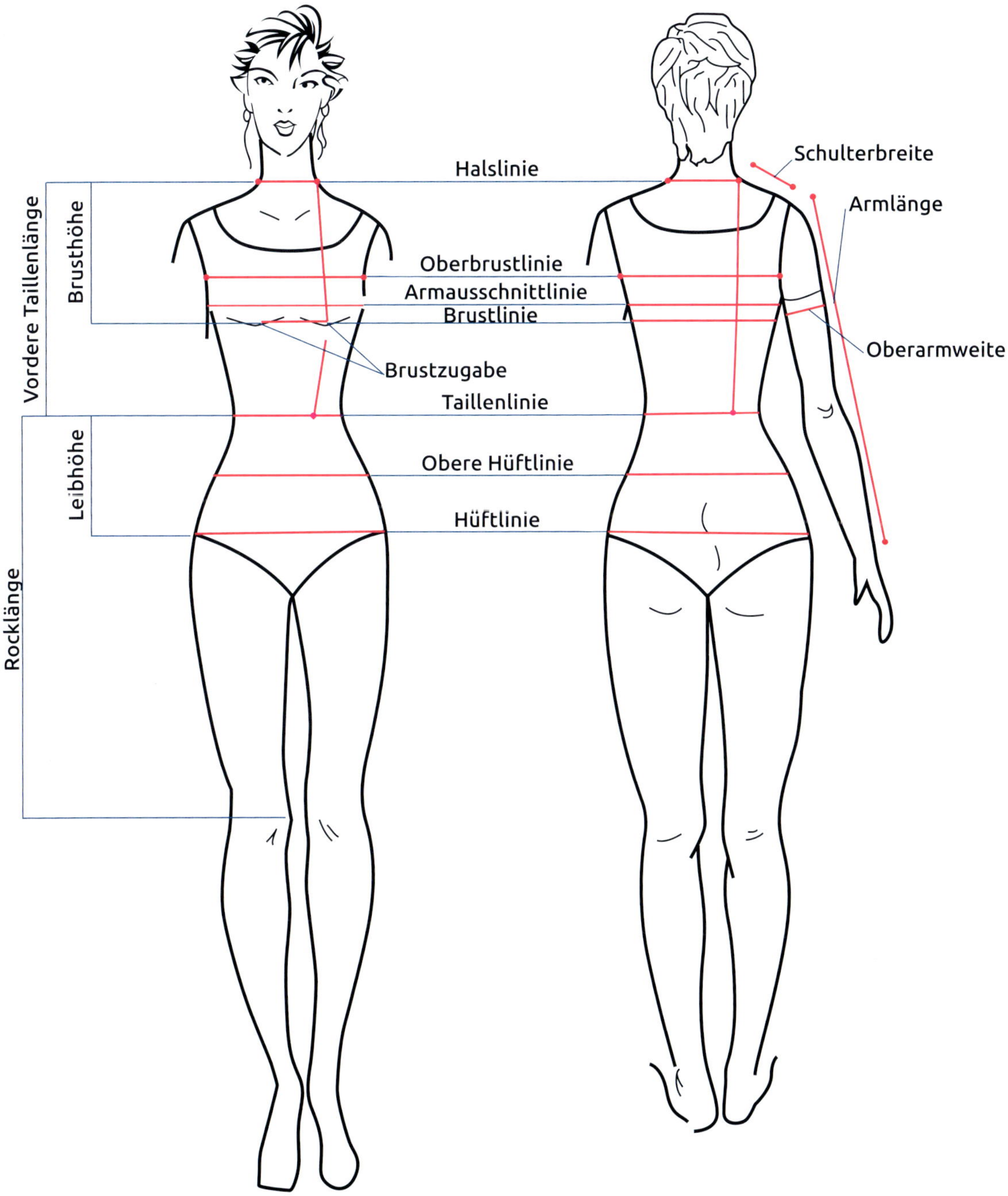

BILD 1

Ganz gleich, welches Modell oder welche Größe – auf jeden Fall sollte man zunächst einen Grundschnitt fertigen und dann die gewünschten Änderungen vornehmen. Bevor man mit der Schnittkonstruktion beginnt, müssen die Maße sorgfältig genommen werden.

Zunächst wird der Sitz der Taille mit einem leicht gespannten Band in der Vertiefung oberhalb des Beckenknochens gemessen.

Diese Taillenlinie dient auch als Bezugspunkt für die Längenmaße.

Die Maße werden ohne Zugaben gemacht; die Vergrößerung erfolgt später auf der Konstruktion des Grundschnitts, wenn das Muster abgewandelt wird.

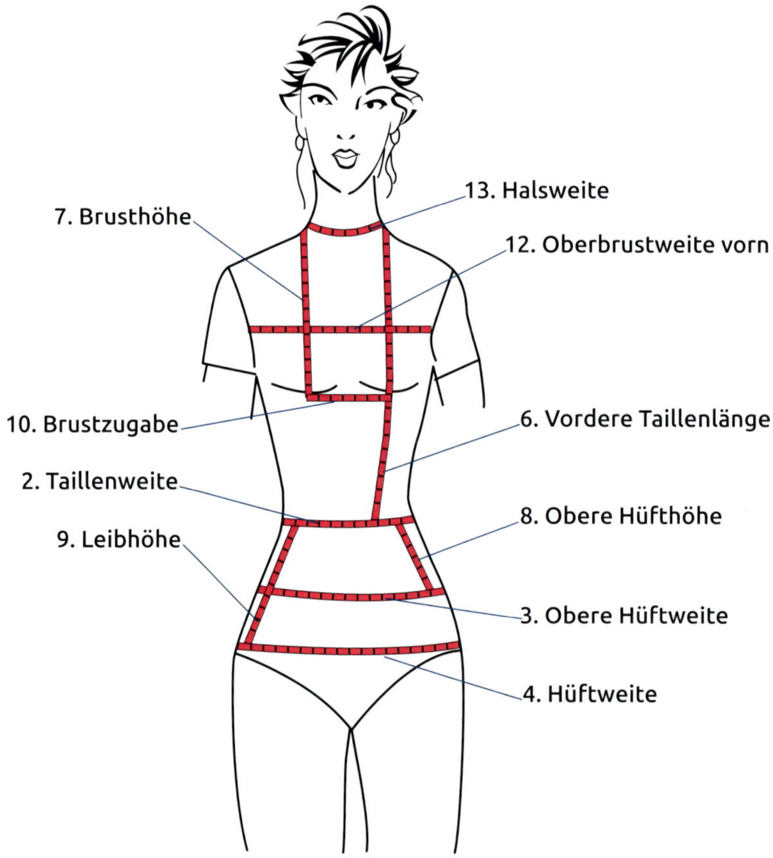

BILD 2

1. Brustweite – Maßband um die stärkste Stelle der Brust legen.
2. Taillenweite – gemäß dem Maßband.
3. Obere Hüftweite – etwa 10 cm unterhalb der Taillenlinie.
4. Hüftweite – etwa 20 cm unterhalb der Taillenlinie.

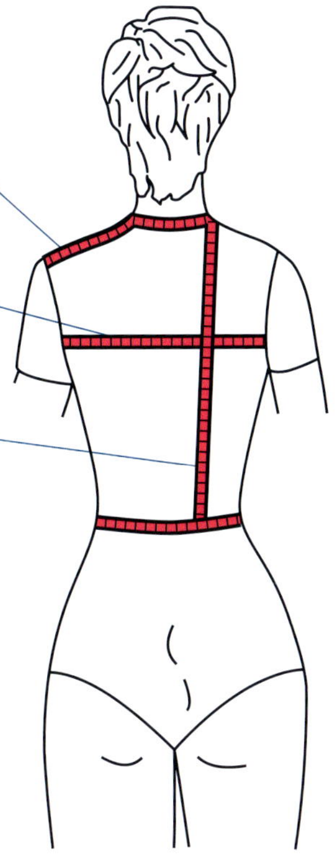

BILD 3

5. Rückenlänge – von der Schulter am Halsansatz bis zur Taille.

6. Vordere Taillenlänge – von der Schulter am Halsansatz bis zur Taille, über die Brustspitze.

7. Brusthöhe – von der Schulter am Halsansatz bis zur Brustspitze.

8. Obere Hüfthöhe – etwa 10 cm unterhalb der Taillenlinie nach unten.

9. Leibhöhe – etwa 20 cm unterhalb der Taillenlinie nach unten.

10. Brustzugabe – von einer Brustspitze zur nächsten.

11. Rückenweite – von einem Arm zum nächsten, gemessen an den Armansätzen.

12. Oberbrustweite – von einem Arm zum nächsten, gemessen an den Armansätzen.

13. Halsweite – gemessen am Halsansatz.

14. Schulterbreite – vom Halsansatz bis zum Armausschnitt.

15. Armlänge – gemessen am gebeugten Arm, von der Schulter bis zum Ellbogen und dann vom Ellbogen bis zum Handgelenk.

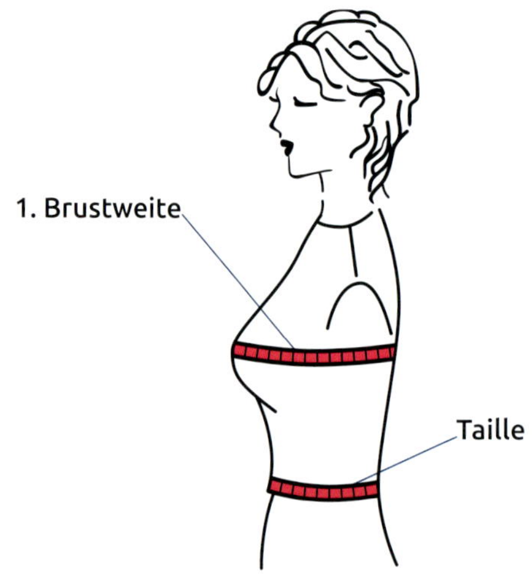

BILD 4

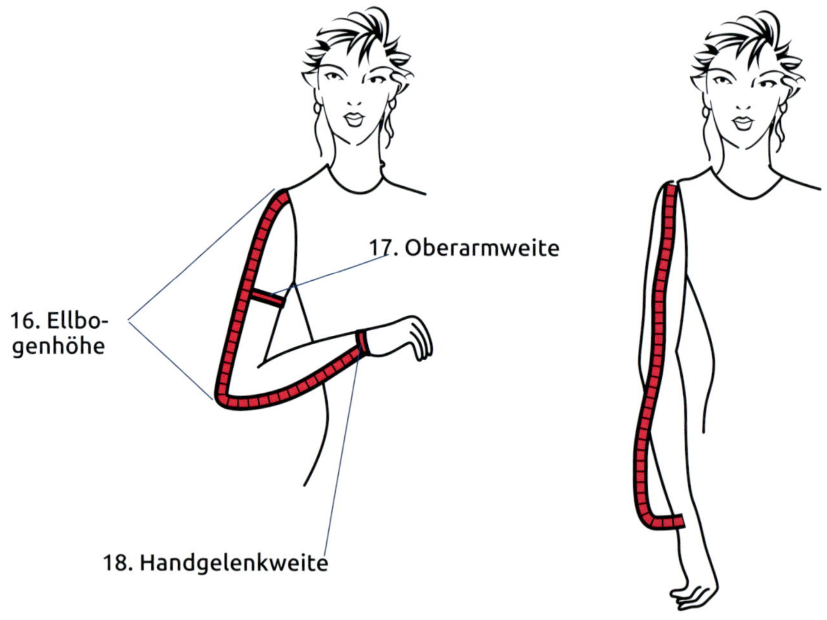

BILD 5

16. Ellbogenhöhe.

17. Oberarmweite – an der stärksten Stelle des Armes.

18. Handgelenkumfang.

Größentabelle

Die ursprüngliche Größentabelle basiert auf den Durchschnittsmaßen von 1000 bis 10 000 Frauen, die vom IFTH (Institut français du textile et de l'habillement) gemessen wurden.

Auf diesen Standardgrößen basieren die Grundschnitte.

Diese Tabelle ist aber nicht allgemeingültig. Viele Hersteller haben für den Bedarf ihrer Kundinnen bei bestimmten Kleidungsstücken eigene Größen oder Zwischengrößen.

Auch über die einzelnen Maße herrscht keine Einigkeit. So wird die Länge des Oberkörpers hinten vom Halsansatz an gemessen – manchmal in der Mitte und manchmal an der Schulter. Das gibt natürlich wegen der Vertiefung zwischen den Schulterblättern unterschiedliche Maße.

Daher gibt es nicht nur eine Größentabelle. Jede Tabelle ist für eine bestimmte Nutzung bestimmt und es gibt dann entsprechende Konstruktionsmethoden für die Grundschnitte.

Die Messungen der Jahre 2003 bis 2004 haben deutliche Unterschiede zu den Messungen um 1950 ergeben.

Die Größentabelle gilt für Körpergrößen von 168 bis 172 cm.

Angelsächsische Größen	XS	S	M	L	XL				
Internationale Größen		1	2	3	4				
Deutsche Größen	32	34	36	38	40	42	44	46	weitere
1. Brustweite	80	84	88	92	96	100	104	106	4
2. Taillenweite	58	62	66	70	74	78	82	86	4
3. Obere Hüftweite	73	77	81	85	89	93	97	101	4
4. Hüftweite	84	88	92	96	100	104	108	112	4
5. Rückenlänge	41,25	41,5	41,75	42	42,25	42,5	42,75	43	0,25
6. Vordere Taillenlänge	44,2	44,8	45,4	46	46,6	47,2	47,8	48,4	0,6
7. Brusthöhe	25,5	26	26,5	27	27,5	28	28,5	29	0,5
8. Obere Hüfthöhe	8,8	9	9,2	9,4	9,6	9,8	10	10,2	0,2
9. Leibhöhe	19,25	19,5	19,75	20	20,25	20,5	20,75	21	0,25
10. Brustzugabe	18,5	19	19,5	20	20,5	21	21,5	22	0,5
11. Rückenweite	34,5	35	35,5	36	36,5	37	37,5	38	0,5
12. Oberbrustweite vorn	33	33,5	34	34,5	35	35,5	36	36,5	0,5
13. Halsweite	35	36	37	38	39	40	41	42	1
14. Schulterbreite	13,4	13,6	13,8	14	14,2	14,4	14,6	14,8	0,2
15. Armlänge	59	59	59	60	60	60	60	60	-
16. Ellbogenhöhe	35	35	35	35	35	35	35	35	-
17. Oberarmweite	26	27	28	29	30	31	32	33	1
18. Handgelenkweite	15,25	15,75	16	16,25	16,5	16,5	16,75	17	0,25

Schnittbogen – Begriffe

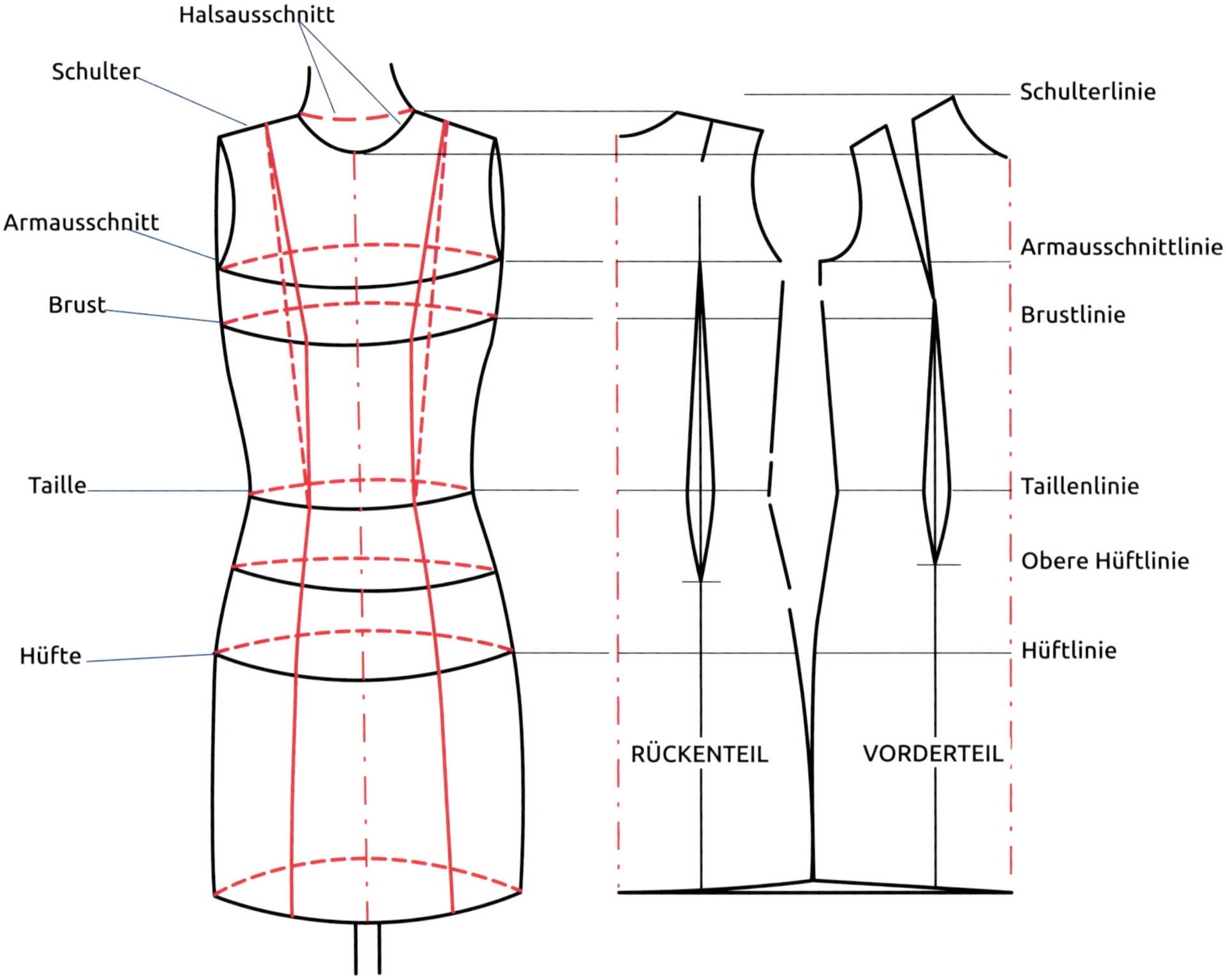

Konstruktion eines Grundschnitts

BILD 6

Grundschnitt

Der Grundschnitt ist die Übertragung der Körperformen und Proportionen und die Verteilung der Abnäher auf eine zweidimensionale Fläche nach den ermittelten Maßen.

Die perfekte Anpassung des Modells an den Körper (ohne Kneifen und unerwünschte Falten) hängt von der Qualität des Grundschnitts ab.

Es ist nicht besonders schwer, ein Schnittmuster für ein modisches Kleidungsstück zu entwickeln. Das wahre Problem liegt in der Anpassung an den Körper. Man kann die Technik oder die Methode für die Konstruktion eines Schnittmusters aber nicht durch bloßes Ausprobieren erlernen. Um sie wirklich zu beherrschen, muss man verstehen, was man gerade tut, und sich die einzelnen Schritte einprägen.

Es gibt drei Methoden für die Konstruktion eines Schnittmusters:
1. Schnittmuster auf der Grundlage der Standardgrößen.
2. Schnittmuster nach Maß – das Schnittmuster wird nach den Maßen der Person konstruiert, für die das Kleidungsstück bestimmt ist.
3. Schnittmuster für Haute Couture – die Konstruktion des Schnittmusters erfolgt nach einem Toile in den Körpermaßen der Kundin. Zu diesem Zweck wird ein Abguss vom Körper genommen und daraus eine Kunststoffbüste angefertigt.

Ein paar notwendige Anmerkungen

Der menschliche Körper ist in ständiger Bewegung. Um den Grundschnitt für ein bequemes Kleidungsstück zu konstruieren, muss man daher die Bezugspunkte und -linien in der Bewegung ermitteln.

In der Regel ist das Kleidungsstück vorn länger als hinten (wegen der Wölbung der Brust). Bei kleineren Größen macht das etwa 2 bis 3 cm aus, bei Größe 42 sind es aber über 4 cm. Diese Zugabe wird durch das Volumen der Brust ausgeglichen. Wenn man aber die horizontalen Konstruktionslinien auf der Grundlage der vorderen Länge zieht, wird der Rücken zu lang, ohne dass man ihn durch Abnäher verkürzen kann. Daher geht die Konstruktion des Schnittmusters stets von der mittleren Rückenlinie (vertikal) und der Taillenlinie (horizontal) aus.

Achtung!
Nicht die Armausschnittlinie mit der Brustlinie verwechseln! Die Brusthöhe wird unter dem Armausschnitt angenommen. Bei großen Größen oder einer voluminösen Brust ist dieser Unterschied markant.

Oberteile

Unter den vielen Techniken zur Fertigung eines Schnittmusters für ein Oberteil eignet sich diese besonders für Anfänger.

Wichtig ist, den Aufbau der Grundlage für das Oberteil zu verstehen und die Schritte sorgfältig zu befolgen, denn von dem erworbenen Können hängen der Erfolg und die Qualität des Kleidungsstücks ab.

In diesem Buch wird der Grundschnitt anhand von Beispielmaßen ohne Vergrößerung konstruiert, d. h. ohne Zugaben für mehr Tragekomfort. Die Vergrößerung erfolgt je nach Modell vor der Abwandlung des Grundschnitts.

Der Grundschnitt enthält auch keine Nähte, denn er ist eine Arbeitsgrundlage für die Abwandlung des gewünschten Modells. Die Nähte sind auf dem endgültigen Schnittmuster eingezeichnet.

Zur Vereinfachung basiert diese Konstruktion auf dem halben Rücken- und dem halben Vorderteil. So erhält man ein absolut symmetrisches Kleidungsstück mit identischen Seiten. Die beiden fehlenden Hälften werden durch einfache Symmetrie entwickelt.

Konstruktion des Grundschnitts

Unabhängig vom gewünschten Modell wird zunächst der Grundschnitt für das Oberteil mit den Maßen der Trägerin gezeichnet – in unserem Beispiel: Rückenlänge = 44 cm, vordere Taillenlänge = 46 cm, Brustweite = 92 cm. Die Schnittmuster für Rücken- und Vorderteil werden separat erstellt. Zunächst werden die Schnittmuster für den halben Rücken und das halbe Vorderteil gezeichnet.

1. Das Rechteck für das Rückenteil

Konstruieren Sie zunächst ein Rechteck: Zeichnen Sie die hintere Mitte (vertikale Linie links, hier 44 cm lang) und dann die horizontalen Linien, also Taillenlinie (unten) und Schulterlinie (oben).
Halber Rücken = Brustweite geteilt durch 4 minus 1 cm:
(92 : 4) – 1 = 22 cm.
Abgeschlossen wird das Rechteck mit der Seitenlinie (vertikale Linie rechts).

2. Das Rechteck für das Vorderteil

Konstruiert nach dem gleichen Prinzip (Bild 7) durch Verlängerung der Taillenlinie, dann zeichnen Sie die vordere Mitte (vertikale Linie rechts, hier 46 cm).
Halbes Vorderteil = Brustumfang geteilt durch 4 plus 1 cm:
(92 : 4) + 1 = 24 cm.

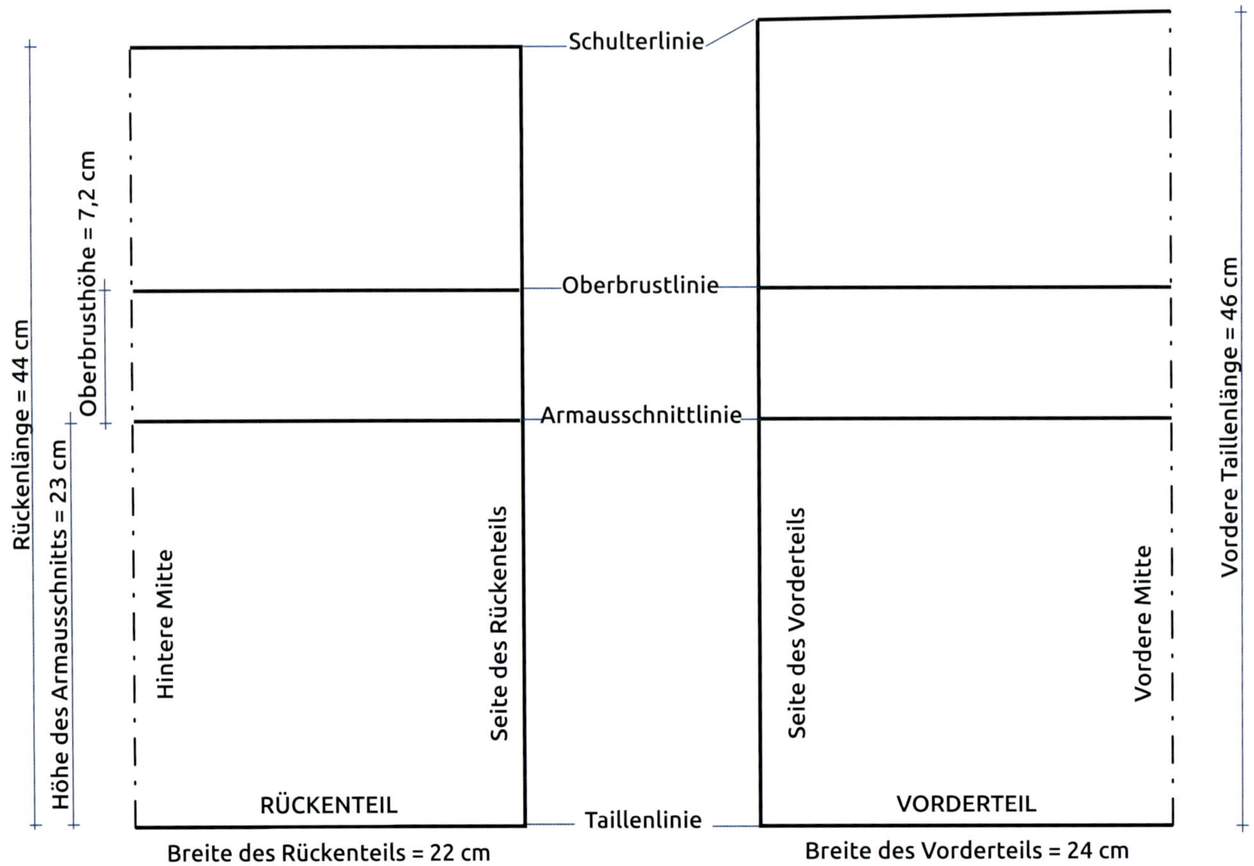

BILD 7

3. Halsausschnitt am Rückenteil

Um den Bogen des Halsausschnitts perfekt an den Hals anzupassen, teilen Sie die Halsweite durch 16, um die Tiefe des Halsausschnitts zu ermitteln, sowie durch 6, um die Breite zu berechnen.

Beispiel: Halsweite = 38 cm

Tiefe des Halsausschnitts = 38 : 16 = 2,38 cm

Breite des Halsausschnitts = 38 : 6 = 6,3 cm

Von der Halbierungslinie Tiefe/Breite des Halsausschnitts 1,5 cm abtragen. Dann mit dem Schneiderlineal den Bogen des Halsausschnitts zeichnen (Bild 8).

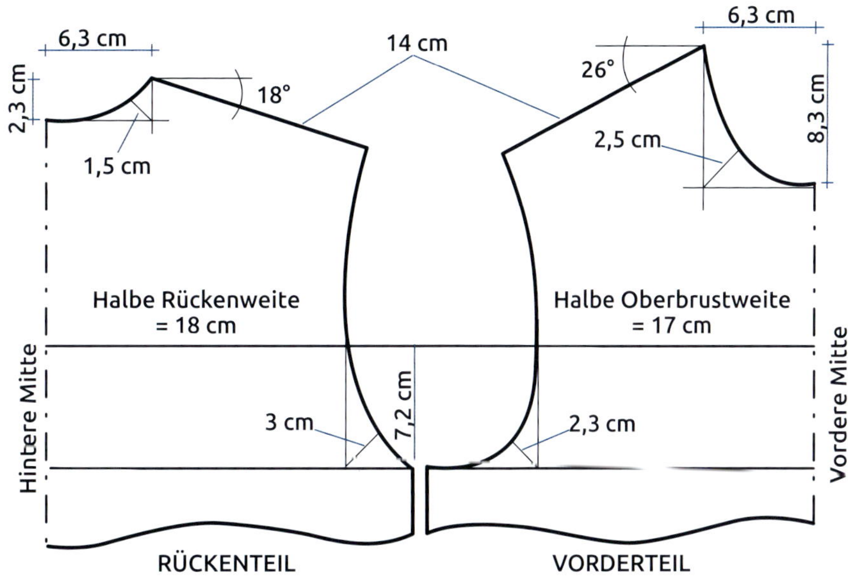

BILD 8

4. Halsausschnitt am Vorderteil

Breite des vorderen Halsausschnitts = Breite des hinteren Halsausschnitts. Um die Tiefe des vorderen Halsausschnitts zu ermitteln, Halsweite durch 6 teilen und 2 cm zugeben.

Beispiel: Halsweite = 38 cm

Tiefe des Halsausschnitts = (38 : 6) + 2 = 8,3 cm

Von der Schnittstelle Tiefe/Breite des Halsausschnitts 2,5 cm abtragen. Dann mit dem Schneiderlineal den Halsausschnitt zeichnen (Bild 8).

5. Die Schulter

Auf der Schulterlinie mit dem Winkelmesser einen Winkel von 18° für das Rücken- und von 26° für das Vorderteil zeichnen und auf den erhaltenen Linien die Schulterbreite abtragen (Bild 8, Beispiel: 14 cm).

6. Der Armausschnitt

Um die Höhe des Armausschnitts zu ermitteln, die Rückenlänge durch 2 teilen und 1 cm zugeben (Bild 7).

Höhe des Armausschnitts = (44 : 2) + 1 = 23 cm

Auf den Rechtecken für Rücken- und Vorderteil die Armausschnittlinie 23 cm oberhalb der Taillenlinie ziehen.

7. Oberbrustlinie

Ein Bezugswert zum Zeichnen des gesamten Armausschnittbogens fehlt noch: die Oberbrusthöhe.

Oberbrusthöhe = [(Rückenlänge – Armausschnitthöhe – Tiefe des Halsausschnitts) : 3] + 1 cm, also [(44 – 23 – 2,38) : 3] + 1 = 7,2 cm.
Die Oberbrustlinie 7,2 cm oberhalb der Armausschnittlinie ziehen (Bild 7).

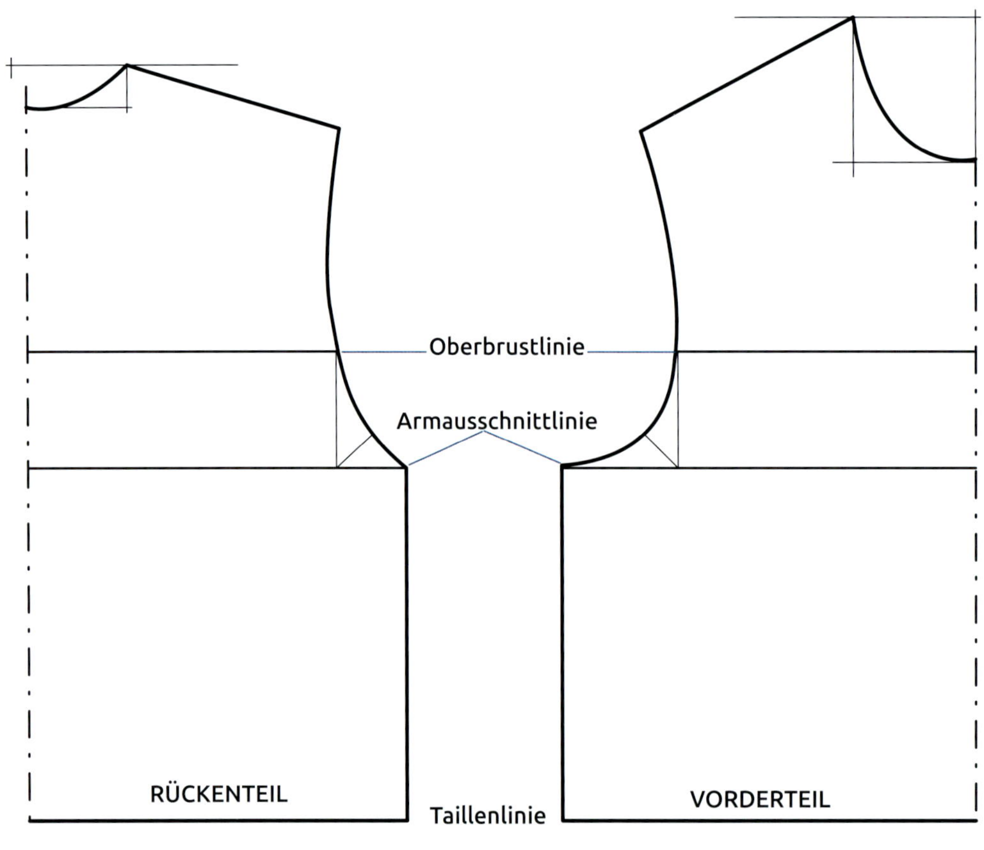

BILD 9

Von den Schnittstellen Armausschnittlinie/Oberbrusthöhe hinten 3 cm und vorn 2,3 cm abtragen. Zum Abschluss den Bogen des Armausschnitts mit dem Schneiderlineal zeichnen (Bild 8 und 9).

Hinweis: Da wir ein Schnittmuster im Stoffbruch konstruieren (Rücken und Vorderteil jeweils zur Hälfte), gelten die Maße in Bild 8 für das halbe Rechteck.
Beispiel: Rückenweite = 36 cm, halbe Rückenweite = 36 : 2 = 18 cm
Oberbrustweite = 34 cm, halbe Oberbrustweite = 34 : 2 = 17 cm

Konstruktion von Abnähern auf dem Grundschnitt

Auf dem Grundschnitt müssen mitunter diverse Abnäher eingezeichnet werden.

1. Einfacher Abnäher oder Brustabnäher

Zur Ermittlung des Brustabnähers sind (auf dem halben Vorderteil) zunächst folgende Maße zu nehmen: Höhe und halbe Brustzugabe.
Beispiel: Brusthöhe = 27 cm, halbe Brustzugabe = 19 : 2 = 9,5 cm.

Die erste Linie des Brustabnähers geht von der Mitte der Schulterlinie bis zur Brustspitze, die zweite beginnt auf der Schulterlinie im Abstand der Abnäherweite.
Abnäherweite = $^1/_{20}$ des Brustumfangs.
Beispiel: Brustumfang = 92 cm, Abnäherweite = 92 : 20 = 4,6 cm.

Die zweite Linie des Abnähers ist genau so lang wie die erste. Um die Schulterlinie (nach dem Schließen des Abnähers) anzupassen, ist der zweite Teil der Schulterlinie in einem Winkel von 72° zur zweiten Abnäherlinie zu zeichnen.

Das Maß des Abnähers (Zugabe, Bild 10) zugeben und Bogen des Armausschnitts (wie oben erklärt) zeichnen.

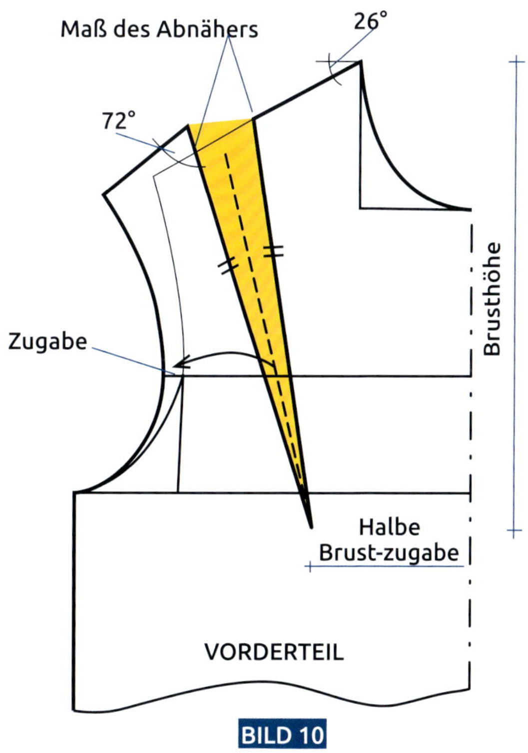

BILD 10

2. Taillenabnäher

Der Unterschied zwischen Brust- und Taillenweite ergibt den Wert, der in der Mitte der Abnäher abzunehmen ist. Dieser Wert ist auf die sieben Grundabnäher (Bild 11) zu verteilen:
- zwei Abnäher vorn auf der vertikalen Linie, die durch das Maß der Brustzugabe bestimmt wird; in der Regel nie mehr als 3 cm;
- zwei Abnäher auf dem Rückenteil (deren Achsen auf einem Viertel der Rückenbreite liegen); in der Regel nie mehr als 3 cm;
- zwei seitliche Abnäher, deren halbes Maß nicht 4 cm übersteigt;
- ein mittlerer Rückenabnäher, dessen halbes Maß meist 1 bis 2 cm beträgt.

Zu große Maße für die Abnäher können das Kleidungsstück verformen!

Rechenbeispiel zum Ausgleich der Abnähermaße für eine Brustweite von 92 cm und eine Taillenweite von 68 cm:
- Brustweite - Taillenweite = 92 - 68 = 24 cm;
- 24 : 2 = 12 = auszugleichendes Maß für ein halbes Schnittmuster;
- 12 - 1 ($^1/_2$ Maß mittlerer Rückenabnäher) = 11 cm;
- 11 : 4 = 2,75 cm im Schnitt für jeden Abnäher, zu verteilen auf 2,5 cm für die vorderen und hinteren Abnäher sowie 3 cm ($^1/_2$ Maß) für die seitlichen.

Überprüfung: 1 cm ($^1/_2$ Maß mittlerer Rückenabnäher) + 2,5 cm (hinterer Abnäher) + 2,5 cm (vorderer Abnäher) + 2 x 3 cm ($^1/_2$ Maß seitliche Abnäher) = 12 cm, der auszugleichende Wert.
Die Höhe der hinteren Abnäher ist in der Regel unter der Oberbrustlinie. Die vorderen Abnäher können bis zur Brustrundung gehen, wobei eine Gerade von 2 cm über den Brustspitzen zu berücksichtigen ist.

Die Verteilung der Maße für die Abnäher hängt vom Körperbau der entsprechenden Person ab. Wenn der Unterschied zwischen Brust- und Taillenweite sehr groß ist, lässt sich das durch mehrere Abnäher ausgleichen.

3. Hinterer Schulterabnäher

Der Schulterabnäher sitzt in der Mitte der Schulterlinie in einem Winkel von 90° zu dieser Linie (Bild 11).
Breite des Abnähers = ± 1 cm, Länge des Abnähers = ± 7 cm.
Der hintere Schulterabnäher wird bei kleinen Größen selten eingesetzt, bei großen Größen hingegen ist er wegen der Rundung der Brust unverzichtbar. Bei schweren Materialien (besonders für Jacken oder Mäntel) können Abnäher das Volumen des starren Stoffes ausgleichen, bei dünnen, leichten oder dehnbaren Stoffen ist das nicht erforderlich.

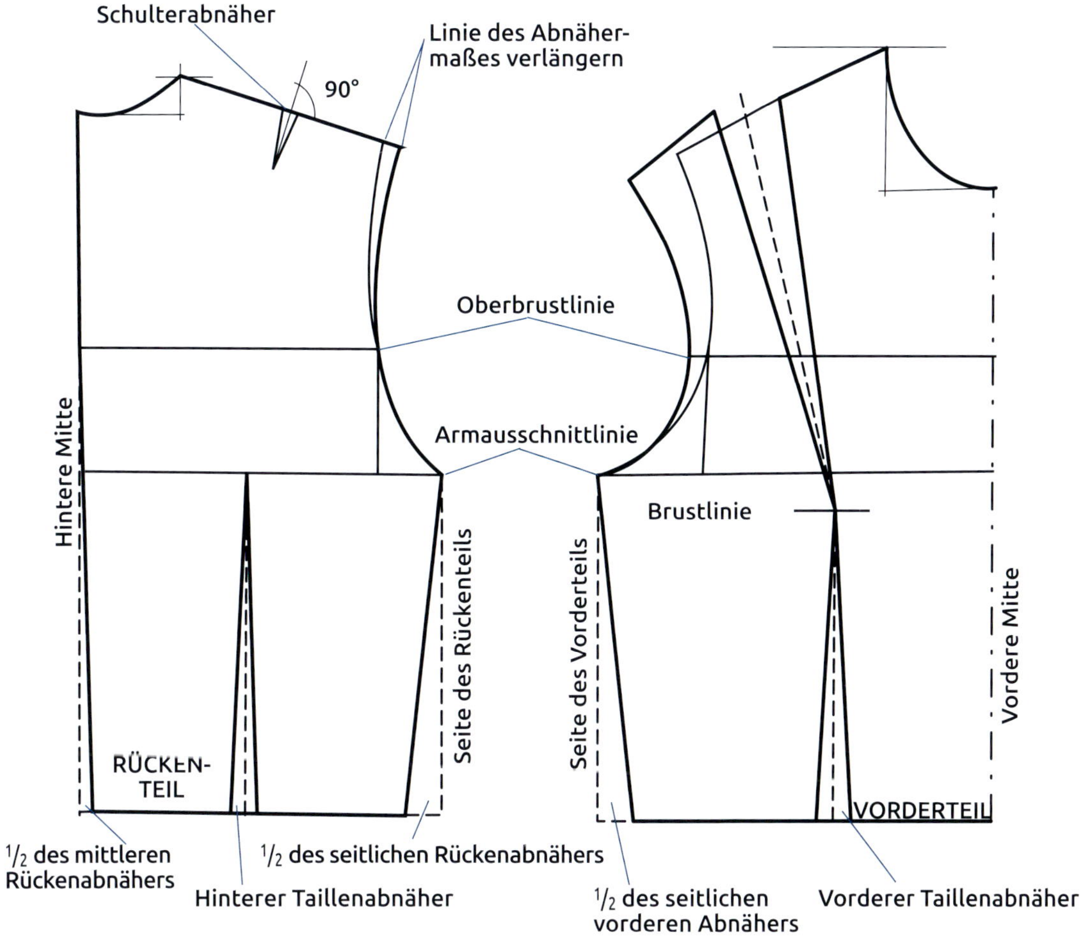

BILD 11

So wird der Grundschnitt gezeichnet.

Mit dieser Technik erhält man auf einfachem Wege eine präzise Arbeitsgrundlage, die nach der Abwandlung und der Anpassung an die Maße der Person die Konstruktion der Schnittmuster ermöglicht.

Verschieben von Abnähern

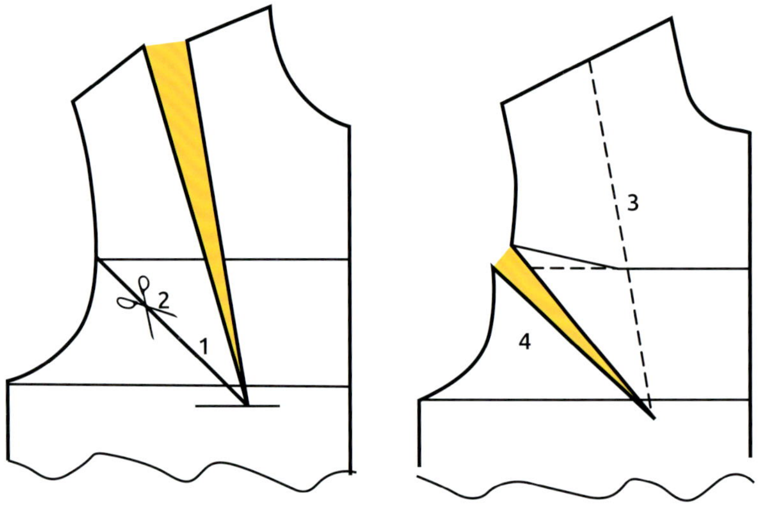

BILD 12

Für einen Abnäher auf dem Vorderteil fängt man in der Regel mit einem Schnittmuster mit Grundabnäher an (Brustabnäher), den man dann je nach Modell für das endgültige Schnittmuster verschiebt. Das geht schnell und einfach und man kann die exakten Schnittbogen für den Abnäher aufheben.

1. Die Linie des Abnähers an die neue Stelle zeichnen.
2. Wie auf der Zeichnung gezeigt, zuschneiden (Bild 12).
3. Brustabnäher schließen (durch Verschieben des ausgeschnittenen Stückes).
4. Neuen Abnäher zeichnen.

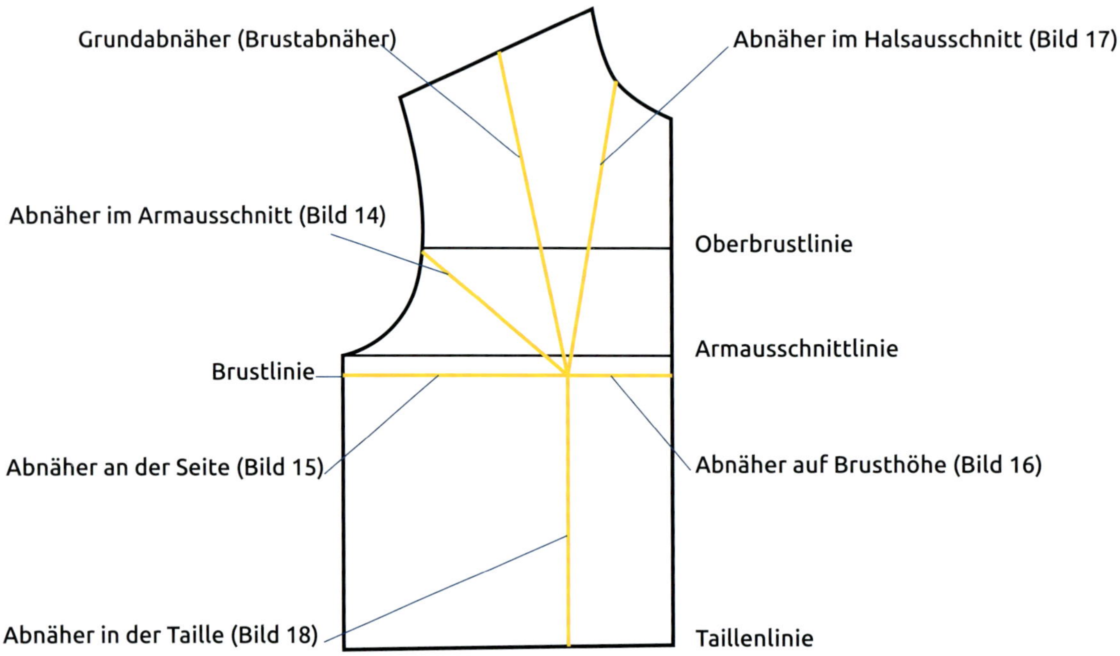

Platzierung der Abnäher am Oberteil

BILD 13

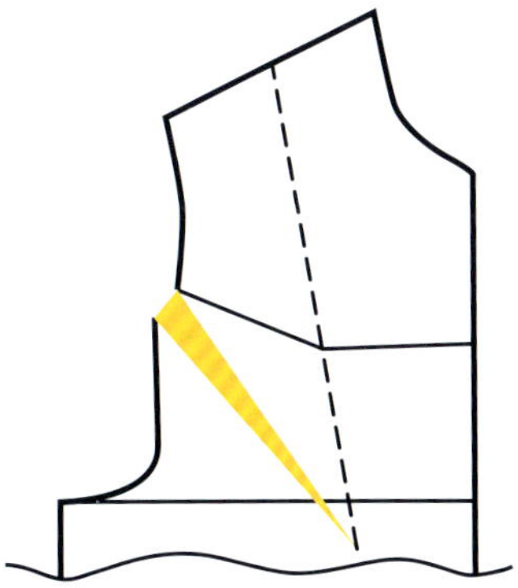

BILD 14

Abnäher im Armausschnitt

Dieser Abnäher darf generell nicht unter der Oberbrustlinie gezeichnet werden, denn der Bogen des Armausschnitts verläuft schräg und neigt dazu, sich zu strecken. Das kann die Grundlinie ruinieren.

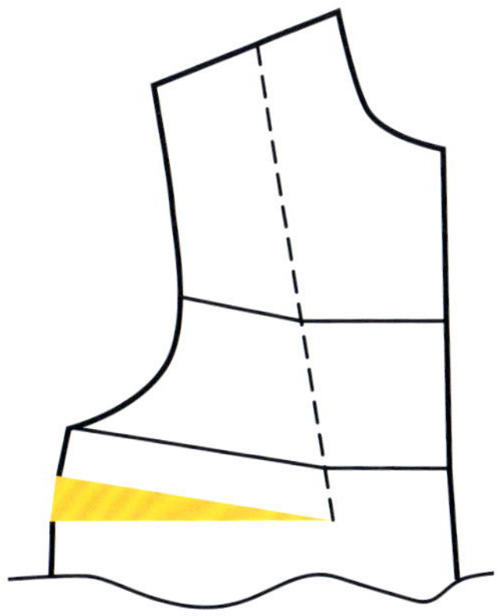

BILD 15

Abnäher an der Seite

Diese häufig benutzten Abnäher finden sich etwa 4 cm unter der Armausschnittlinie.

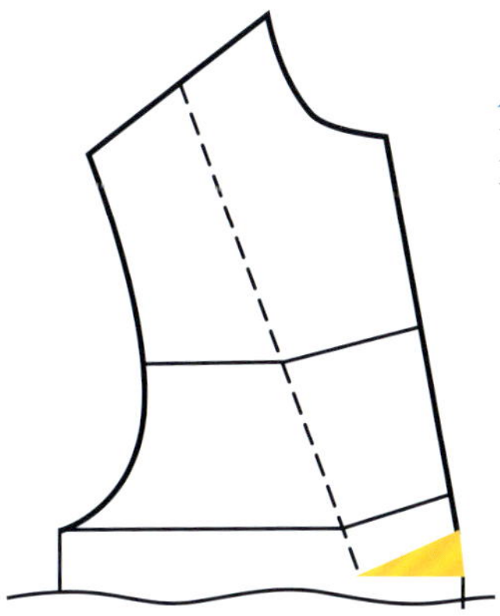

BILD 16

Abnäher auf Brusthöhe

Dieser Abnäher auf der Brust wird für den Untertritt (Dior Falte) benutzt.

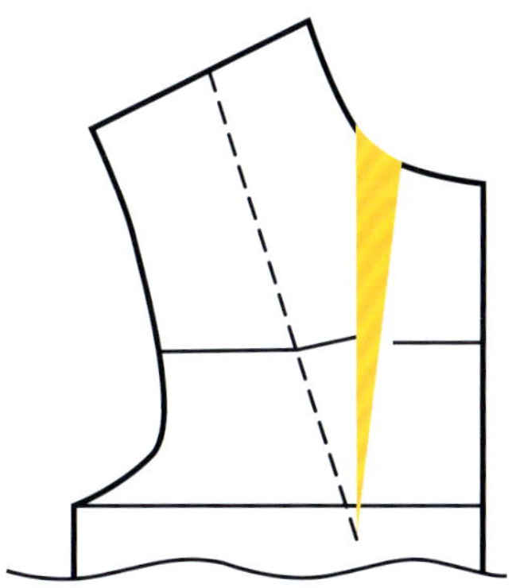

BILD 17

Abnäher im Halsausschnitt

Dieser Abnäher kann hinter dem Revers des Kragens verborgen sein oder es werden mehrere kleine Fältchen um den Ausschnitt gezogen. Der Abnäher wird mitten in den Ausschnitt gesetzt, um die Ausschnittlinie in der Schräge zu vergrößern. Das vereinfacht das Kräuseln und sieht hübsch aus. Achtung, ein Abnäher an der geraden Stelle des Ausschnitts (zu nahe an der vorderen Mitte) kann diesen verformen.

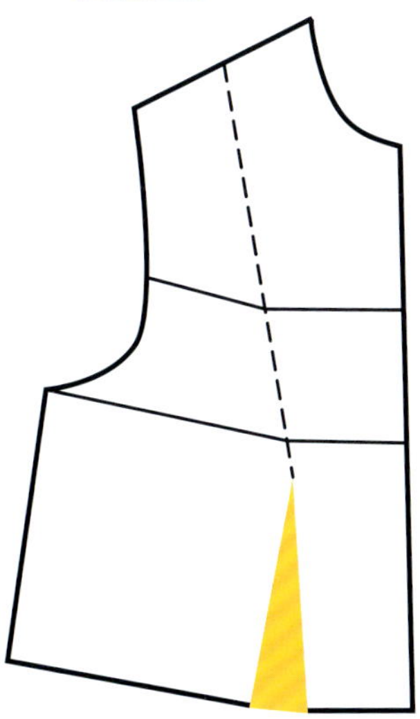

BILD 18

Abnäher in der Taille

Dieser Abnäher markiert die Taille für die Taillierung. Da das Maß der Wegnahme sehr wichtig ist, können mehrere Abnäher erforderlich sein. Mehrere Abnäher können auch sehr elegant wirken.

Grundmodell aus Strickware

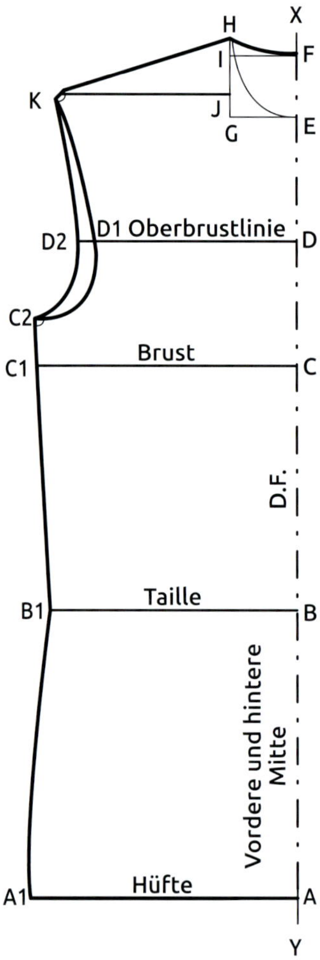

Rücken- und Vorderteil, ausgehend von einer Vertikale XY (vordere und hintere Mitte), zeichnen.

Punkte A, B, C, D, E und F sowie Linien AB = Leibhöhe, BE = vordere Länge, BF = Rückenlänge, CE = $\frac{1}{2}$ BE (Brust-linie), DE = $\frac{1}{2}$ CE (Oberbrustlinie) platzieren.

Die Lotlinien zu XY mit den Punkten A, B, C, D, E, F zeichnen, wobei AA1 = $\frac{1}{4}$ Hüftweite, BB1 = $\frac{1}{4}$ Taillenweite, CC1 = $\frac{1}{4}$ Brustweite, DD1 = $\frac{1}{2}$ vorderes Rechteck, DD2 = $\frac{1}{2}$ hinteres Rechteck.

Bogen des vorderen Halsausschnitts

EG und GH zeichnen = $\frac{1}{6}$ Halsweite. Von der Halbierungslinie EG/GH 2,5 cm abtragen und mit dem Schneiderlineal den Bogen des Halsausschnitts HE zeichnen, in der Mitte eine Gerade von 1,5 cm lassen.

Bogen des hinteren Halsausschnitts

HI = 2,4 cm zeichnen. Von der Halbierungslinie FI/IH 1,5 cm abtragen und den Bogen des Halsausschnitts HF zeichnen; er verläuft in der Mitte 3 cm auf der Geraden.

Schulterlinie

GJ = $\frac{1}{3}$ von GH. Horizontal JK zeichnen, wobei HK = Schulterbreite.

Seitenlinie

Mit dem Schneiderlineal den Bogen A1B1 zeichnen. B1C2 = (vordere Länge + Rückenlänge) : 4 + 2,5 cm. B1C2 über C1 verbinden.

Vordere Armausschnittlinie

Mit dem Schneiderlineal C2, D1 und K verbinden, von C2 eine Gerade von 1,5 cm belassen.

Hintere Armausschnittlinie

Mit dem Schneiderlineal C2, D2 und K verbinden, von C2 eine Gerade von 1 cm belassen.
Vorder- und Rückenteil jeweils umlegen, um die andere Hälfte des Schnittmusters zu erhalten.

Dieser Grundschnitt gilt für alle Konstruktionen von Kleidungsstücken aus Strickware.

Vergrößerung

Die Vergrößerung ist eine Zugabe zu den am Körper genommenen Maßen, um das Kleidungsstück weiter zu machen. Sie hängt ganz vom Stil des Kleidungsstücks, der gewünschten Weite und vor allem der gewünschten Bequemlichkeit ab.

Um ein korrektes Schnittmuster zu erhalten, muss man zunächst den Grundschnitt nach den Körpermaßen zeichnen und dann die Vergrößerung anfügen, denn die Berechnungen für ein vergrößertes Schnittmuster sind nicht ganz präzise (z. B. Oberbrusthöhe, Abnäherweite oder Halsweite).

Die hier vorgeschlagenen Werte in Zentimeter gelten für die Vergrößerung eines klassischen Kleidungsstücks. Sie sind minimal.

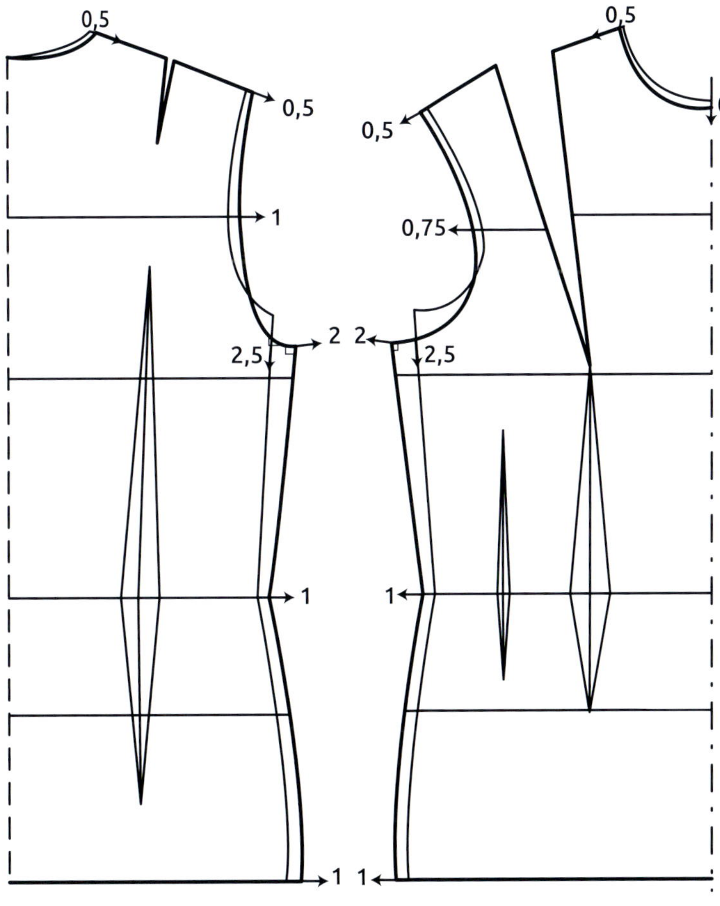

BILD 19

Verbreiterung der Schulter

Für Kleidung mit ausgeprägten Schultern muss die Schulterlinie zurückgenommen und verlängert werden. Für ein 1 cm dickes Schulterpolster die Schulterlinie dann ebenfalls um 1 cm zurücknehmen und verlängern.

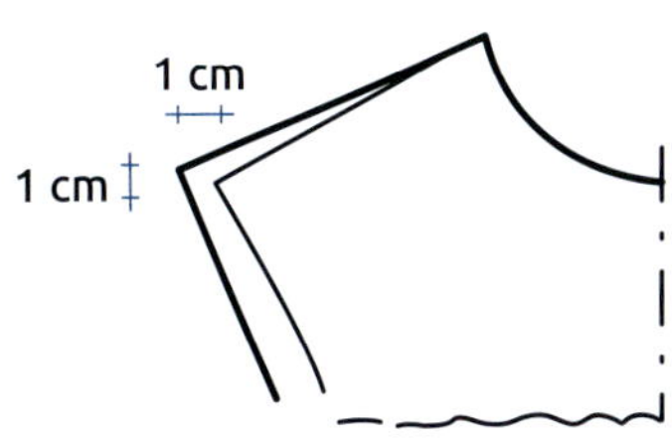

BILD 20

Pass- und Einsetzzeichen

Ein Zeichen ist eine kleine Kerbe von 3 bis 5 mm am Rand des Stoffes. Zwei Arten von Zeichen werden für Schnittmuster benutzt.

-Einsetzzeichen zeigen (während des Nähens) die Position einer Partie im Kleidungsstück. So kann man daran Rücken- oder Vorderteil eines Ärmels erkennen (Bild 21). Diese Zeichen sind also auch wichtig, wenn der Ärmel noch nicht zusammengenäht ist.

-Passzeichen dienen dazu, während des Nähens zwei Stücke in der richtigen vertikalen und horizontalen Position zu halten. Dadurch werden Gleichgewicht und Passform des Kleidungsstücks gewahrt. So muss man bei einem Prinzessschnitt die Passzeichen auf die Brust- und Taillenlinie der beiden Vorderteile setzen.

Die Pass- und Einsetzzeichen kommen auf das endgültige Schnittmuster und sind beim Zuschneiden des Stoffes zu beachten, denn sie liefern wichtige Hinweise für das richtige Zusammennähen.

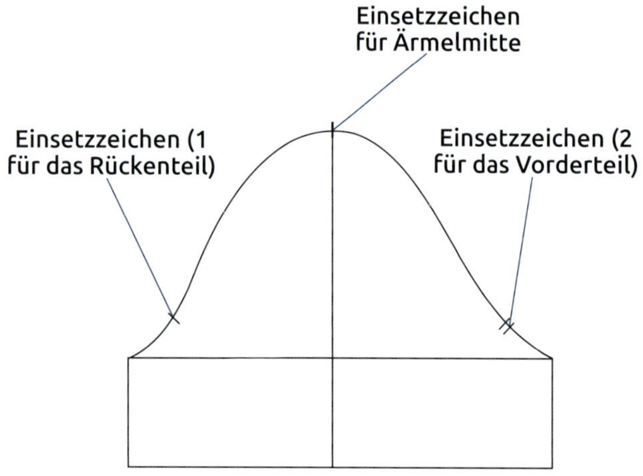

Einsetzzeichen

BILD 21

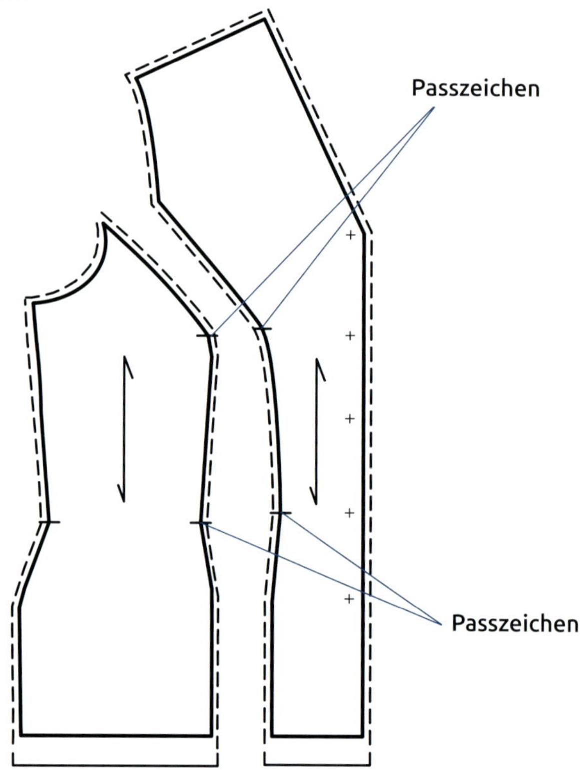

Passzeichen

BILD 22

Achtung! Das Zusammennähen ohne Beachtung der Pass- und Einsetzzeichen kann die Konstruktion verformen und destabilisieren.

Abflachung

Die Abflachung markiert das Ende eines schrägen Schnittes, damit nach dem Zusammennähen keine Spitze auftritt.

Bei der Konstruktion eines Schnittmusters ist manchmal eine Abflachung einzuplanen, um das Kleidungsstück an den Körper anzupassen und einen schöneren Effekt zu erzielen. So wird beim Prinzessschnitt der Effekt der Taillen- und Armausschnittabnäher ausgeglichen, um eine schöne Brustform zu erzielen.

Dieser kleine abgeflachte Bereich hängt vom Volumen der Brust ab, man erzielt ihn, indem man die Länge der Abnäher um die Brust um etwa 2 cm kürzt (Bild 24).

Mehrweite

Die Mehrweite ist eine Zugabe am oberen Ende der Ärmelkugel (Bild 23). Ihre Größe hängt vom Ärmel und vom Stil des Kleidungsstücks ab. Sie dient eher dem Aussehen als der Bequemlichkeit.

Das Armausschnitt im Oberteil stützt den Ärmel. In der Regel wird zum Ärmel hin genäht und wenn man noch eine natürliche „Rundung“ zum Arm hinzugibt, wird man (oft erst nach dem Anprobieren) feststellen, dass die Ärmelkugel etwas mehr Länge braucht, als die Konstruktion nach Ärmelweite und Tiefe des Armausschnitts erfordern würde.

Einige Beispiele für Mehrweiten am Ärmel: enge Bluse 0,5 bis 1 cm, Bluse mit Abnähern 1 bis 2 cm, Jacke mit Schulterpolstern 2 bis 4 cm.

Achtung! In diesem Buch wird die Ärmelkonstruktion ohne die Mehrweite gezeichnet.

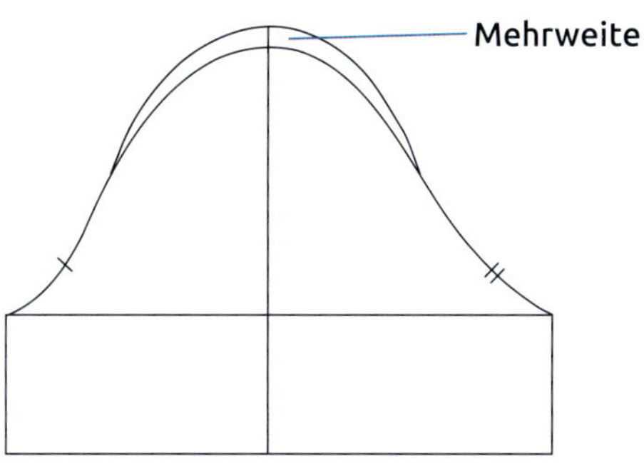

BILD 23

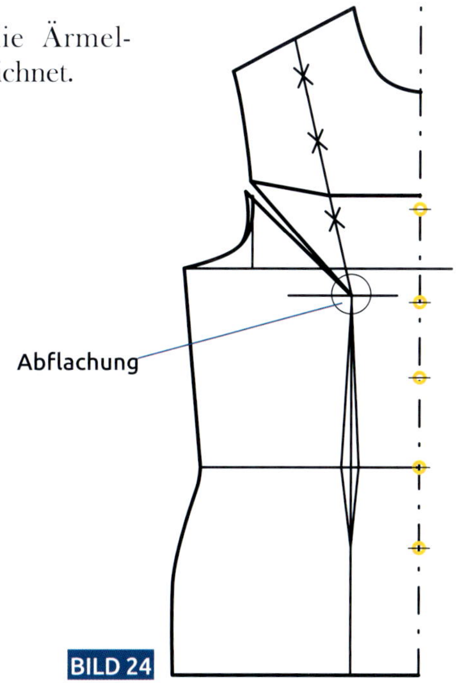

BILD 24

Besatz für geschlossenen Kragen

Wenn das Oberteil vorn mit Knöpfen geschlossen wird, kommt rechts an der vorderen Mittellinie ein Übertritt hinzu. Die Breite des Übertritts hängt vom Modell oder vom Knopfdurchmesser ab. In der Regel beträgt sie 2 cm.

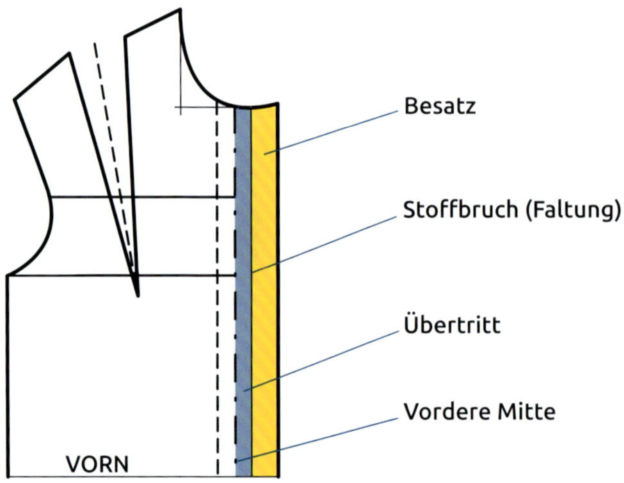

BILD 25

Rechts vom Übertritt wird ein Besatz hinzugefügt, der den inneren Beleg darstellt. In der Regel ist er 1 bis 2 cm breiter als der Übertritt.

Für den oberen Abschluss des Besatzes zunächst den Halsausschnitt durchpausen und vom Stoffbruch (Linie zwischen Übertritt und Besatz) an umgekehrt umschlagen.

Besatz für offenen Kragen

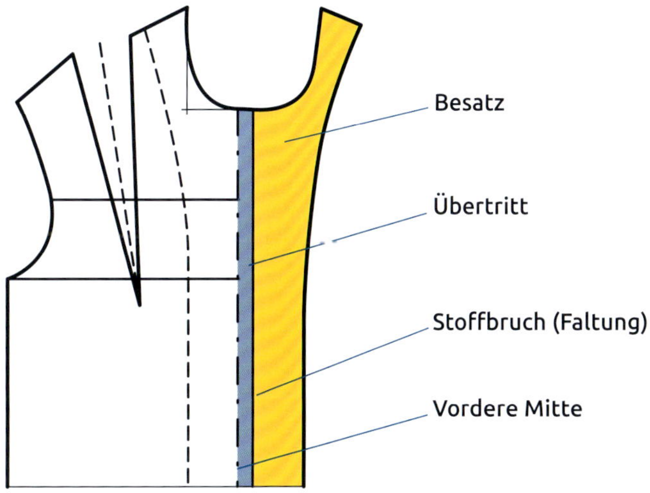

BILD 26

Der Besatz für den offenen Kragen dient als Revers. Seine Linie wird auf dem Grundmuster des Oberteils ab der Schulterlinie gezeichnet. Er ist mindestens 4 cm breit. Dann Form durchpausen und ab dem Stoffbruch nach innen umlegen.

Die Breite des Übertritts hängt vom Modell ab, beträgt aber mindestens 2 cm.

Ausschnittformen

Der Ausschnitt beeinflusst den Stil des Modells. Es gibt zahlreiche Formen – ob offen oder geschlossen, ob mit Kragen oder ohne, der Ausschnitt verleiht dem fertigen Modell erst seine Wirkung. Der Ausschnitt ist stets technisch und ästhetisch an Stil und Material anzupassen, dazu ist die Verarbeitung zu berücksichtigen (Einlage, Besatz).

U-Boot-Ausschnitt, vorn geknöpft

Modell 1

Zunächst ein Grundschnittmuster für ein Oberteil zeichnen, dann Rücken- (Bild 1) und Vorderteil (Bild 2) abwandeln. Einfacher ist es, zunächst die Form des Ausschnitts vorn zu fixieren und seine Breite vom hinteren Halsausschnitt an auf der Schulterlinie abzutragen.

Besätze für Halsausschnitt und Armausschnitt anzeichnen.

Länge des Besatzes für den Halsausschnitt um die Breite des vorderen Besatzes kürzen, denn die letztere gleicht nach dem Umschlagen den Unterschied aus.

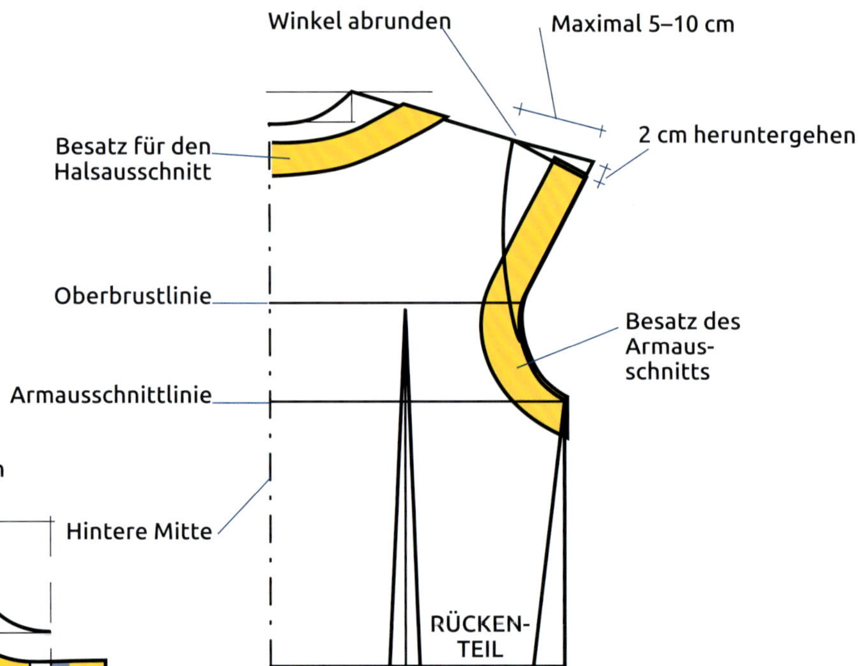

BILD 1

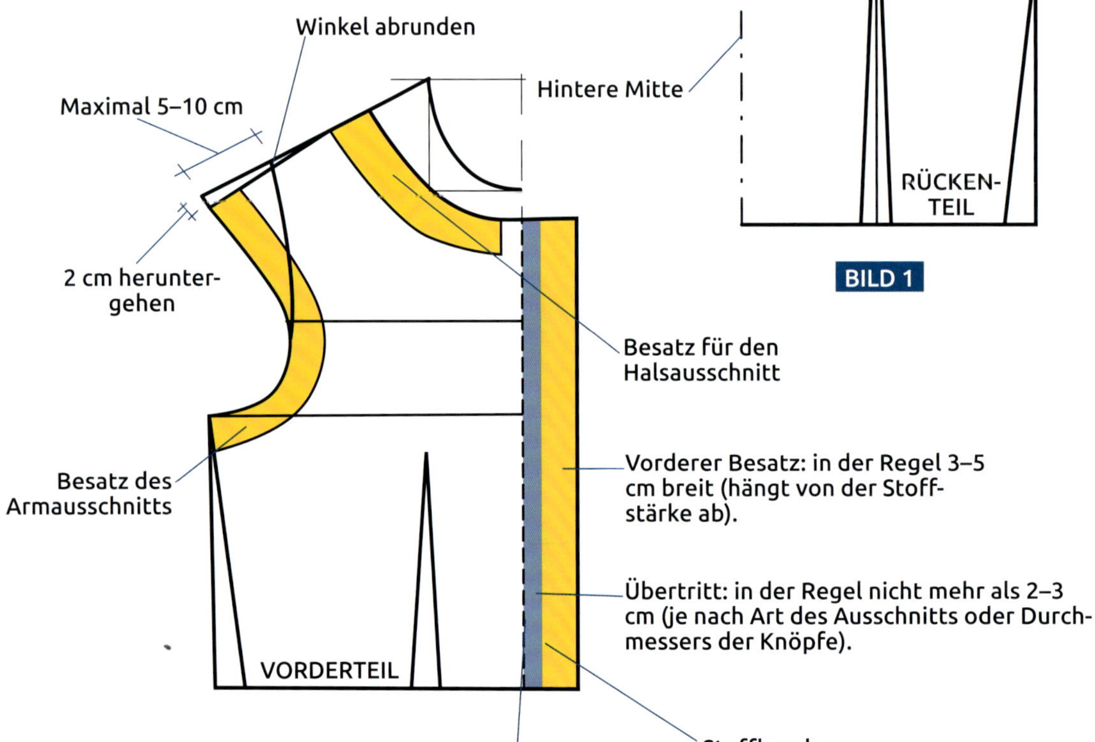

BILD 2

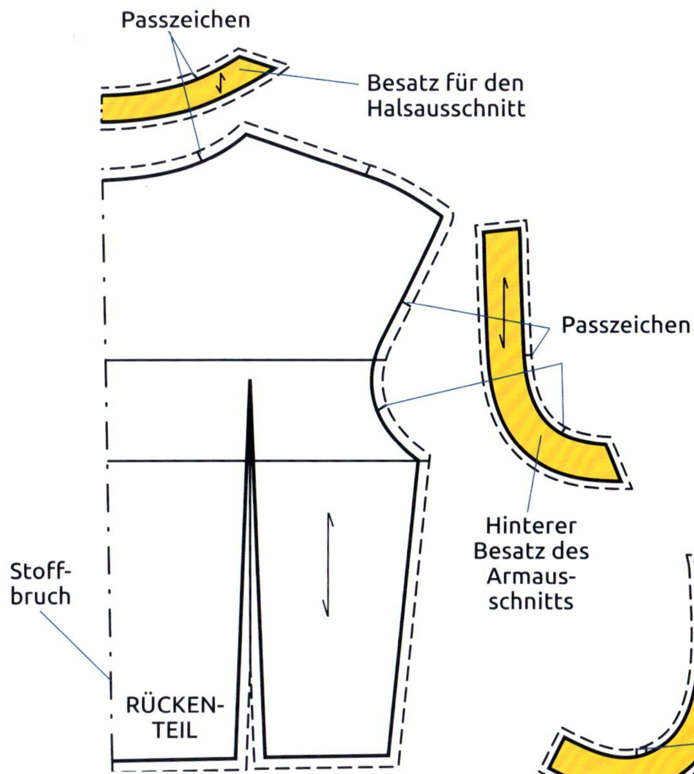

Halbes endgültiges Schnittmuster für den Rücken

BILD 3

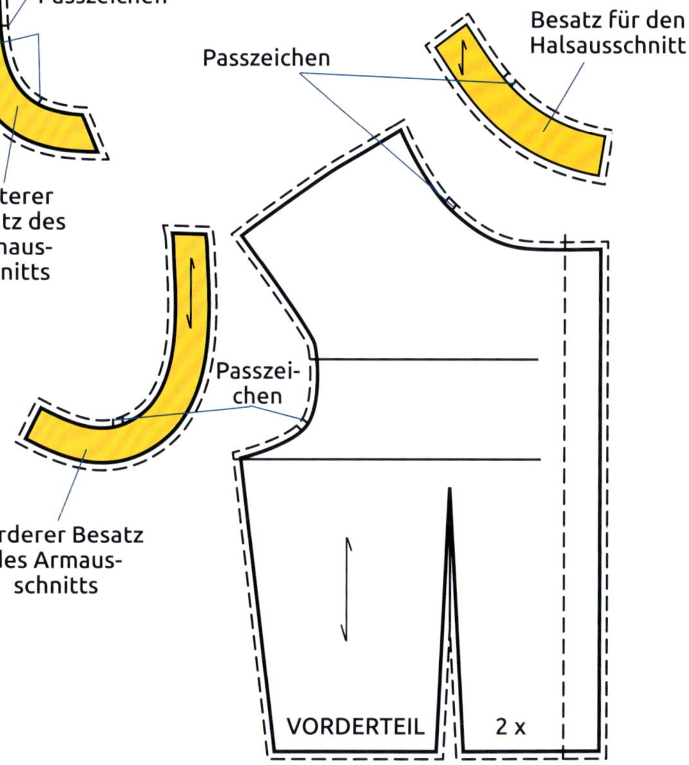

Halbes endgültiges Schnittmuster für vorn, 2mal zuschneiden

BILD 4

Bei diesem Modell wird die Schulterlinie aus ästhetischen Gründen um maximal 5 bis 10 cm verlängert und um 2 cm abgesenkt, um den durch die Konstruktion bedingten spitzen Winkel abzurunden (Bild 1 und 2).

Vorderer Besatz: immer 2 cm breiter als der Übertritt, damit er nach dem Umlegen über die vordere Mittellinie hinausreicht (Bild 2).

Um zu verhindern, dass der Rand eines Flügelärmels sich verzieht, den Besatz des Armausschnitts im geraden Fadenlauf zuschneiden (Bild 3 und 4) oder den Besatz mit einem Nahtband unterlegen und dieses beim Zusammennähen mit einnähen.
Rund um die endgültigen Schnittmuster 1 cm Nahtzugabe vorsehen.
Nicht die Pass- und Einsetzzeichen vergessen.

Asymmetrischer Ausschnitt, vorn geknöpft

Modell 2

Auf dem Grundschnitt den vorderen und hinteren Halsausschnitt halsnah zeichnen, den Ausschnitt dann rund um den Hals um 2 bis 4 cm absenken.

Die beiden vorderen Schnittmusterhälften (rechts und links) fertigen, denn das Vorderteil ist asymmetrisch (die Knopfleiste ist oben nicht mittig).

Den rechten Besatz nach einer der beiden Optionen aus Bild 3 oder 4 zeichnen: Die Wahl hängt ab von der Form des Vorderteils und der Stoffqualität.

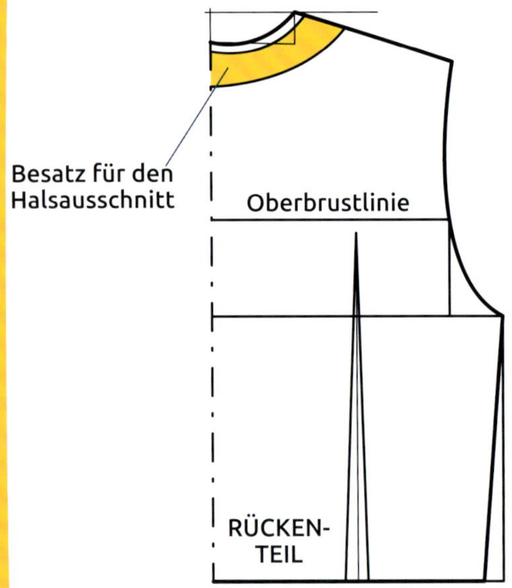

Hälfte des Rückens

BILD 1

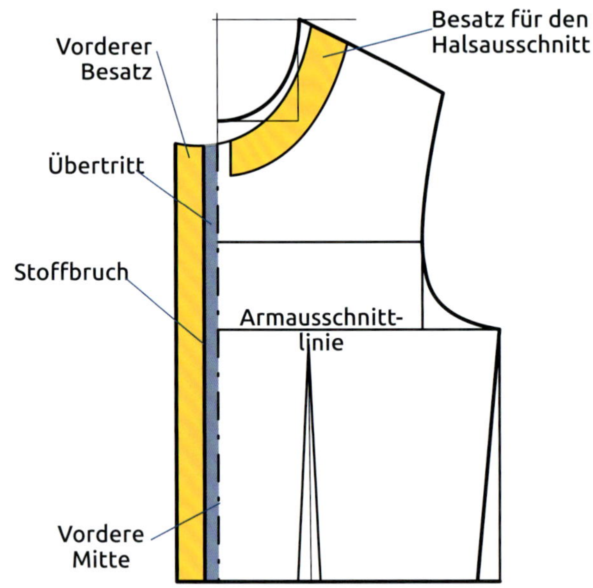

Linkc Vorderseite

BILD 2

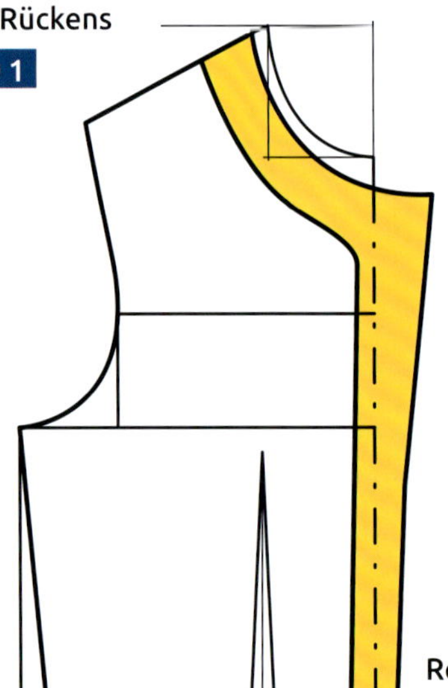

BILD 3

Rechte Vorderseite mit zwei Optionen für den Besatz

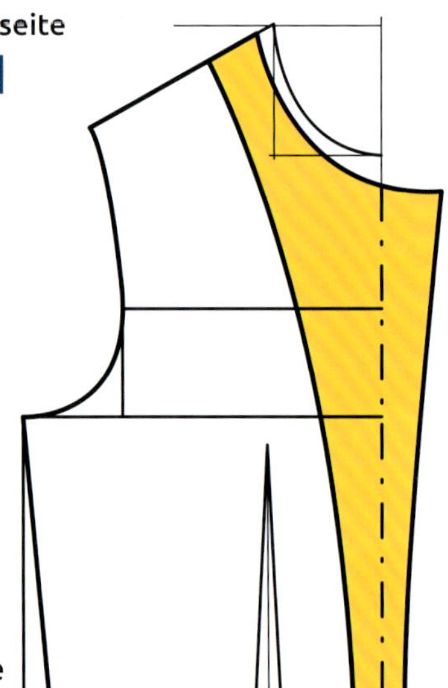

BILD 4

Länge des Besatzes für den Halsausschnitt links vorn: kürzer als die Halsweite, um die Breite des vorderen Besatzumschlags zu berücksichtigen.

Breite des vorderen Besatzes: in der Regel mindestens 3 bis 5 cm (hängt von der Stoffstärke ab).

Übertritt: in der Regel nicht mehr als 2 bis 3 cm (je nach Art des Modells oder Durchmessers der Knöpfe).

Breite des Besatzes: immer 1 cm breiter als der Übertritt, damit er nach dem Umlegen über die vordere Mittellinie hinausreicht.

Alle Besätze durchpausen.

Rund um die endgültigen Schnittmuster 1 cm Nahtzugabe vorsehen.

Nicht die Pass- und Einsetzzeichen auf dem endgültigen Schnittmuster vergessen.

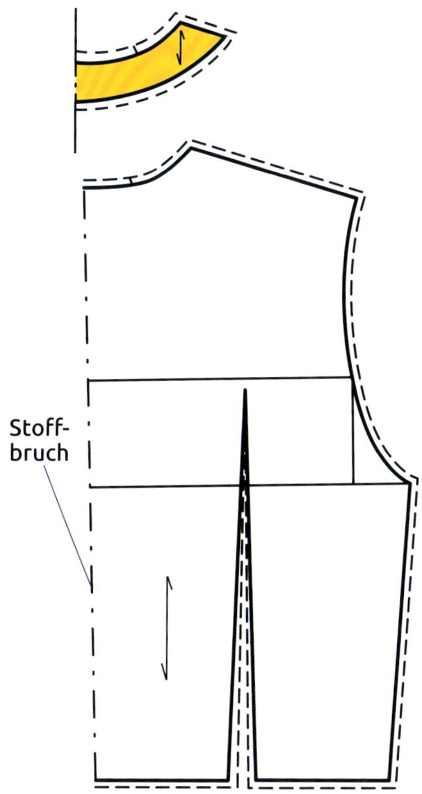

Endgültiges Schnittmuster für das Rückenteil

BILD 5

BILD 7 **BILD 8**

Endgültige Schnittmuster für beide Optionen für die vorderen Besätze

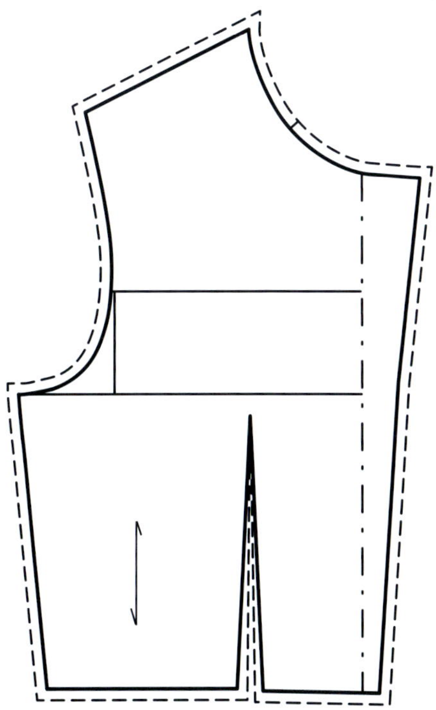

Endgültiges Schnittmuster für das rechte Vorderteil

BILD 6

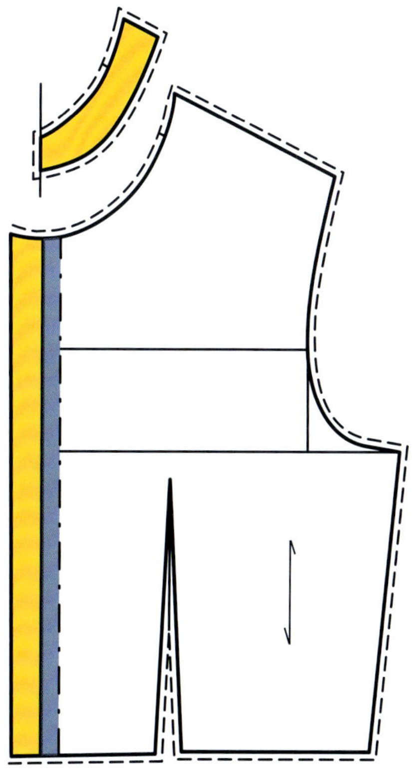

Endgültiges Schnittmuster für das linke Vorderteil

BILD 9

Tiefer enger Ausschnitt, vorn geknöpft

Modell 3

Grundschnitt für das Oberteil nach Maß zeichnen und dann abwandeln (Bild 1 und 2), um das hier vorgeschlagene Modell zu fertigen.

Vorn und hinten die Abnäher für den Armausschnitt konstruieren. Nicht vergessen, die beiden Seiten der Abnäher anzupassen und die Winkel etwas abzurunden.

Aus technischen und ästhetischen Gründen den Abnäher für den Armausschnitt auf die Oberbrustlinie oder etwas darüberlegen, nie darunter!

Da der Ausschnitt vorn eng und sehr tief ist, den Übertritt erst unter der Brustlinie zeichnen (Bild 2), je nach Knopfdurchmesser 3 bis 5 cm breit.

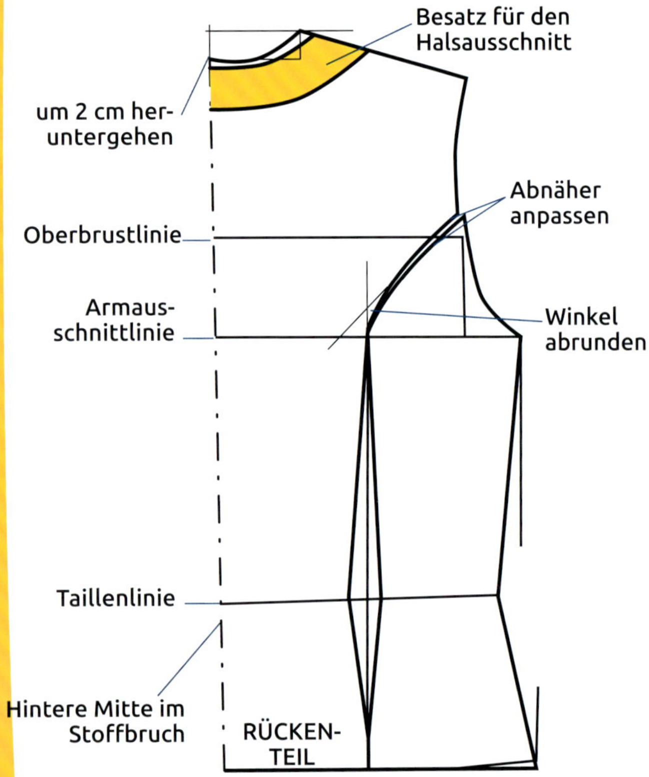

BILD 1

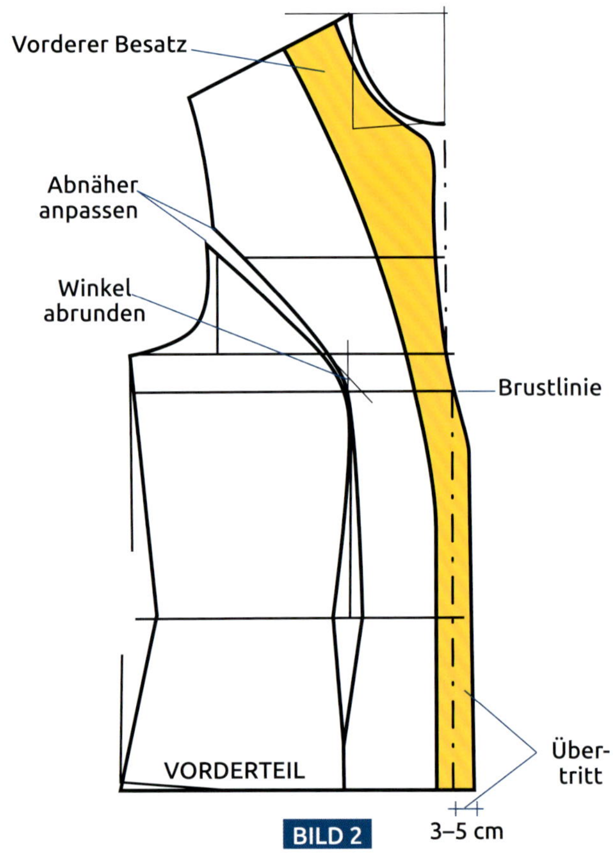

BILD 2

Um Abstand vom Hals zu bekommen, den Ausschnitt rund um den Hals an der Grundlinie 2 cm herabsetzen.

Um das endgültige halbe Schnittmuster zu erhalten, die beiden Rücken- und Vorderteile voneinander trennen.

Besätze für Halsausschnitt und Vorderteil anzeichnen. Den unteren Abschluss vorn und hinten mit einem unterlegten Besatz oder einem einfachen Saum von mindestens 2 cm abschließen (diesen Wert bei der Schnittkonstruktion zugeben!).

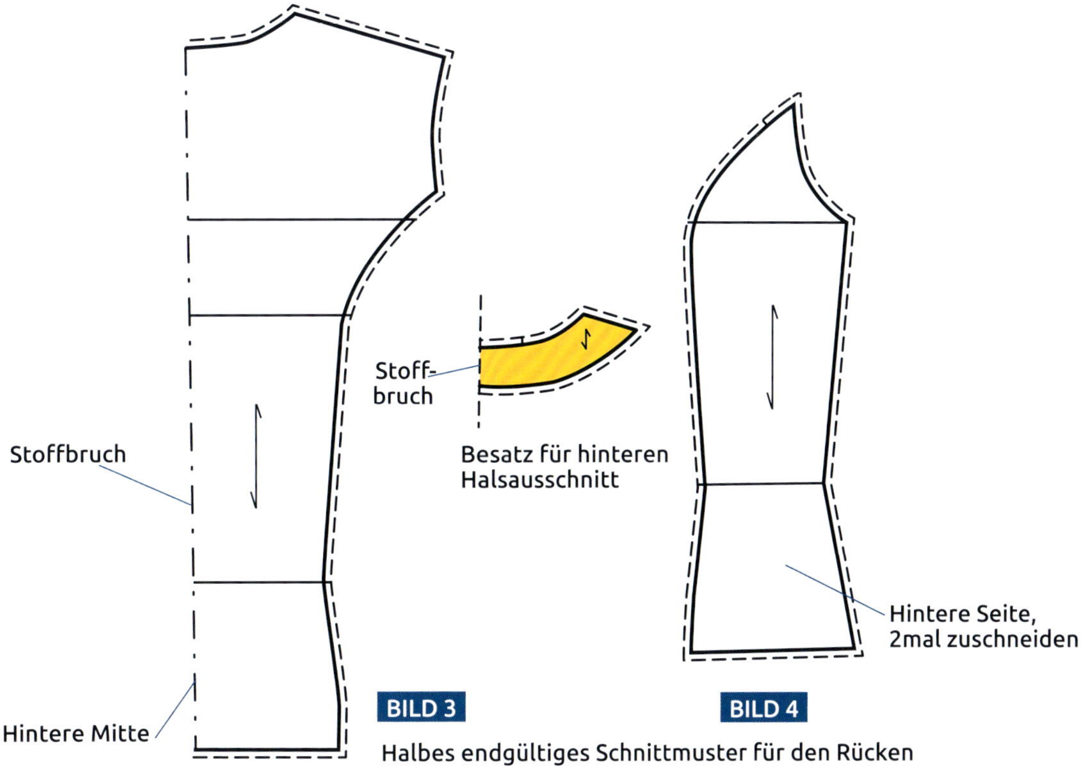

BILD 3 BILD 4
Halbes endgültiges Schnittmuster für den Rücken

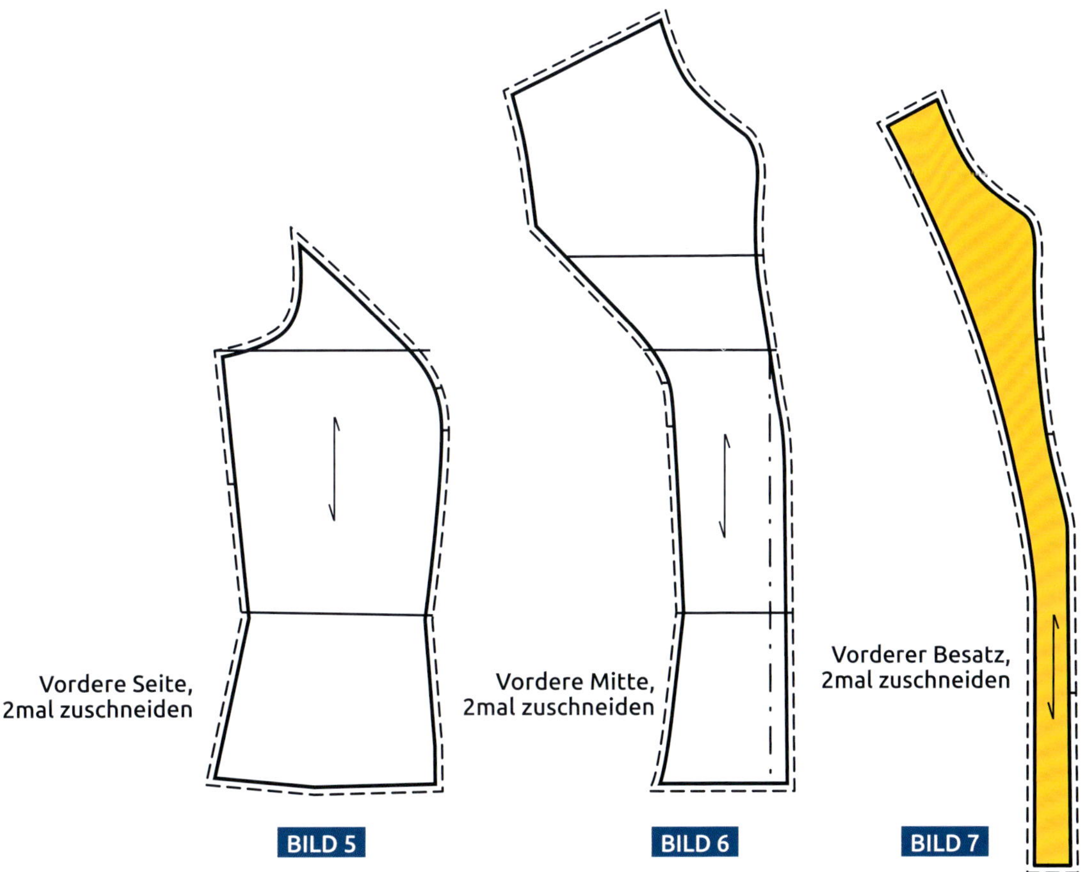

BILD 5 BILD 6 BILD 7
Halbes endgültiges Schnittmuster für das Vorderteil

Rund um die endgültigen Schnittmuster 1 cm Nahtzugabe vorsehen.
Das endgültige Schnittmuster für dieses Modell enthält viele Einzelteile, die sich beim Zusammennähen leicht verwechseln lassen. Deshalb nicht die Pass- und Einsetzzeichen vergessen.

Runder Ausschnitt, gerafft

Modell 4

Dieses Modell basiert auf einem Abnäher am Halsausschnitt, der für genügend Weite für das Volumen der Raffung sorgt (Bild 2). Dafür wird zunächst ein Grundschnitt mit Brustabnäher gezeichnet, der dann geschlossen wird. Dazu wird der Abnäher für den Halsausschnitt geöffnet (siehe S. 14, Verschieben von Abnähern).

Das Schnittmuster auf ein neues Blatt zeichnen (Bild 3).

Scheint der Ausschnitt nicht weit genug oder möchte man mehr Volumen in der Raffung, wird das Modell für den Zuschnitt vergrößert.

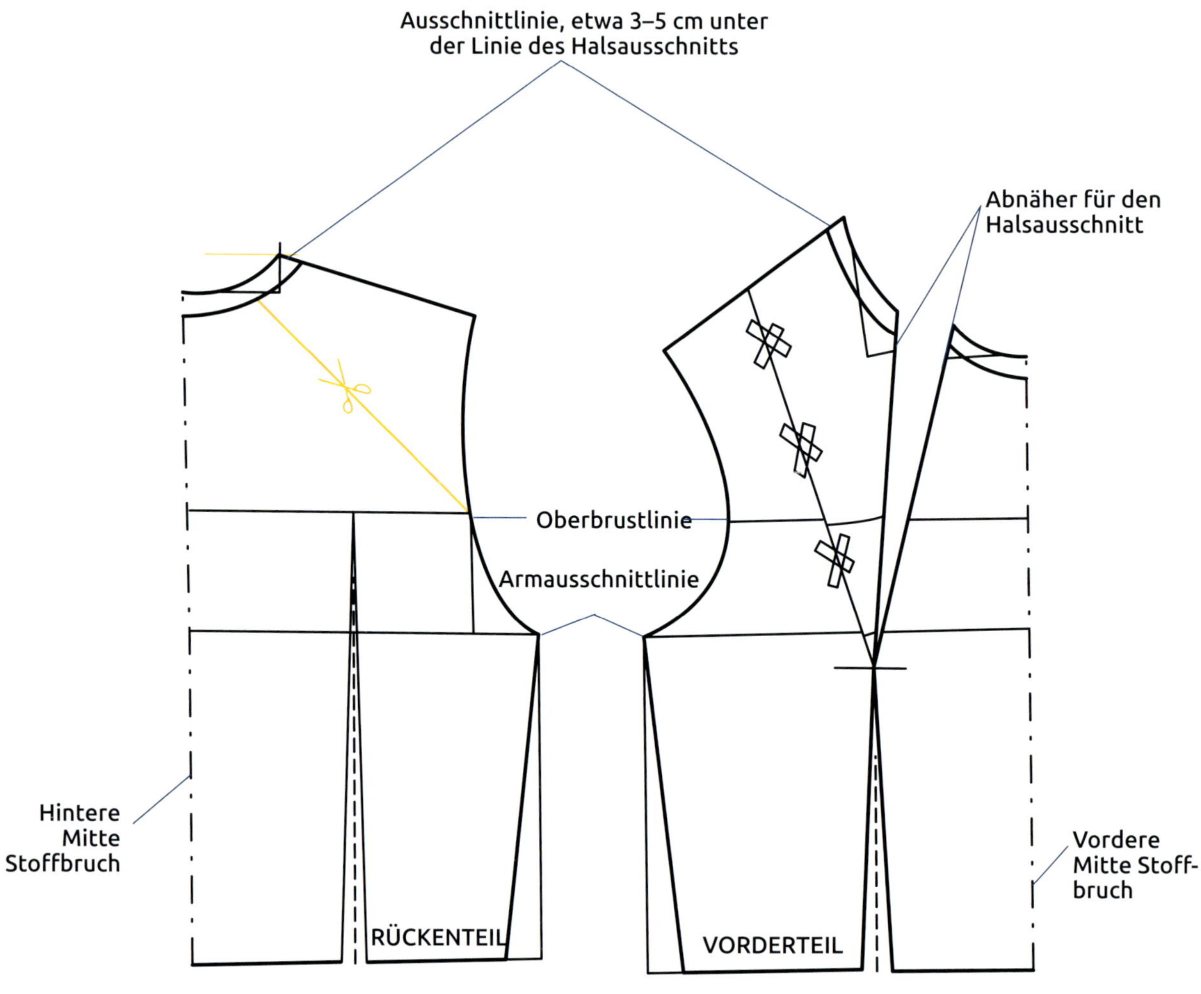

BILD 1 BILD 2

Auf dem nun entstandenen Schnittmuster die Schnittlinie, ausgehend von der Oberbrustlinie am Armausschnitt, bis zur Mitte des Halsausschnitts ziehen (Bild 3).

Die ausgeschnittenen Teile nicht abtrennen, um die Proportionen des Armausschnitts zu erhalten. Die Stücke auf die gewünschte Breite aufdrehen (Bild 4) und Schnittmuster neu zeichnen.

Das Rückenteil ohne Raffung durchführen und Halsausschnitt mit Schrägband einfassen.

Nahtzugabe von 1 cm hinzufügen.

Pass- und Einsetzzeichen anbringen.

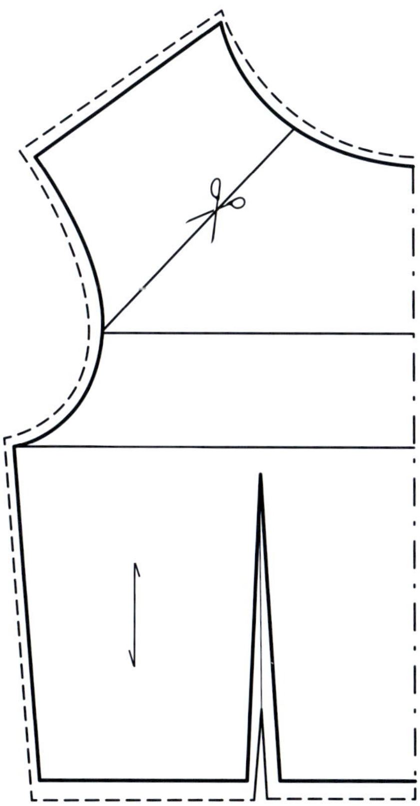

BILD 3

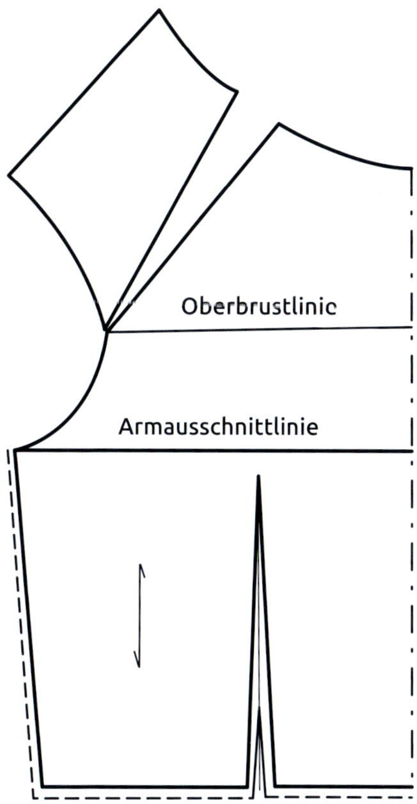

BILD 4

Variante des Rückenteils

Nach Belieben kann auch der rückwärtige Halsausschnitt gerafft werden. Dabei wie beim Vorderteil vorgehen: Wie in Bild 1 Schnittlinie, ausgehend von der Oberbrustlinie am Armausschnitt, bis zur Mitte des Halsausschnitts zeichnen, dann schneiden und die beiden Stücke auf die gewünschte Breite spreizen. Schnittmuster für das Rückenteil neu zeichnen.

Eckiger Ausschnitt mit Trägern, auf der Brust gerafft

Modell 5

Oberteil nach den vorgegebenen Maßen zeichnen und dann Linien für die Abwandlung zeichnen: Ausschnitt und Träger (Bild 1 und 2).

Aus Gründen des Tragekomforts die Besätze nicht raffen. Sie werden separat gefertigt.

Schnittlinien zeichnen (Bild 2), um die Raffung herzustellen.

Träger und Besätze zeichnen.

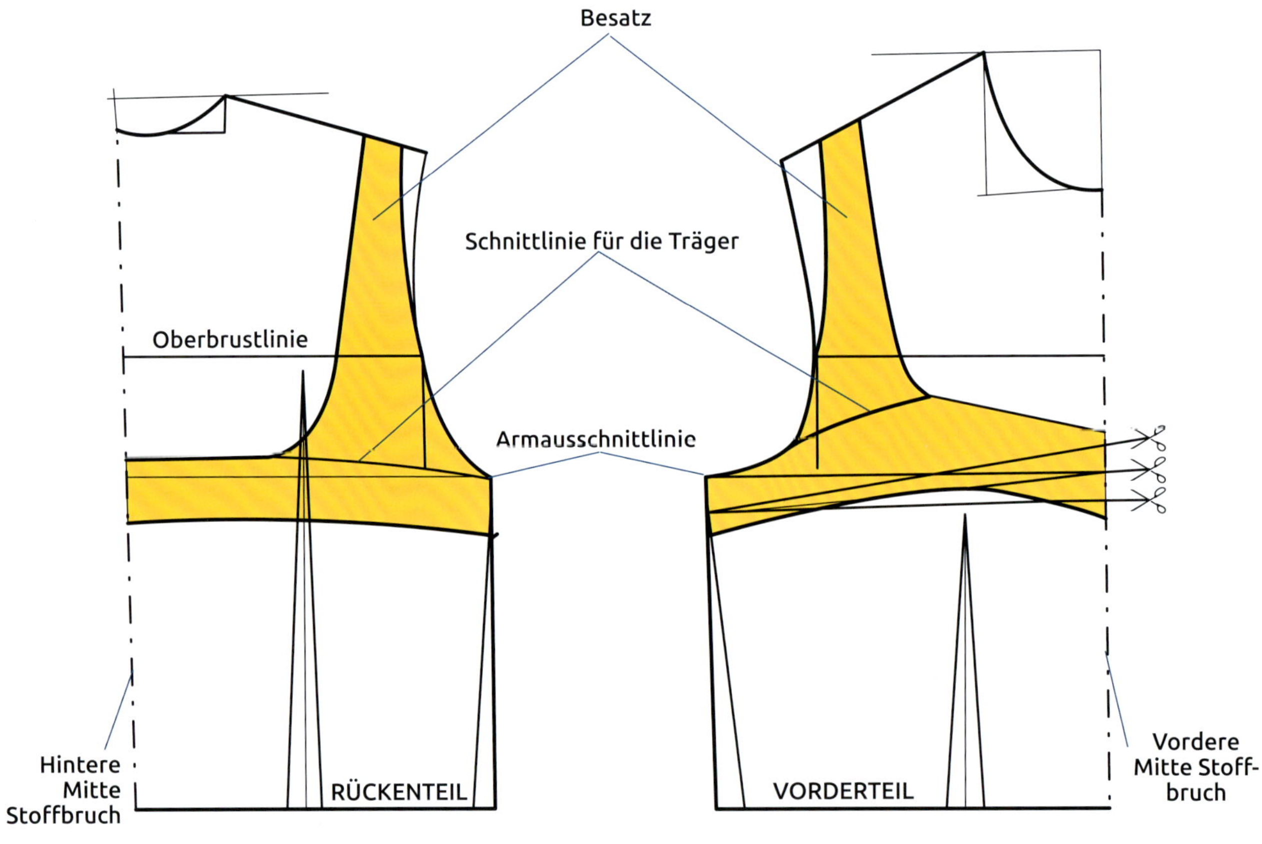

BILD 1

BILD 2

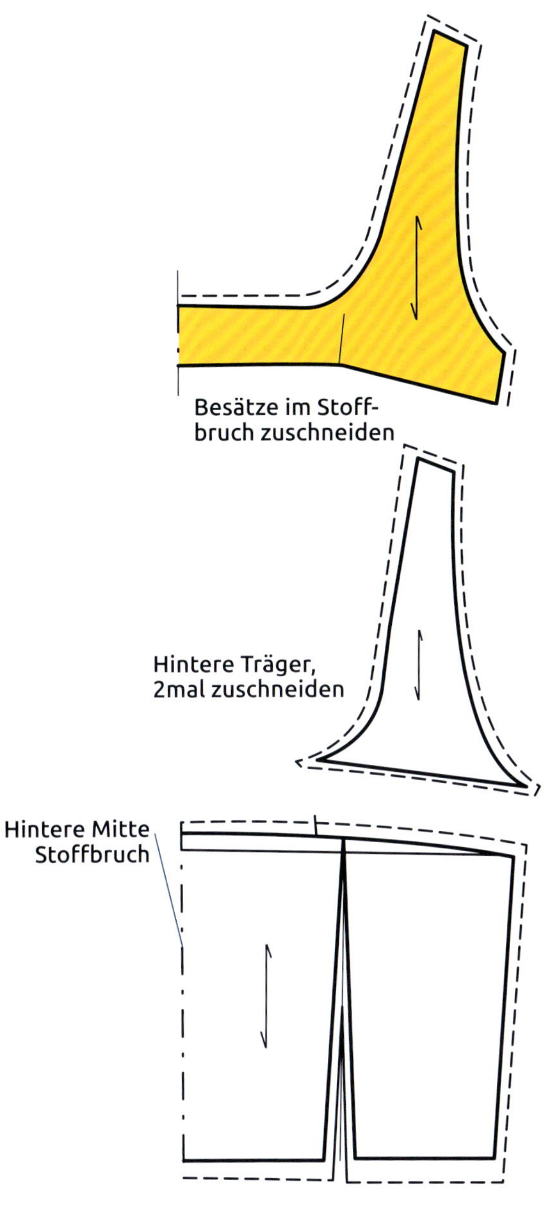

Endgültiges Schnittmuster für das Rückenteil

BILD 3

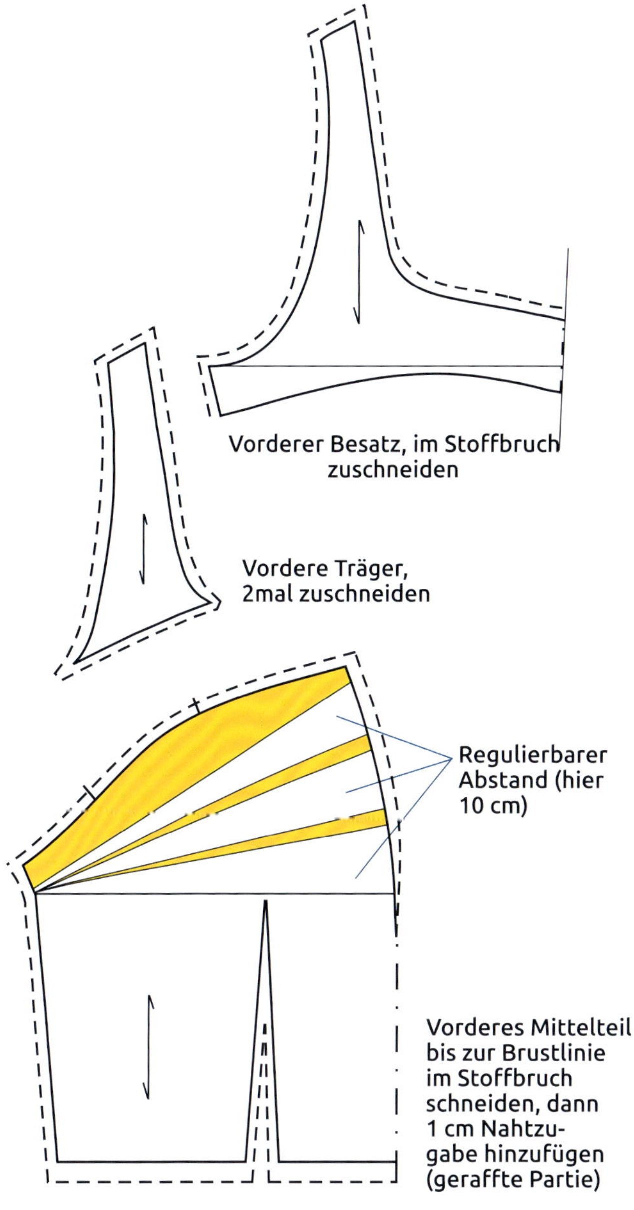

Endgültiges Schnittmuster für das Vorderteil

BILD 4

Träger von Rücken- und Vorderteil trennen, indem Sie rundum 1 cm Nahtzugabe hinzufügen (Bild 3 und 4).

Die vorn ausgeschnittenen Partien in regelmäßigen Abständen aufdrehen und Schnittmuster neu zeichnen (Bild 4).

Nahtzugabe von 1 cm hinzufügen.

Nicht die Pass- und Einsetzzeichen vergessen. Sie sind bei diesem Modell sehr wichtig, um die Träger an der richtigen Stelle anzubringen.

Asymmetrischer Einträgerausschnitt

Modell 6

Für dieses Modell wird der gesamte Grundschnitt abgewandelt (und nicht nur der halbe), denn das Oberteil hängt an einem Träger und der Ausschnitt ist asymmetrisch.

Zunächst Linie des Ausschnitts festlegen, dann die Besätze auf den ganzen Grundschnitten für Rücken und Vorderteil anzeichnen (Bild 1 und 2).

Danach die Besätze für Vorderteil und Rücken durchpausen (Bild 3 und 4).

Breite der Besätze unter dem Armausschnitt = mindestens 5 cm, damit sie sich nicht drehen (Sicherheit beim Zusammennähen mit der Seitennaht vernähen!).

Die Form der inneren Linie der Besätze nach Möglichkeit schräg schneiden, damit sich der Stoff strecken kann.

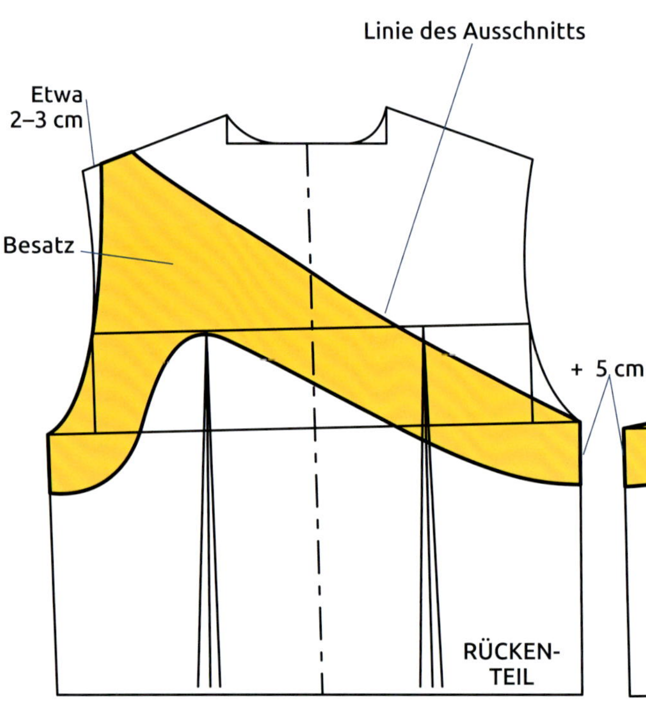

Gesamtes Schnittmuster für das Rückenteil

BILD 1

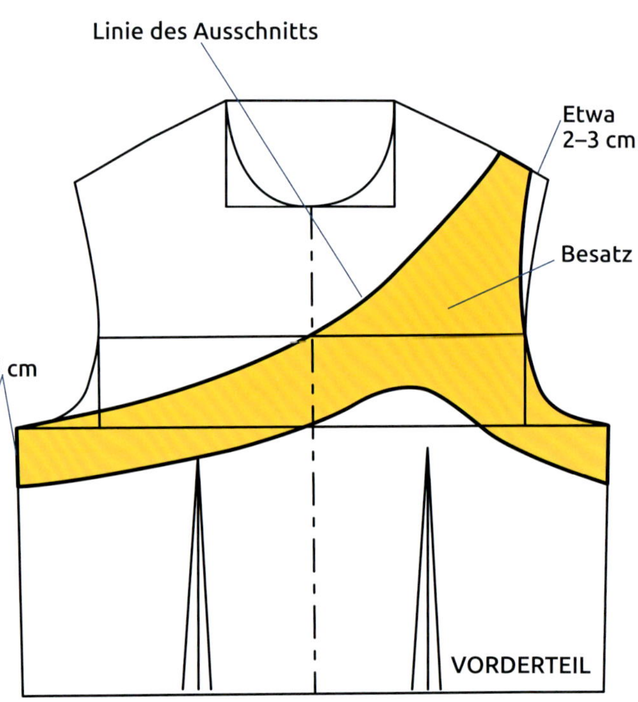

Gesamtes Schnittmuster für das Vorderteil

BILD 2

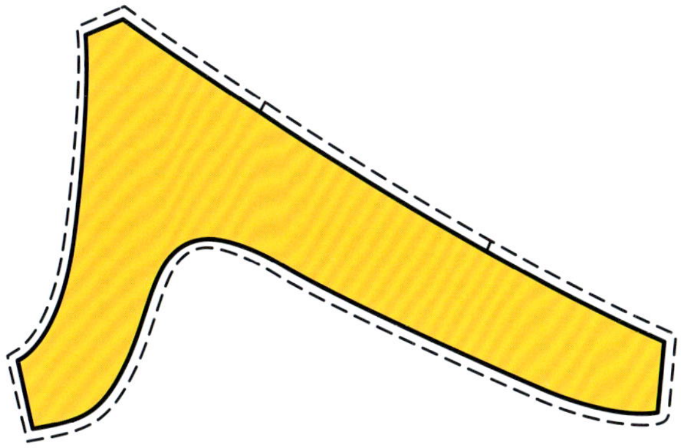

Endgültiges Schnittmuster für hinteren Besatz

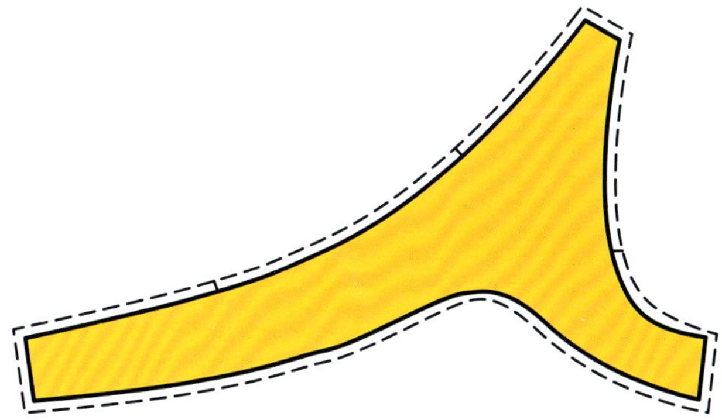

Endgültiges Schnittmuster für vorderen Besatz

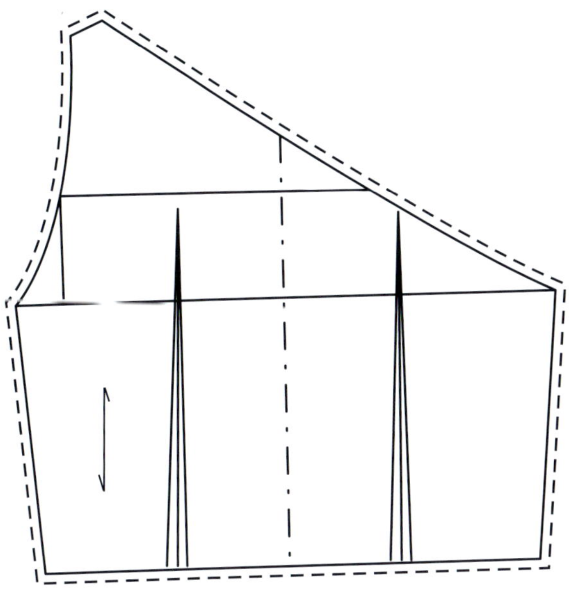

Endgültiges Schnittmuster für das Rückenteil

BILD 3

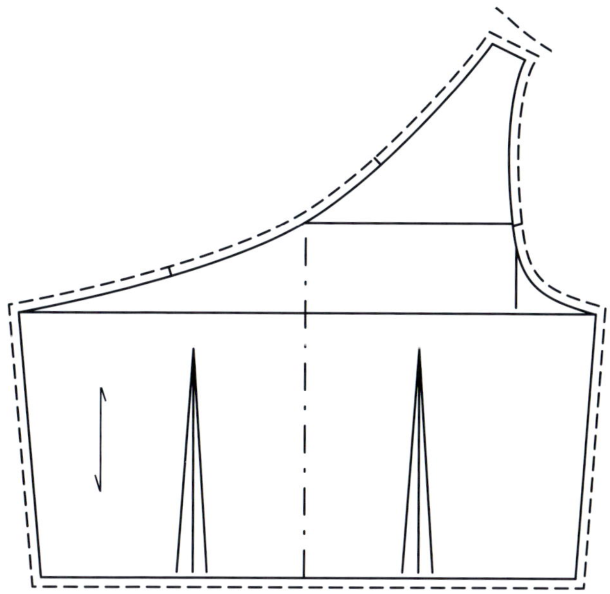

Endgültiges Schnittmuster für das Vorderteil

BILD 4

Um zu verhindern, dass die vordere und hintere Linie des Ausschnitts Falten wirft, näht man ein Nahtband ein.

Rund um die endgültigen Schnittmuster 1 cm Nahtzugabe vorsehen.

Reichlich Pass- und Einsetzzeichen anbringen.

Herzförmiger Ausschnitt, vorn geknöpft

Modell 7

Auf dem nach Maß gefertigten Grundschnitt die Linien für die Abwandlung von Vorder- und Rückenteil zeichnen und daraus Schnittmuster erstellen.

Besätze vorn und hinten einzeichnen und dann durchpausen.

Die unteren Besätze mit kleinen Stichen anheften, damit sie sich nicht verdrehen.

Zur Verstärkung der abgerundeten Partien Vlies einbügeln und gegen das „Verdrehen" beim Zusammennähen ein Nahtband einnähen.

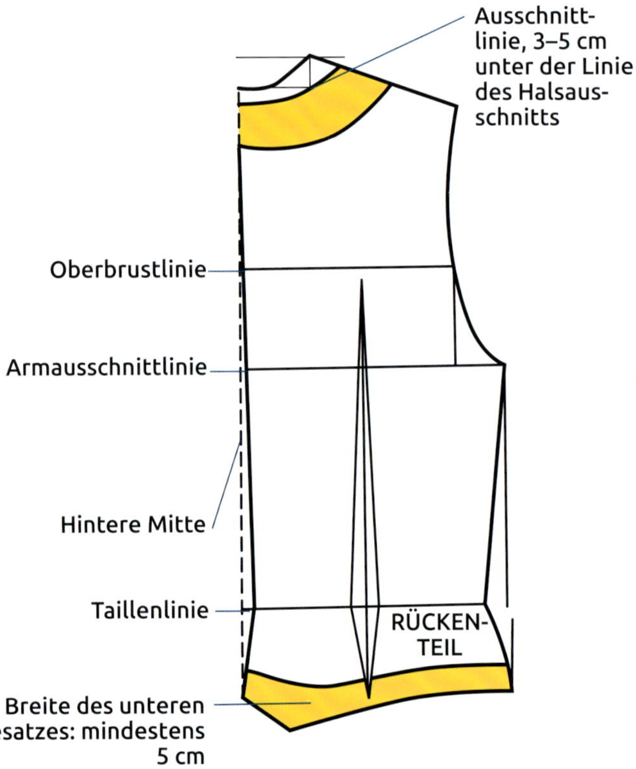

BILD 1

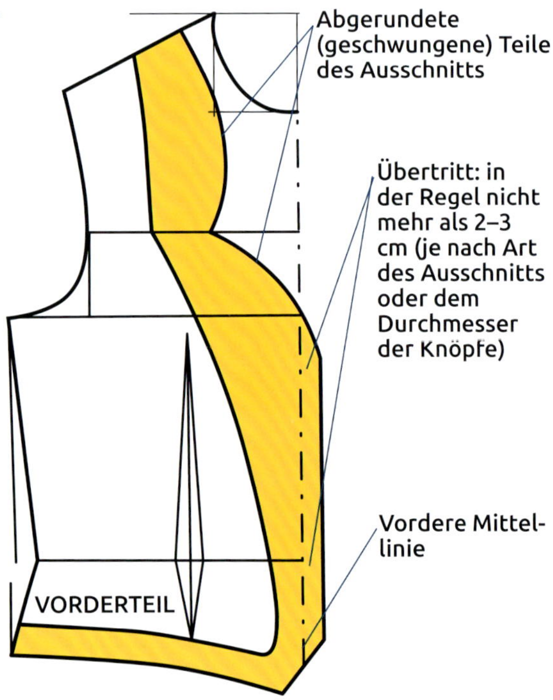

BILD 2

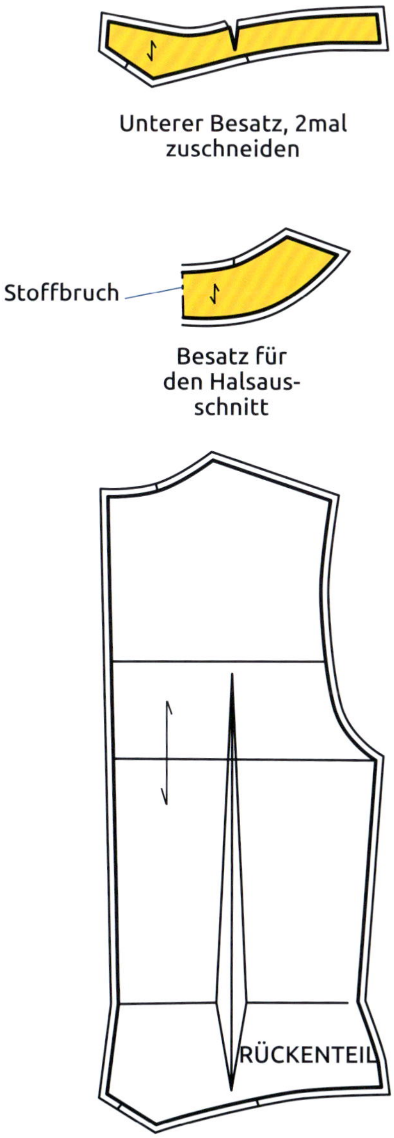

Endgültiges Schnittmuster für das Rückenteil, 2mal zuschneiden

BILD 3

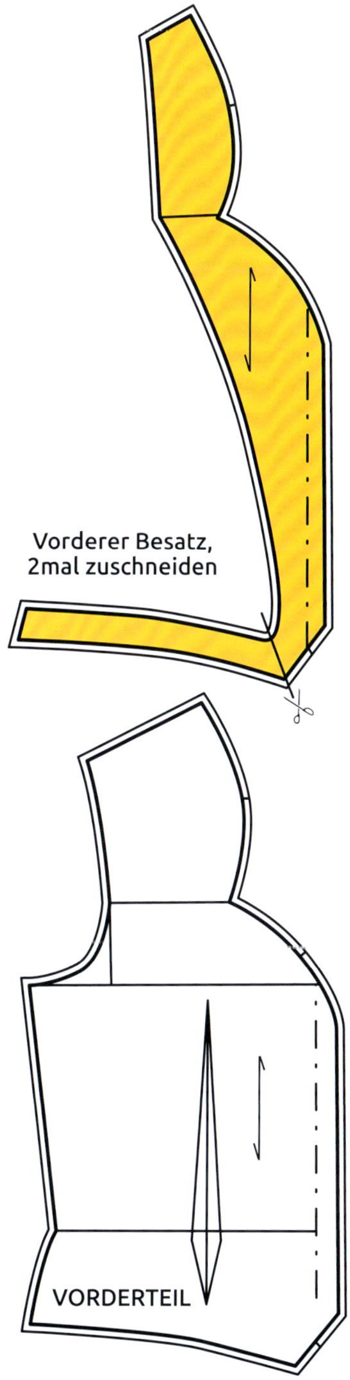

Endgültiges Schnittmuster für das Vorderteil, 2mal zuschneiden

BILD 4

Wenn auf dem Besatz, der aus dem abgewandelten Schnittmuster ausgeschnitten wurde, ein kleiner Abnäher erscheint (der vom Rückenabnäher kommt), muss er unbedingt beibehalten werden, damit der Besatz passt.

Dem endgültigen Schnittmuster rundum 1 cm Nahtzugabe hinzufügen.

Reichlich Pass- und Einsetzzeichen anbringen.

Die vorderen Besätze aus einem Stück Stoff fertigen oder, um Stoff zu sparen, wie in der Zeichnung gezeigt, in zwei Stücke aufteilen.

Geraffter Tropfenausschnitt mit Schnürung, schulterfrei

Modell 8

Das Schnittmuster für Oberteil nach den vorgegebenen Maßen zeichnen und dann abwandeln.

Auf der hinteren Armausschnittlinie den Rückenbesatz von mindestens 5 bis 7 cm Breite zeichnen und dann abpausen.

Höhe (z. B. 15 bis 17 cm) und Form des Tropfens festlegen.

Vorderen Besatz (Bild 2, in Gelb) zeichnen und dann abpausen.

Für die Raffung den Tropfen des Ausschnitts durch Nachziehen der Schnittlinien aus Bild 2 vergrößern.

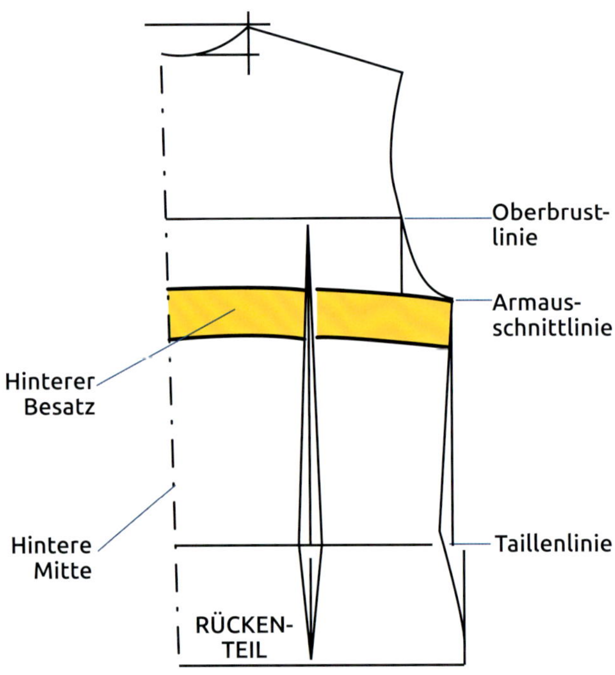

BILD 1

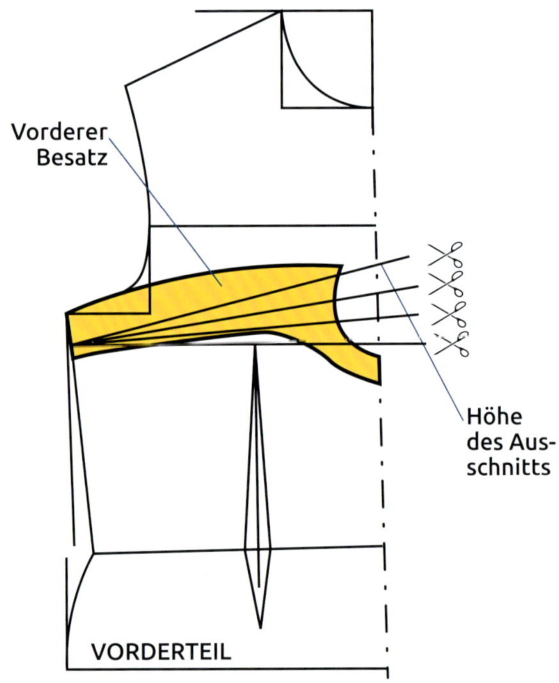

BILD 2

Den Rückenabnäher auch am hinteren Besatz anbringen (Beispiel 1) oder den Abnäher vor dem Besatz enden lassen. Diese Lösung ist besser, um Länge und Form des Schnittmusters zu wahren (Beispiel 2).

Die vorn ausgeschnittenen Partien in regelmäßigen Abständen und in der gewünschten Breite aufdrehen und Schnittmuster neu zeichnen (Bild 4).

Einen Streifen in der Form des Ausschnitts zuschneiden, um den Tunnel zu fertigen, durch den die Schnur gezogen wird. Stoff raffen und dann den nach Bild gefertigten Besatz anbringen. Bei dieser Technik ist die Raffung nicht beweglich, denn sie wird durch den inneren nicht gerafften Besatz gehalten.

Soll die Raffung beweglich sein, das Schnittmuster nach dem Aufdrehen der ausgeschnittenen Partien (Bild 5) neu zeichnen, Form des Besatzes neu entwickeln und durchpausen.

Dann rund um den Ausschnitt für die Schnürung einen Tunnel mit einer Öffnung von 1 cm konstruieren.

Nahtzugabe von 1 cm hinzufügen.

Pass- und Einsetzzeichen anbringen.

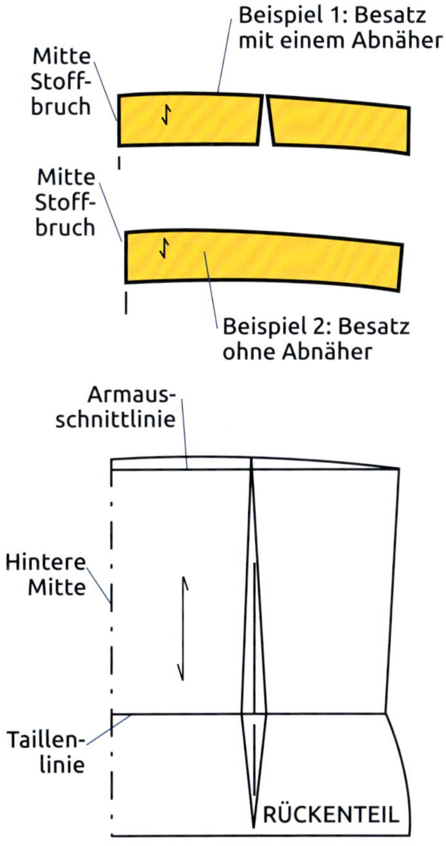

BILD 3

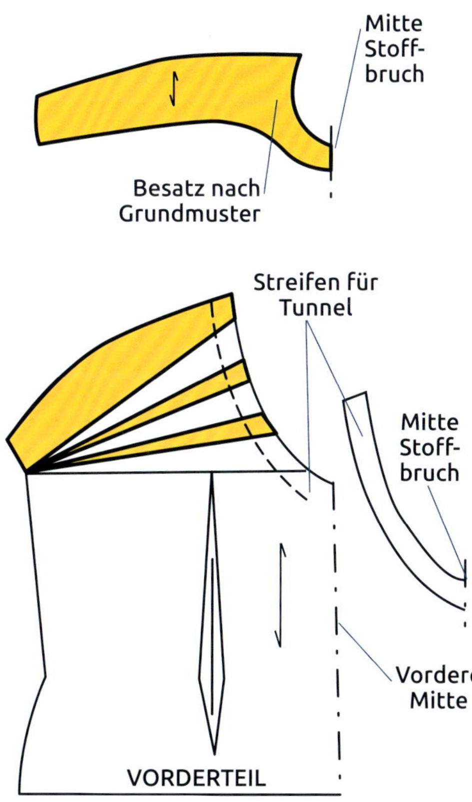

BILD 4

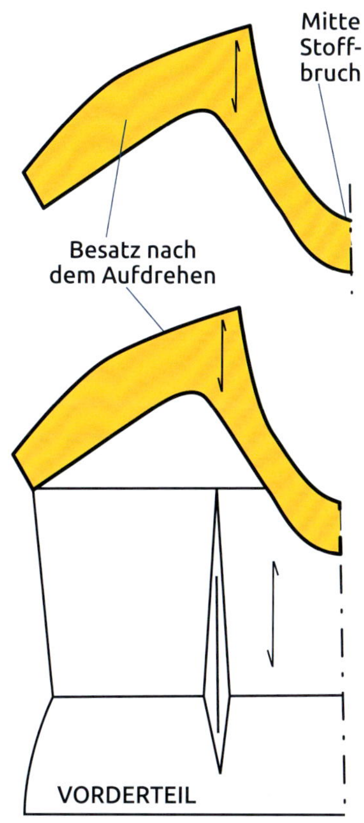

BILD 5

Spitzer Ausschnitt mit Schnürung, schulterfrei

Modell 9

Auf dem nach Maß gefertigten Grundschnitt die Abwandlung von Bild 1 (Vorderteil) und Bild 2 (Rücken) erstellen.

Danach den Besatz für den Rücken durch einen nach innen umgelegten Saum von mindestens 5 bis 7 cm ersetzen. Das vereinfacht die Arbeit. In diesem Fall den hinteren Ausschnitt gerade ausschneiden und dabei der Armausschnittlinie folgen. Dieser Linie die gewünschte Breite des Saumes zugeben.

Zunächst die Schnittlinien zeichnen, die die flache Partie (ohne Raffung) des Oberteils begrenzen, dann (in gleichmäßigen Abständen) die Schnittlinien für die obere und untere Partie des Oberteils zeichnen. Diese Linien dienen als Anhaltspunkte für die Aufteilung der Raffung.

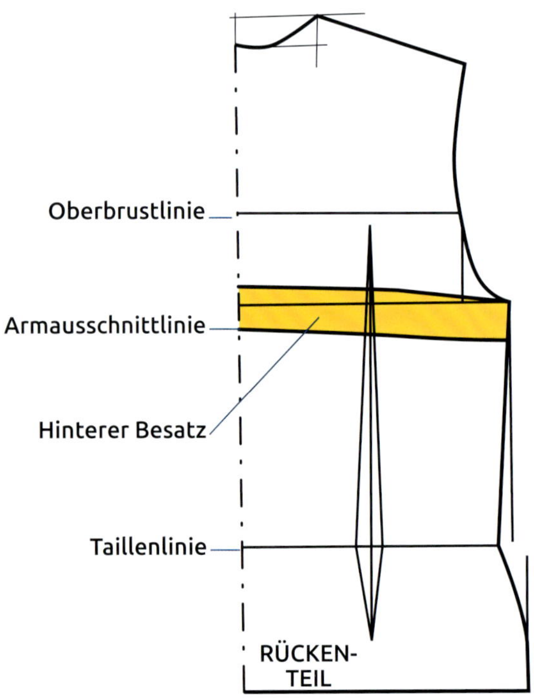

BILD 1

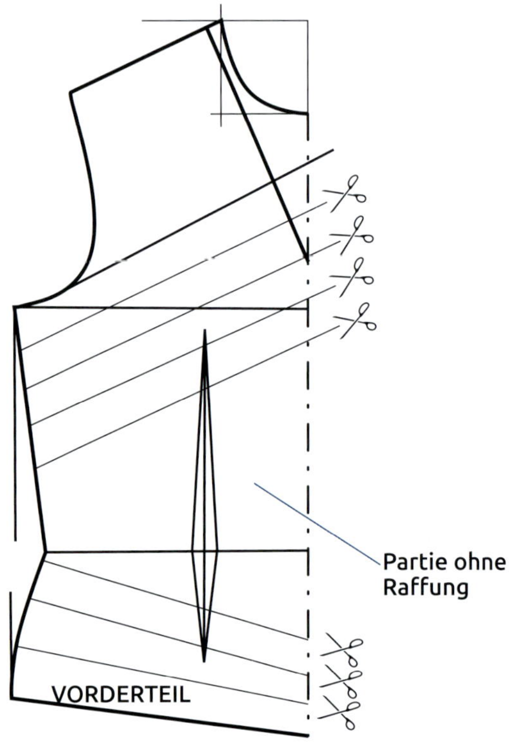

BILD 2

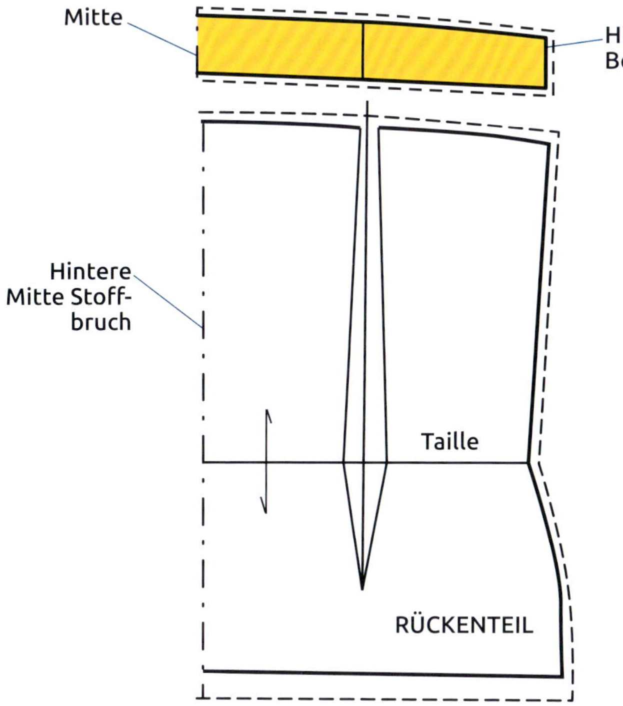

Halbes endgültiges Schnittmuster für das Rückenteil mit separatem Besatz

BILD 3

Die oberen und unteren gerafften Partien von der flachen Mittelpartie trennen (Bild 4), um die Schnitte für das Volumen der Raffung sauber zu markieren. Trotzdem kann das Modell auch aus einem Stück geschnitten werden (ohne die Partien abzutrennen). In diesem Fall sind die Übergänge zwischen flachen und gerafften Partien weicher.

Die ausgeschnittenen Teile in regelmäßigen Abständen aufdrehen (hier 5 cm). Größere Intervalle bringen mehr Raffung; für weniger Raffungen nicht so weit aufdrehen.

Um vorn oben und unten die Besätze zu vermeiden, einen Saum von 5 bis 7 cm Breite zeichnen.

Endgültiges Schnittmuster neu zeichnen und Nahtzugabe von 1 cm hinzufügen.

Viele Pass- und Einsetzzeichen anbringen.

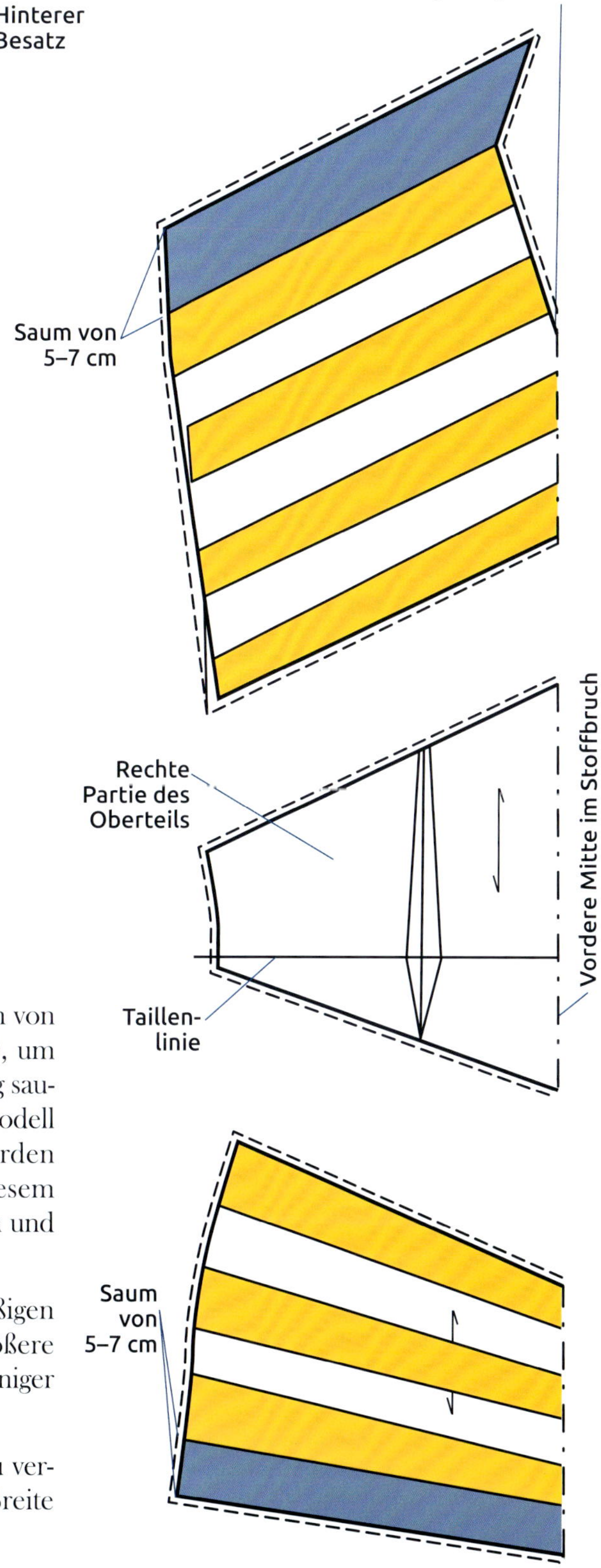

Halbes endgültiges Schnittmuster für das Vorderteil

BILD 4

Spitzer Westenausschnitt mit Falten und Knöpfen auf einer Seite, ärmellos

Modell 10

Auf dem nach Maß gefertigten Grundschnitt die Linien für die Abwandlung von Vorder- und Rückenteil zeichnen, um das hier gezeigte Modell zu erhalten.

Auf dem Grundschnitt für das Rückenteil die Besätze für Ausschnitt, Armausschnitt und unteren Rand zeichnen und abpausen (Bild 1).

Da das Modell vorn asymmetrisch ist, rechten und linken Grundschnitt für das Vorderteil einzeln zeichnen und separat abwandeln.

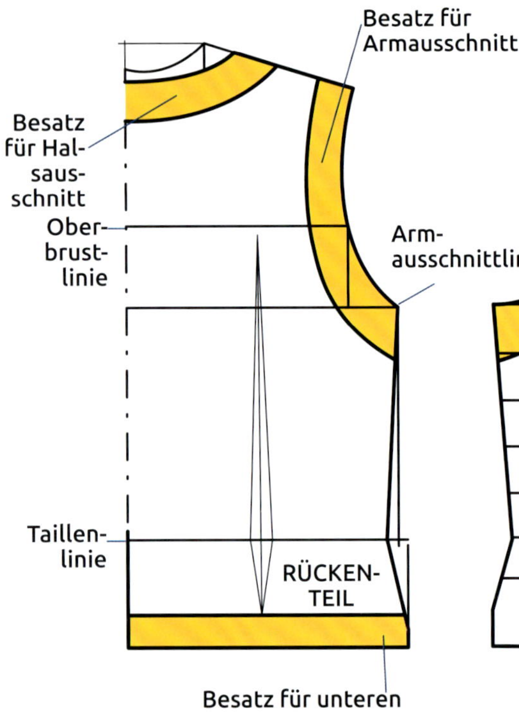

BILD 1

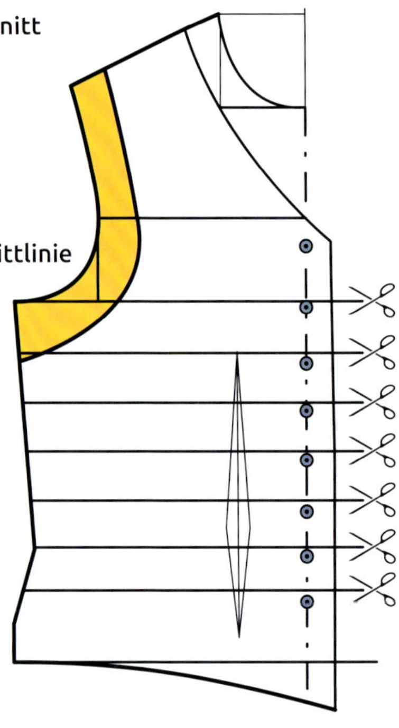

Vorderteil rechte Seite

BILD 2

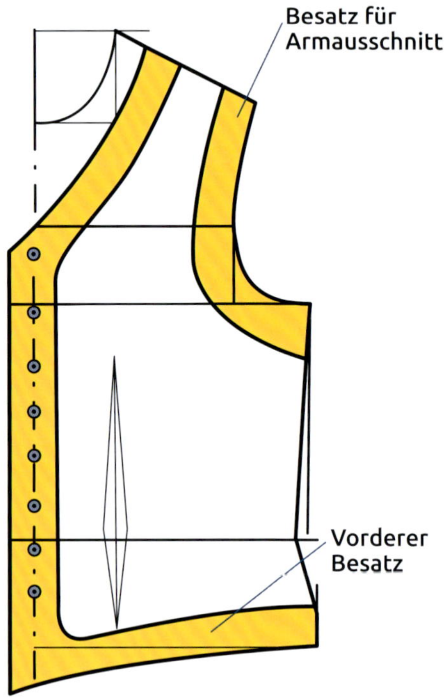

Vorderteil linke Seite

BILD 3

Für das linke Vorderteil Höhe und Form des Ausschnitts sowie Form seiner unteren Spitze festlegen und den Wert des Übertritts (mindestens 2 cm) bestimmen. Besätze des Armausschnitts und des Vorderteils zeichnen und dann durchpausen (Bild 3).

Für das rechte Vorderteil die linke Seite umgekehrt kopieren. Stellen für die Knöpfe festlegen, wodurch sich die Schnittlinien ergeben, denn jede Falte wird durch einen Knopf gehalten (Bild 2). Dann die Schnittlinien zeichnen.

Den Besatz für das linke Vorderteil aus einem Stück schneiden oder, um Stoff zu sparen, aus zwei Stücken (im Gehrungswinkel, siehe Bild 5).

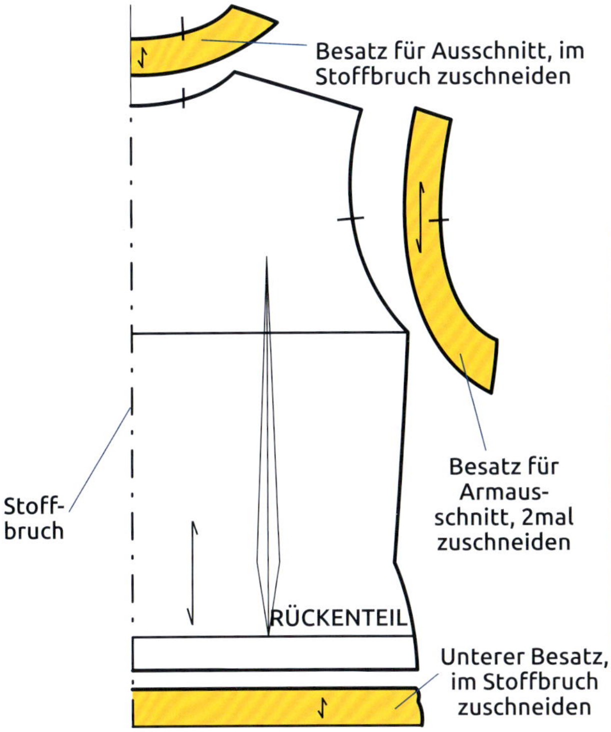

Halbes endgültiges Schnittmuster für das Rückenteil

BILD 4

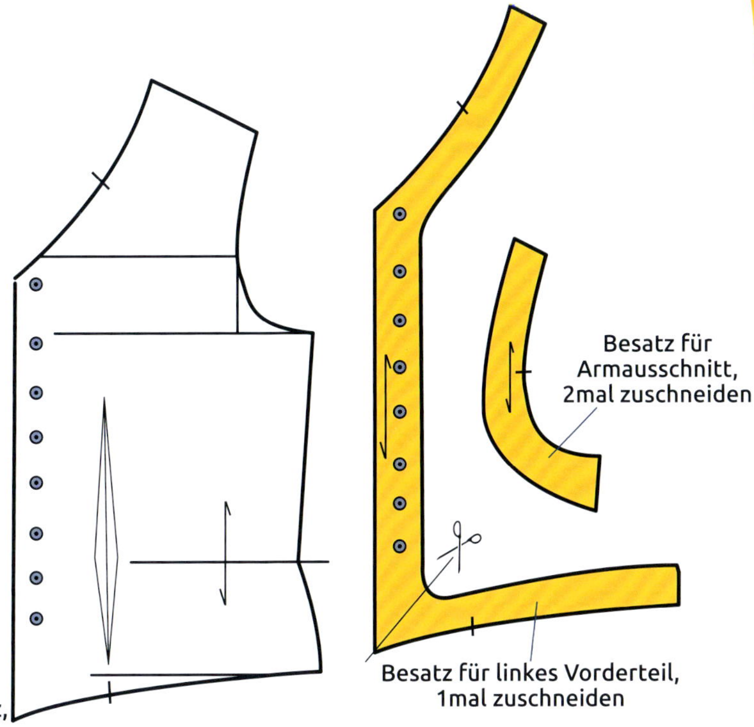

Endgültiges Schnittmuster für das linke Vorderteil

BILD 5

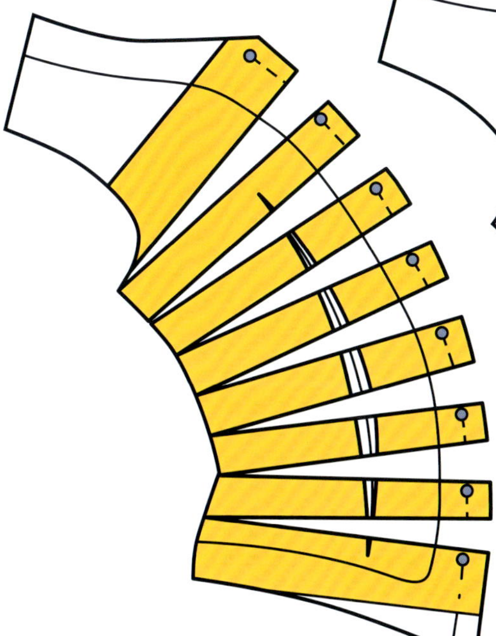

BILD 6

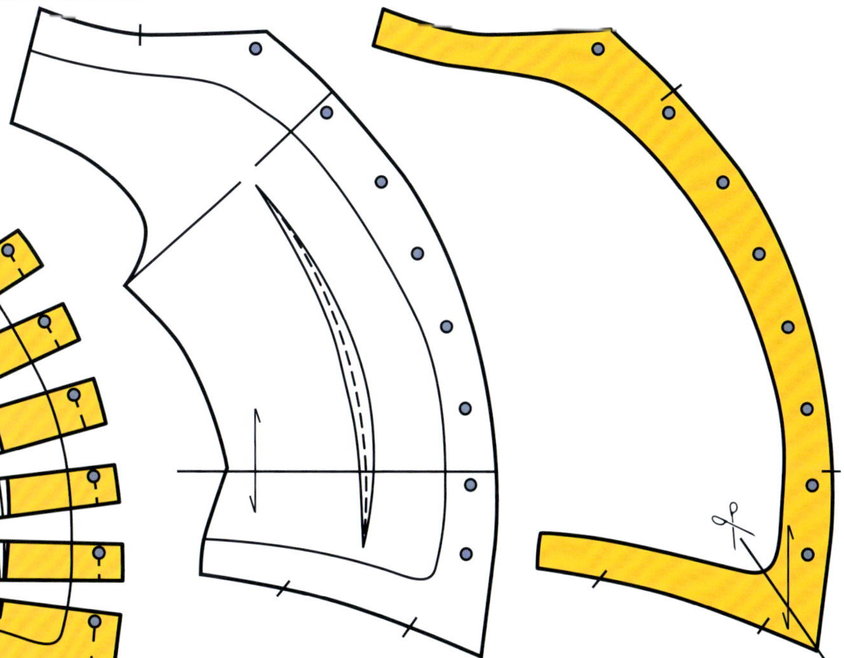

Endgültiges Schnittmuster für rechtes Vorderteil

BILD 7

Die ausgeschnittenen Teile in regelmäßigen Abständen aufdrehen, dann Schnittmuster neu zeichnen (Bild 6).
Auf dem neuen Schnittmuster Besatz einzeichnen, durchpausen (Bild 7).
Auf den endgültigen Schnittmustern rundum 1 cm Nahtzugabe hinzufügen.
Viele Pass- und Einsetzzeichen anzeichnen.

V-Ausschnitt mit Trägern, auf der Brust gerafft

Modell 11

Auf dem nach Maß gefertigten Grundschnitt, wie in Bild 1 und 2 gezeigt, die Linien für die Abwandlung von Vorder- und Rückenteil zeichnen.

Schnittlinien zeichnen, um die Raffung für die Mitte des Vorderteils zu erhalten.

Besätze für Halsausschnitt und Vorderteil durchpausen.

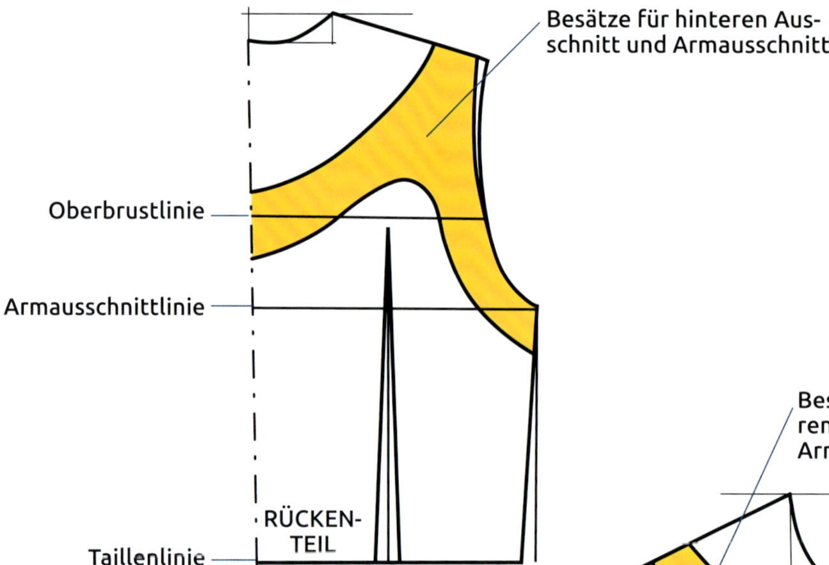

BILD 1

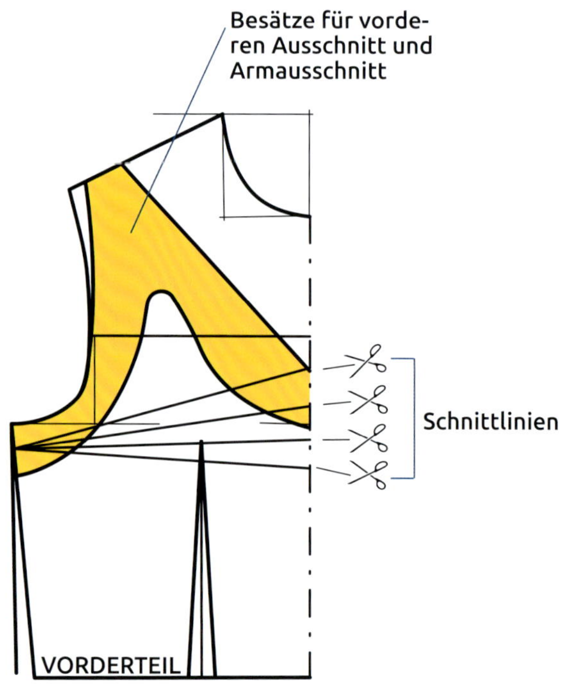

BILD 2

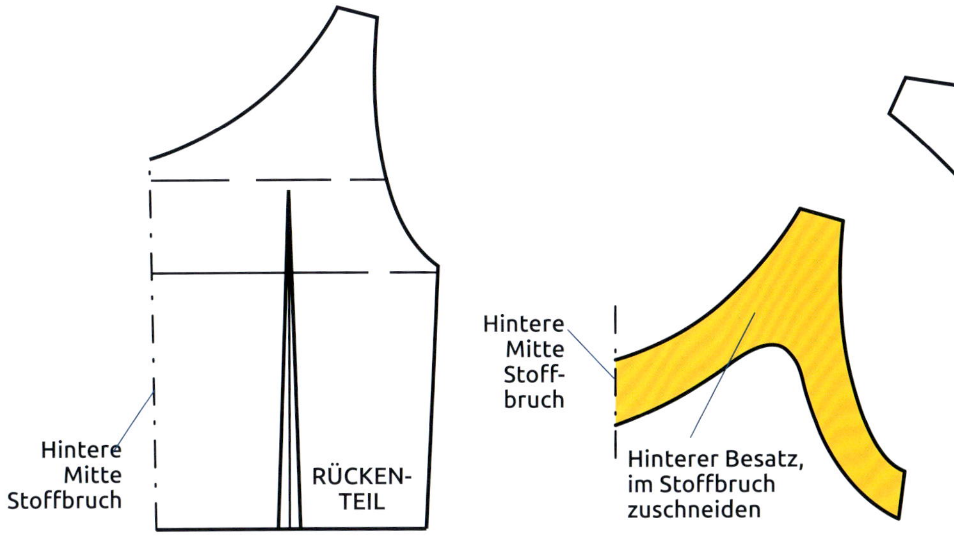

Endgültiges Schnittmuster für das Rückenteil, im Stoffbruch zuschneiden

BILD 3

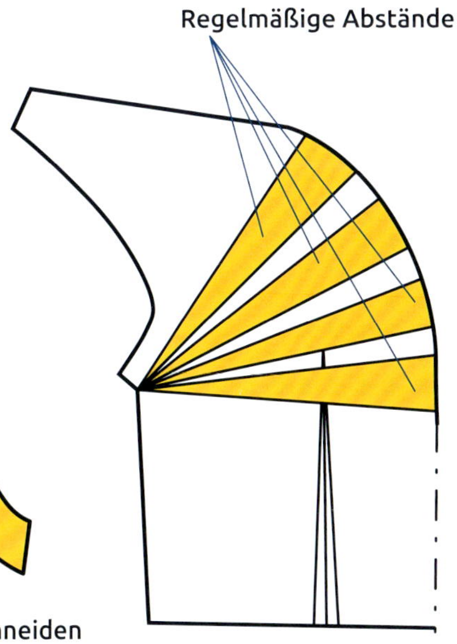

BILD 4

Die ausgeschnittenen Teile in regelmäßigen Abständen aufdrehen, dann Schnittmuster für das Vorderteil neu zeichnen (Bild 4).
Die Passzeichen für Beginn und Ende der Raffung nicht vergessen.

Da die Unterkante dieses Modells asymmetrisch ist, die Schnittmuster für Rücken und Vorderteil auseinanderfalten, um die Form der Unterkante festzulegen (Bild 6).

Für einen schönen runden Verlauf der Seitennaht 2 bis 3 cm geradlinig zeichnen.

Auf den endgültigen Schnittmustern rundum 1 cm Nahtzugabe hinzufügen. Reichlich Pass- und Einsetzzeichen einzeichnen.

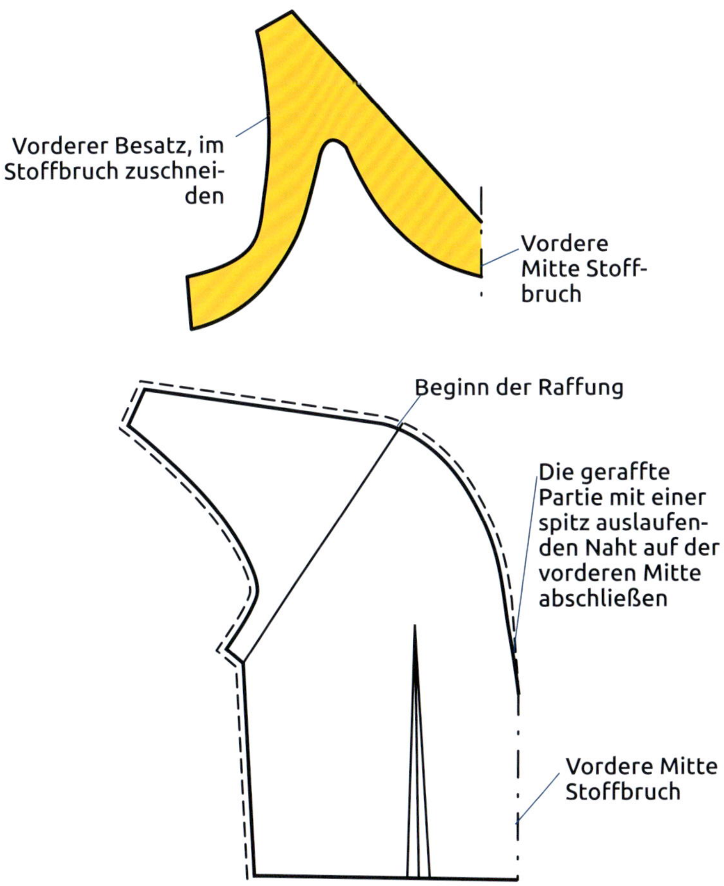

Endgültiges Schnittmuster für das Vorderteil, im Stoffbruch zuschneiden

BILD 5

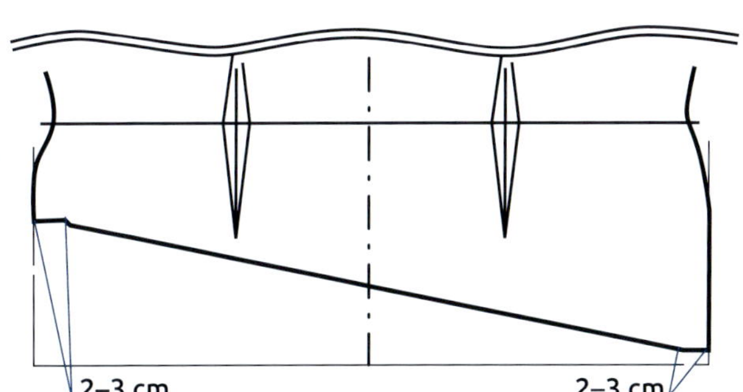

BILD 6

Asymmetrischer Ausschnitt mit gerafftem Träger

Modell 12

Auf dem nach Maß gefertigten Grundschnitt, wie in Bild 1 (Vorderteil) und 2 (Rückenteil) gezeigt, die Abwandlung zeichnen.

Da dieses Modell asymmetrisch ist (es hängt nur an einer Schulter), Schnittmuster für Rücken und Vorderteil komplett zeichnen (Bild 1 und 2).

Die Konstruktion der Besätze richtet sich nach Modell 6 (siehe S. 44). Es ist aber zu beachten, dass hier der vordere Besatz den gerafften Stoff an der Schulter halten muss. Planen Sie genügend Höhe ein, ohne aber die Brust zu erdrücken.

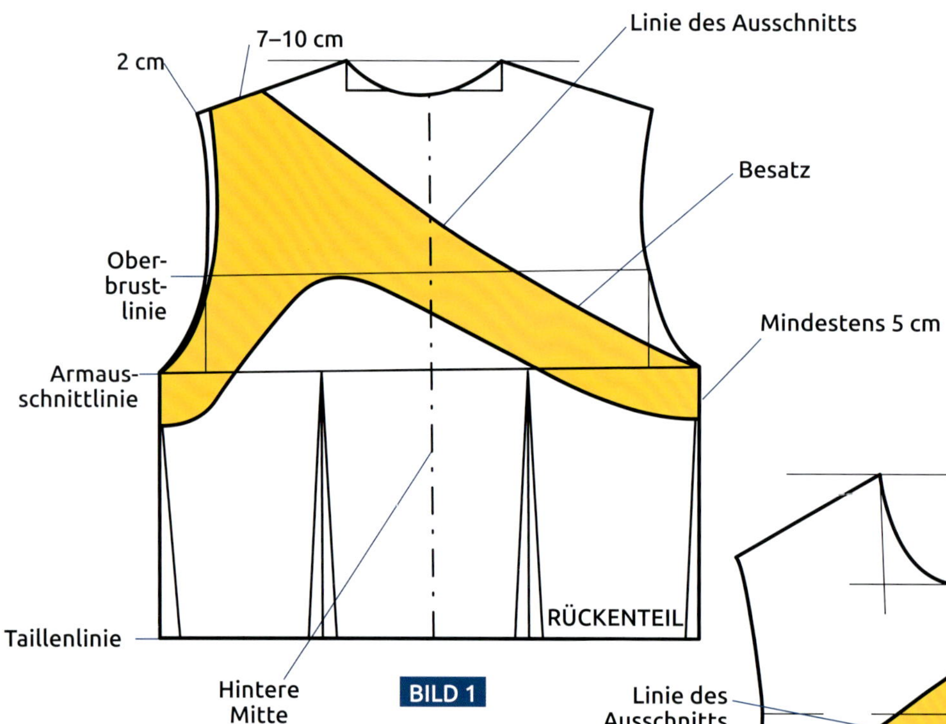

BILD 1

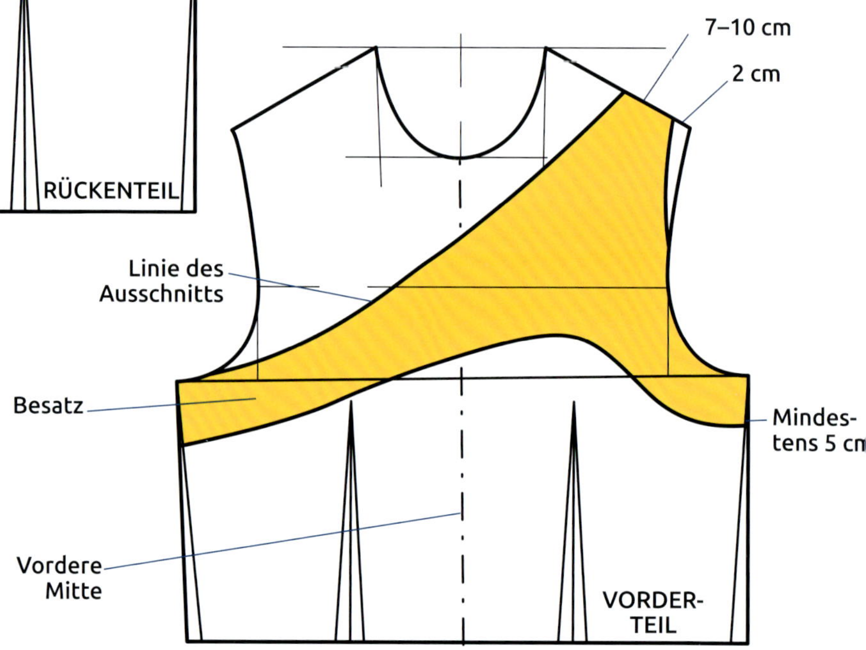

BILD 2

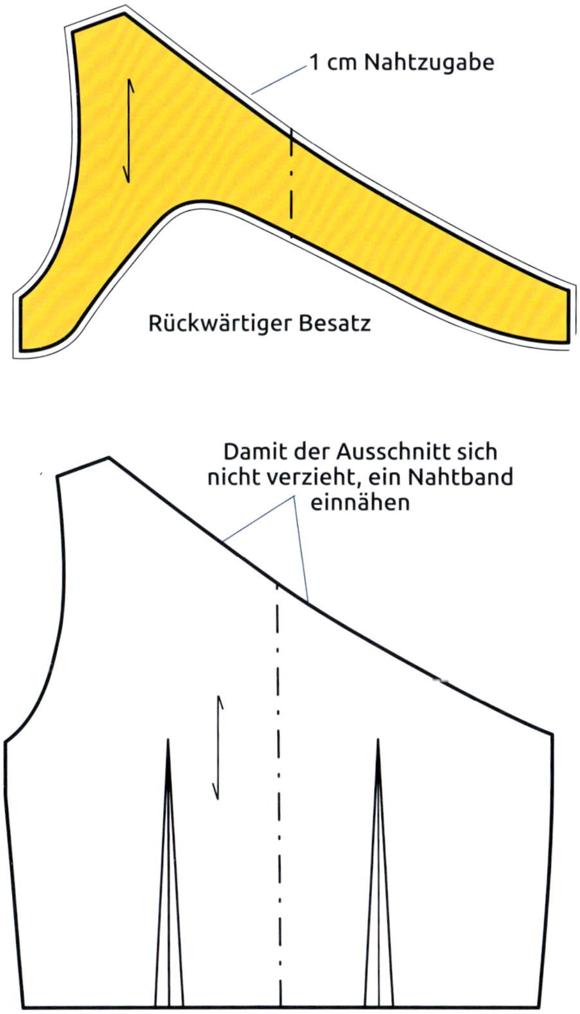

Endgültiges Schnittmuster für das Rückenteil

BILD 3

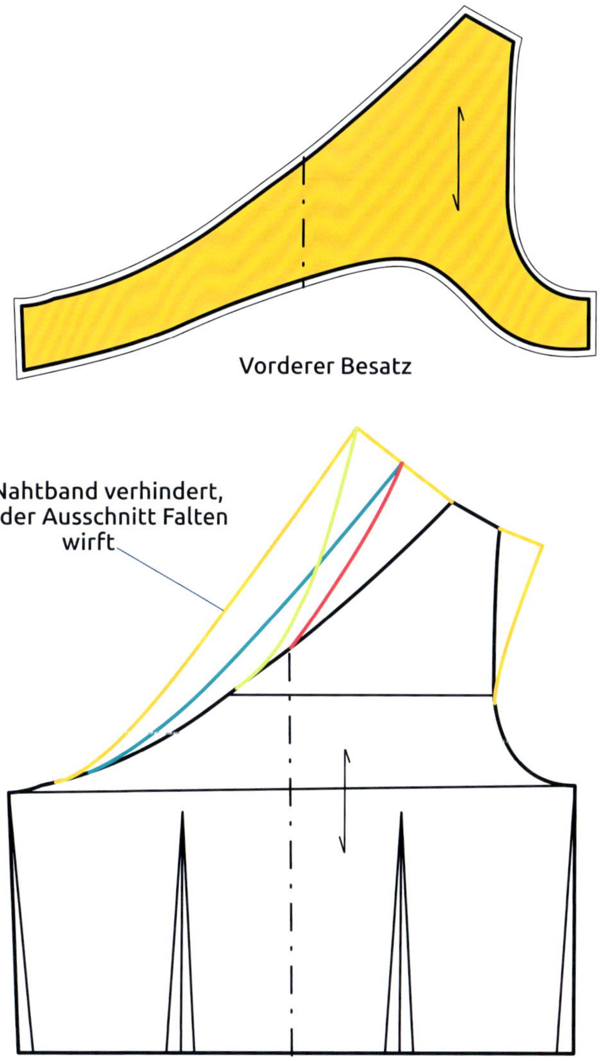

Endgültiges Schnittmuster für das Vorderteil

BILD 4

Für das endgültige Schnittmuster des Vorderteils mit Pauspapier die Ausschnittlinie vollständig oder teilweise übertragen (Bild 4), ebenso den Bogen des Armausschnitts ab der Oberbrustlinie.

Die vier Farben in Bild 4 zeigen vier mögliche Raffungen: in Gelb lange Falten und eine voluminöse Raffung, in Blau lange Falten mit einer weniger voluminösen Raffung, in Grün kurze Falten mit voluminöser Raffung und in Rot kurze Falten mit einer weniger voluminösen Raffung.

Auf dem endgültigen Schnittmuster 1 cm Nahtzugabe vorsehen.

Pass- und Einsetzzeichen nicht vergessen.

Ärmel

Ärmel sind unverzichtbar für Stil und Aussehen eines Kleidungsstücks.

In der Regel werden sie in zwei Kategorien eingeteilt: kurze und lange Ärmel. In Bezug auf die Zeichentechnik gelten für beide Kategorien zwar die gleichen Grundsätze, aber die Regeln für den Aufbau des Schnittmusters sind unterschiedlich. Deswegen werden sie hier separat vorgestellt.

Die gewählten Modelle sollen als Beispiele dienen, um die Grundlagen von Konstruktion und Aufbau zu verstehen. Wir wählen eine einfache Methode für das Schnittmuster der Ärmel: das Zerlegen.

Diese Technik ist einfach und wirkungsvoll, sobald man sie beherrscht. Damit kann jeder seine eigenen Schnittmuster für die originellsten Modelle entwickeln.

Die Konstruktion ist in Schritten aufgebaut, die Platz für Kreativität und individuelle Anpassung lassen (z. B. durch frei wählbare Maße). Durch ein etwas anderes Vorgehen kann man sogar ein anderes Modell im gleichen Stil schaffen.

Konstruktion des Grundärmels

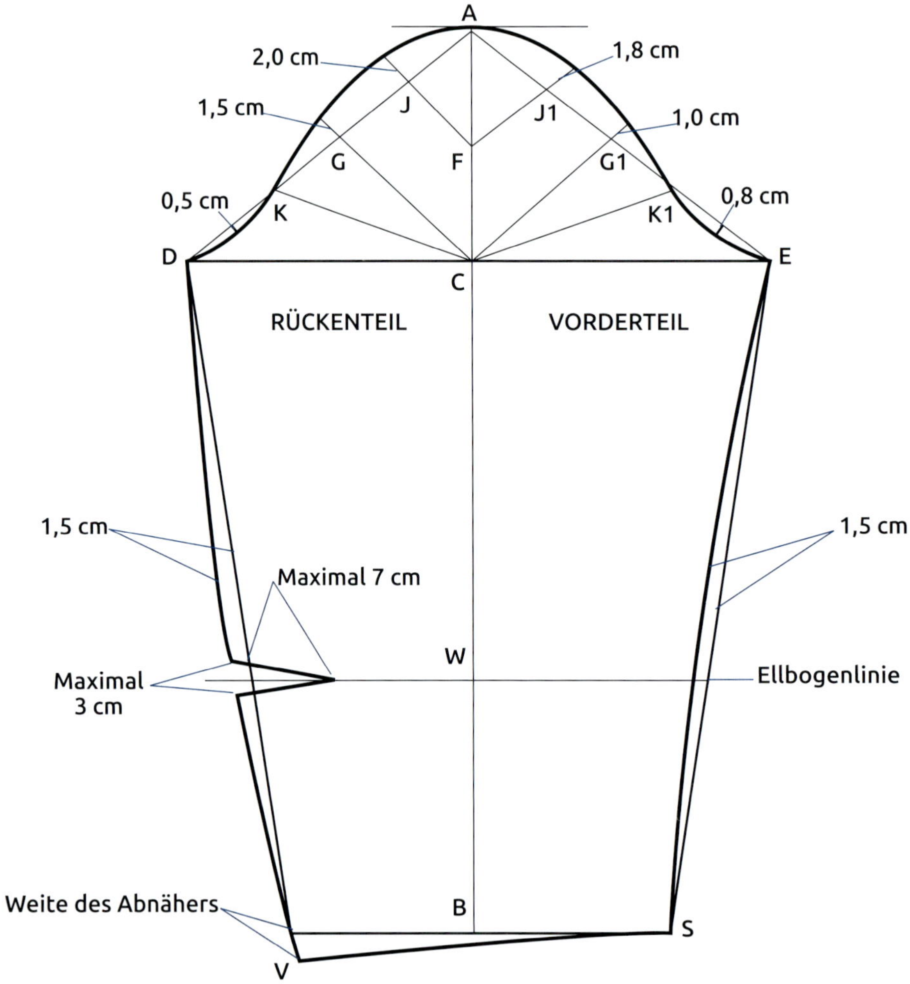

BILD 1

Der Grundschnitt für den Ärmel wird nach der Länge und der Tiefe des Armausschnitts konstruiert (siehe folgende Seite). Beispiel für Maße, die bei der Grundkonstruktion für den Ärmel benutzt werden:
- Ärmellänge = 58 cm
- Tiefe des Armausschnitts = 19 cm
- Länge des vorderen Armausschnitts = 21 cm
- Länge des hinteren Armausschnitts = 21,4 cm

1. Ärmellänge = AB = 58 cm.

2. AC = Tiefe des Armausschnitts – $^{1}/_{5}$ Tiefe des Armausschnitts = 19 – (19 : 5) = 15,2 cm.

3. CE = $^{3}/_{4}$ Länge des vorderen Armausschnitts = (21 x 3) : 4 = 15,75 cm.

4. CD = $^{3}/_{4}$ Länge des hinteren Armausschnitts = (21,4 x 3) : 4 = 16,05 cm.

5. AD und AE verbinden.

6. Ausgehend von F = $^{1}/_{2}$ AC zwei Geraden JF und J1F zeichnen, die im Winkel von 45° zu AC stehen; ausgehend von C zwei Geraden GC und G1C zeichnen, die im Winkel von 45° zu AC stehen.

7. DK = $^{1}/_{2}$ DG, EK1 = $^{1}/_{2}$ EG1; Ärmelkugel mit dem Schneiderlineal zeichnen.

8. Ellbogenhöhe = AW = 35,5 cm, Abnäherweite = maximal 3 cm, Abnäherlänge = maximal 7 cm.

9. DV + Abnäherweite verbinden.

Je nach gewähltem Modell ist unbedingt ein Grundschnitt für den Ärmel auf der Grundlage von Länge und Tiefe des Armausschnitts zu konstruieren.

Daher ist die folgende Reihenfolge unbedingt einzuhalten:
1. Grundschnitt für Oberteil fertigen;
2. Vergrößerung und Abwandlung vornehmen;
3. Länge und Tiefe des Armausschnitts messen (siehe S. 62);
4. Grundschnitt für den Ärmel auf der Grundlage dieser Maße fertigen.

Tiefe und Länge (oder Weite) des Armausschnitts

Das Schnittmuster für den Grundärmel wird gemäß Tiefe und Länge des Armausschnitts konstruiert. Das sorgt für eine gute Passform der Ärmelkugel. Auf der Grundlage dieser Technik kann man anschließend die Abwandlungen vornehmen, um verschiedene Modelle zu fertigen.

Tiefe und Länge des Armausschnitts werden, wie in Bild 1 gezeigt, gemessen.

1. Die Grundschnitte für Vorder- und Rückenteil Seite an Seite legen (Bild 1).

2. Punkte A und B verbinden.

3. Seitenlinie bis AB verlängern.

4. Das Maß XY gibt die Tiefe des Armausschnitts an.

5. Die Länge des Armausschnitts wird mit einem Maßband gemessen, das von der Schulter bis zur Seitenlinie um die Weite des Armausschnitts gelegt wird. Die Länge des vorderen und hinteren Armausschnitts möglichst separat messen.

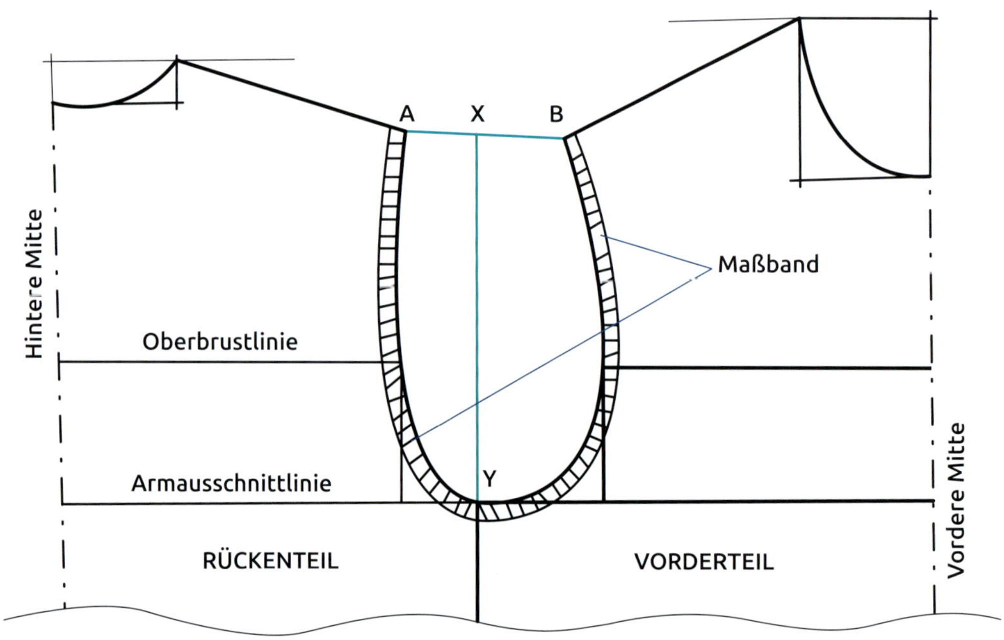

BILD 1

Konstruktion eines Ärmelschnittmusters durch Zerlegen

Ausgehend vom Schnittmuster für den Grundärmel lassen sich alle möglichen Abwandlungen verwirklichen. Das Zerlegen ist die einfachste Technik.

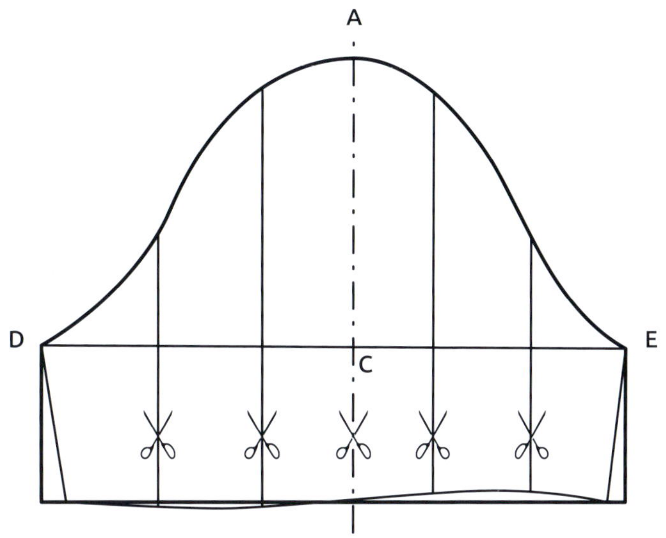

Vertikales Zerlegen

BILD 1

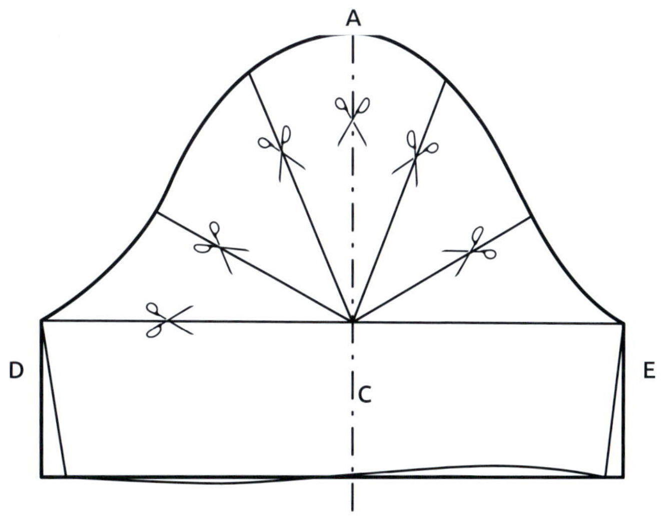

Sternförmiges Zerlegen

BILD 2

Achtung!
Ob Sie nun vertikal oder sternförmig zerlegen, legen Sie stets die zerlegten Partien in regelmäßigen Abständen auseinander und achten Sie dabei auf die Mittellinie. So bleibt die Form des Ärmels mit ihren Proportionen erhalten.

Kurze Ärmel

Die hier vorgestellten Modelle mit kurzen Ärmeln sind Anwendungsbeispiele für die Methoden des Zerlegens und ihre Konstruktionstechnik.
Auf den Detailzeichnungen ermöglichen farbige Linien oder Flächen eine bessere Darstellung der einzelnen Schritte.
Die Ärmellänge ist nicht immer angegeben. Wo sie genannt wird, dient sie als Anhaltspunkt zur Anpassung an die persönlichen Maße.
Die Nahtzugabe wird nicht immer gezeigt, damit die Schnittmuster nicht mit Linien überladen werden. Sie ist stets zuzufügen.
Und schließlich sind die Pass- und Einsetzzeichen von entscheidender Bedeutung.

Puffärmel

Modell 1

Grundärmel mit der gewünschten Länge nach Länge und Tiefe des Armausschnitts zeichnen.

Um ein endgültiges Schnittmuster für einen Puffärmel zu erhalten, ist die Ärmelkugel in Länge und Höhe zu vergrößern. Dafür ist das sternförmige Zerlegen besser geeignet: Ärmelkugel in gleich große Partien unterteilen und diese nummerieren (Bild 1).

Auf die vertikale Mittellinie des Ärmels achten.

Die ausgeschnittenen Partien je nach gewünschter Fülle in gleichmäßigen Abständen aufdrehen (Bild 2).

Dann Ärmel neu zeichnen und alle beim Aufdrehen entstandenen Ecken abrunden.

Auf dem endgültigen Schnittmuster 1 cm Nahtzugabe vorsehen.

Pass- und Einsetzzeichen anbringen.

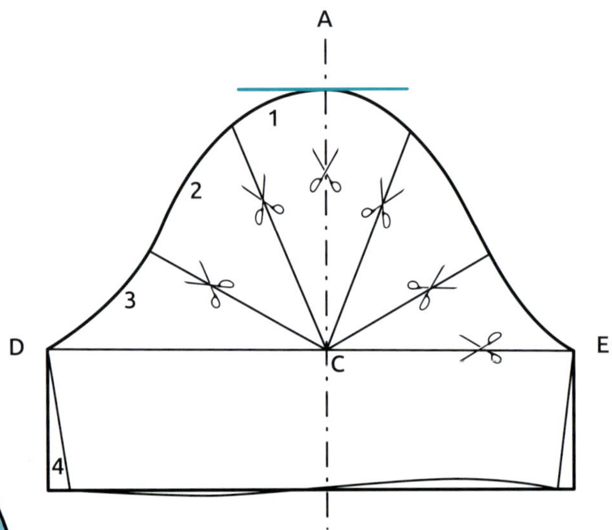

BILD 1

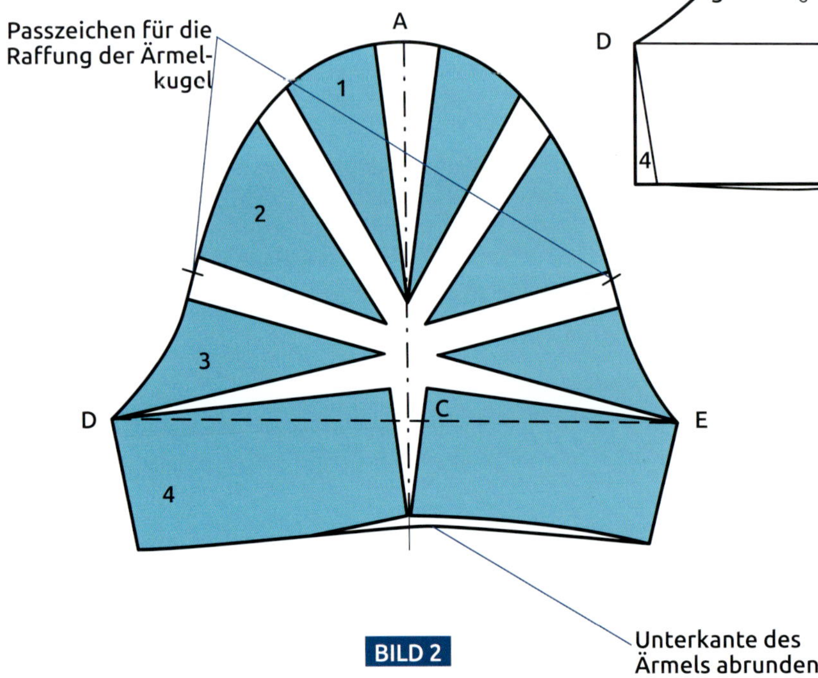

BILD 2

Tulpenärmel ohne geraffte Ärmelkugel

Modell 2

Dieser Ärmel besteht aus zwei Stoffpartien, die sich überlagern.

Grundärmel nach Länge und Tiefe des Armausschnitts zeichnen, z. B. mit einer Mehrweite von 3 bis 4 cm und einer Länge von 24 cm.

Dann eine der beiden Schnittlinien für eine der beiden Ärmelpartien zeichnen; die zweite Linie für die zweite Partie ergibt sich durch die Symmetrie (Bild 1). Diese Schnittlinien beginnen in der Regel auf der Höhe der Oberbrustlinie (oberhalb der Armausschnittlinie).

Jede Ärmelpartie (Vorder- und Rückenteil) separat durchpausen (Bild 2).

Einsetzzeichen (eines am Rücken- und zwei am Vorderteil) sowie Passzeichen anzeichnen.

Auf dem endgültigen Schnittmuster der beiden Ärmelpartien (vordere und hintere Seite) 1 cm Nahtzugabe vorsehen.

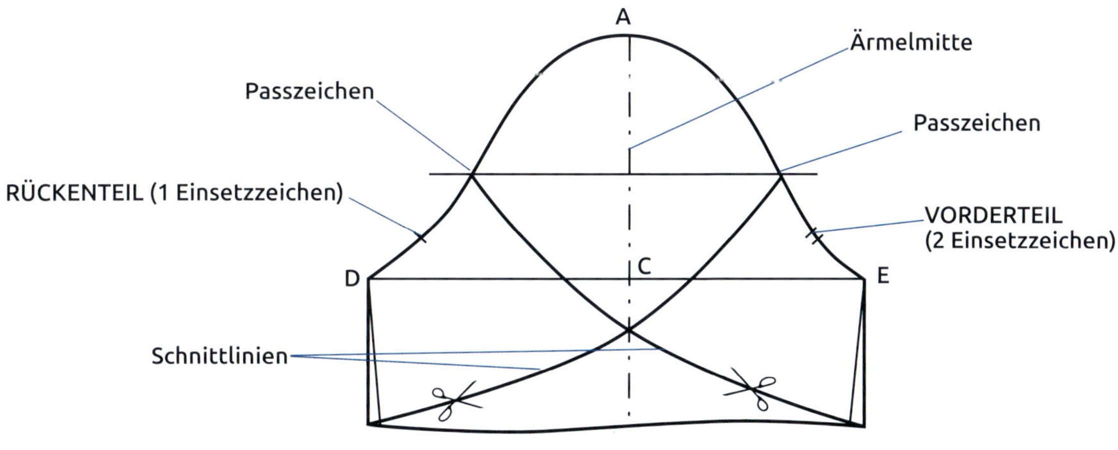

BILD 1

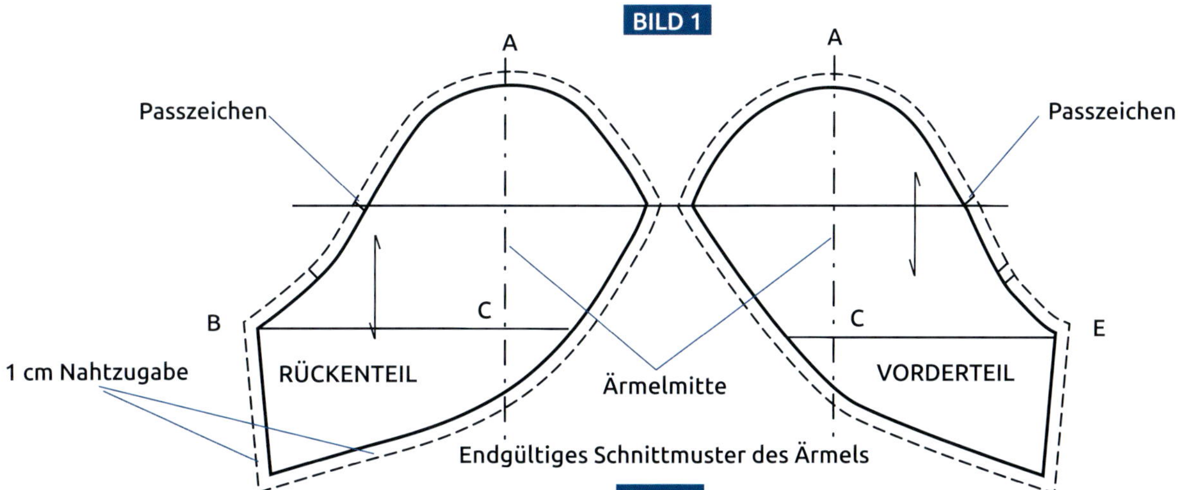

BILD 2

Tulpenärmel mit geraffter Ärmelkugel

Modell 3

Zunächst das Schnittmuster für den Grundärmel gemäß Tiefe und Länge des Armausschnitts zeichnen, z. B. mit einer Länge von 24 cm. Um der Ärmelkugel mit einer Raffung Volumen zu geben, den Zuschnitt aus Bild 1 anwenden.

Dann die beiden zugeschnittenen Partien oben fächerförmig aufdrehen, dabei die vertikale Mittellinie des Ärmels beachten. Schnittmuster für Ärmel neu zeichnen (Bild 2).

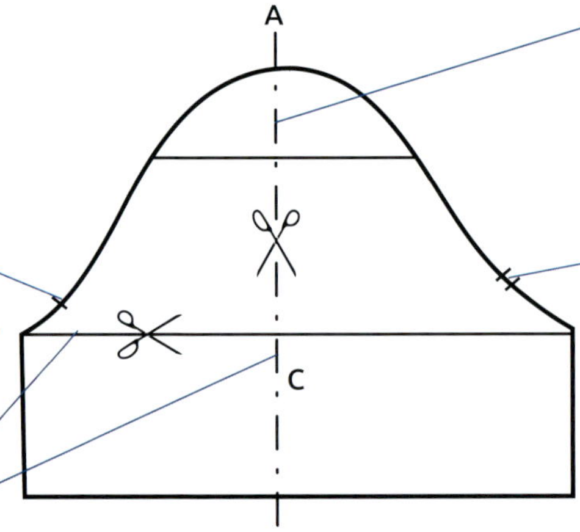

BILD 1

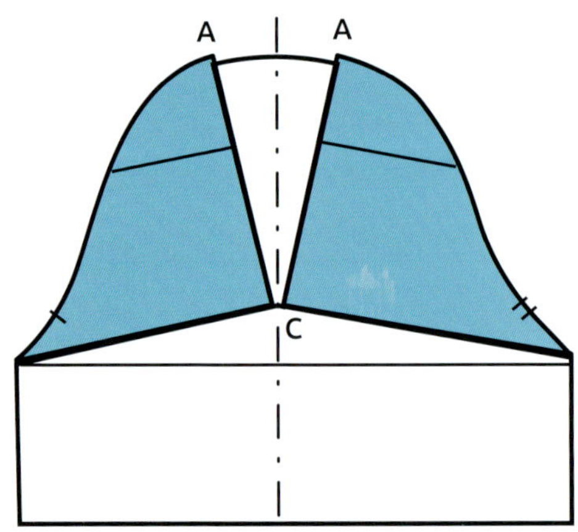

BILD 2

Die beiden Teile mehr oder weniger horizontal aufdrehen, um die Anzahl der Raffungen auf der Ärmelkugel zu bestimmen. Die vertikale Verschiebung der beiden Teile gibt der Ärmelkugel mehr Volumen in der Höhe. Die geraffte Ärmelkugel durch ein Tüllkissen oder ein Schulterpolster stützen.

Für die Konstruktion des Schnittmusters (Bild 3 und 4) den Erklärungen für Modell 2 (siehe S. 67) folgen.

Vergessen Sie nicht die Pass- und Einsetzzeichen sowie die Nahtzugabe von 1 cm auf dem endgültigen Schnittmuster.

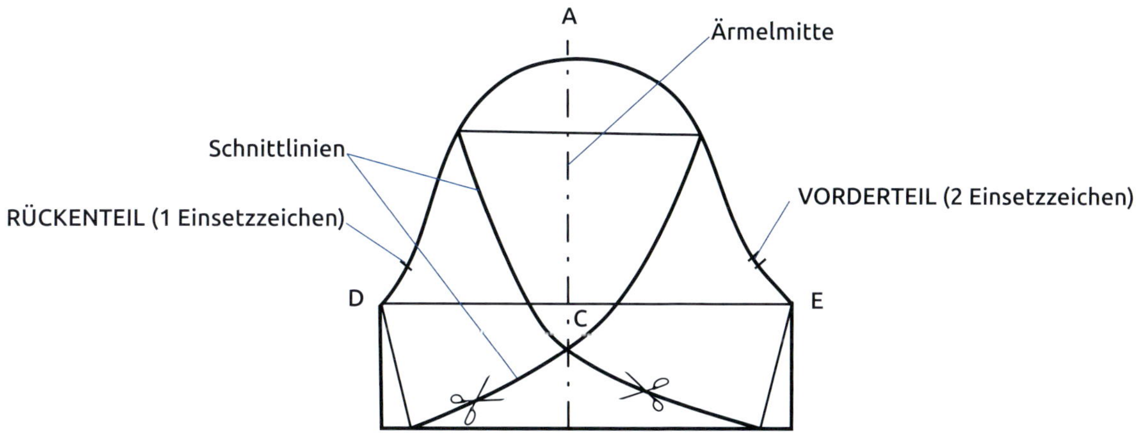

BILD 3

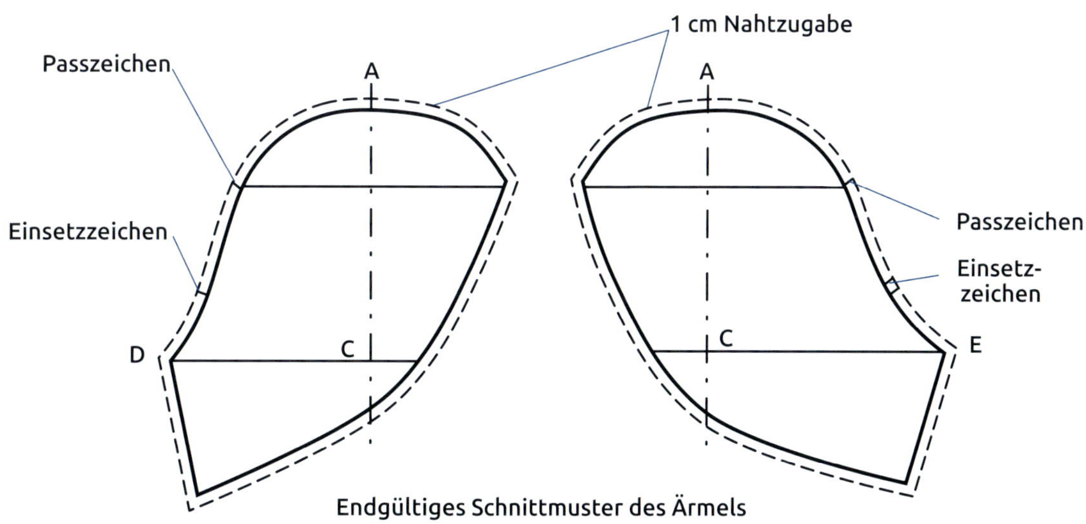

Endgültiges Schnittmuster des Ärmels

BILD 4

Ärmel mit asymmetrischen übereinandergelegten Volants

Modell 4

Um das endgültige Schnittmuster für das Ärmelmodell zu erhalten, zunächst das Schnittmuster für den Grundärmel gemäß Tiefe und Länge des Armausschnitts zeichnen, z. B. mit einer Länge von etwa 25 cm (Bild 1).

Dann die beiden Schnittlinien zeichnen (Bild 1) und jede Partie des Ärmels separat durchpausen (Bild 2).

Auf beiden entstandenen Ärmelpartien (Vorder- und Rückenteil) die Schnittlinien in gleichmäßigen Abständen zeichnen (Bild 2).

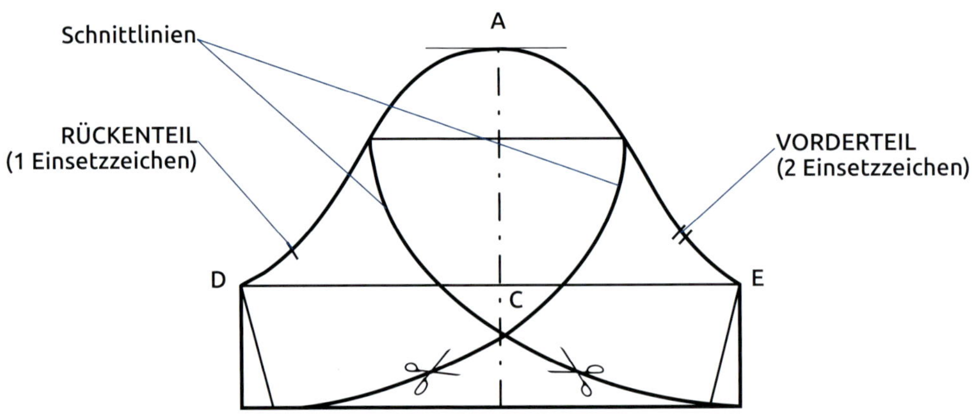

BILD 1

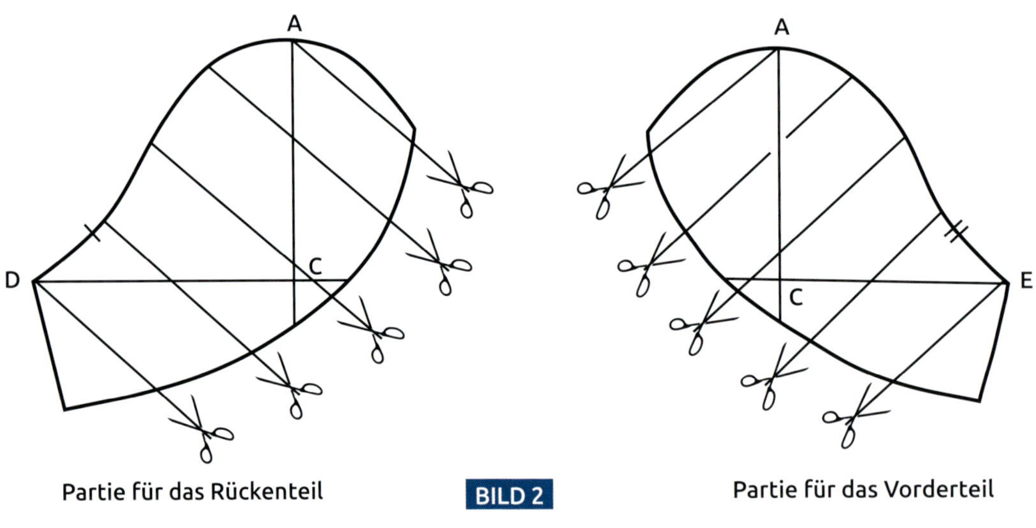

Partie für das Rückenteil

BILD 2

Partie für das Vorderteil

Den Schnitt nun zerlegen, ohne die Ärmelkugel zu durchtrennen, damit die Kontur des Armausschnitts erhalten bleibt.

Dann die eingeschnittenen Teile in regelmäßigen Abständen aufdrehen, dabei die vertikale Mittellinie des Ärmels beachten (Bild 3).

Schnittmuster für Ärmel neu zeichnen (Bild 3).

Die beim Aufdrehen entstandenen Ecken abrunden.

Vergessen Sie nicht, die Pass- und Einsetzzeichen sowie die Nahtzugabe von 1 cm auf dem endgültigen Schnittmuster einzutragen.

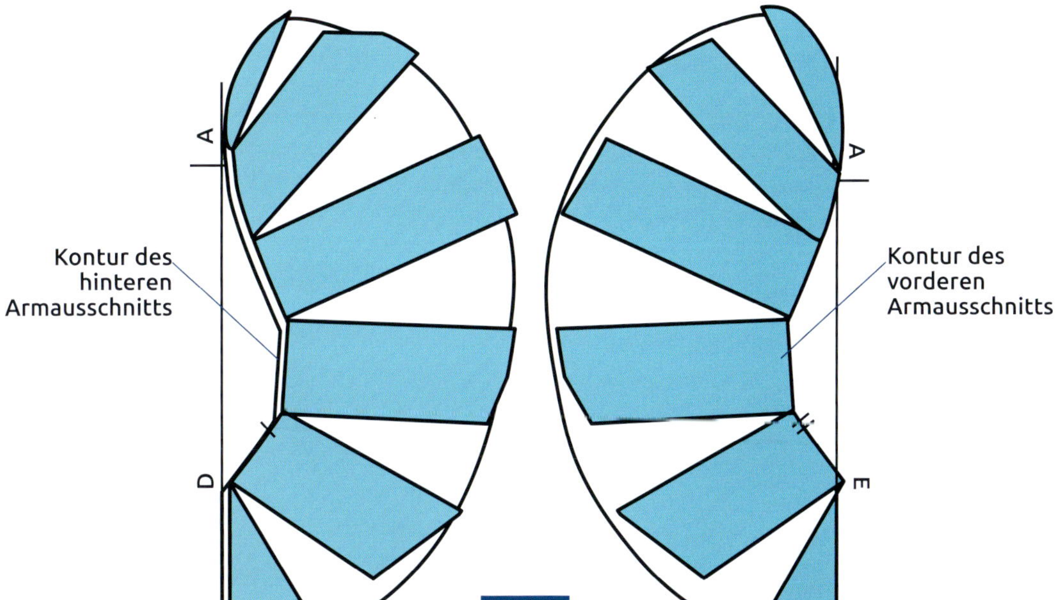

BILD 3

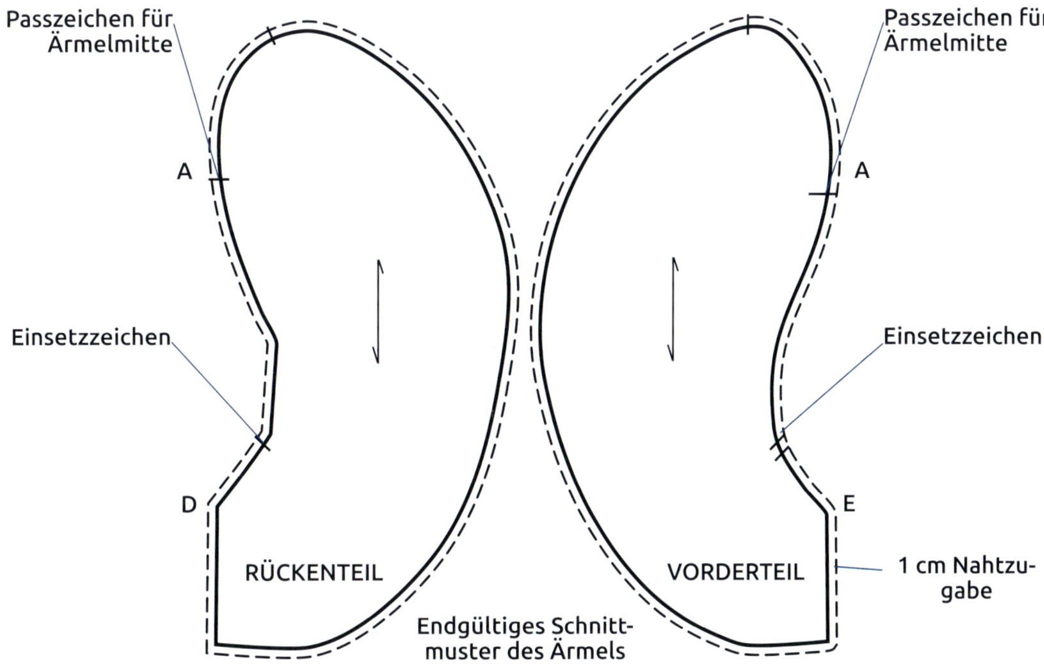

Endgültiges Schnittmuster des Ärmels

BILD 4

Schmetterlingsärmel

Modell 5

Für die Konstruktion dieses Ärmels wird die Technik des vertikalen Zerlegens benutzt (siehe S. 63).

Den Grundärmel gemäß Tiefe und Länge des Armausschnitts zeichnen – mit einer Mehrweite von 2 cm und einer Länge von nicht mehr als 25 cm. Dann die Schnittlinien zeichnen (Bild 1).

Aufschneiden, dabei nicht durchtrennen, um die exakte Kontur des Ärmels zu erhalten. Teile um die vertikale Mittellinie des Ärmels in regelmäßigen Abständen aufdrehen. Dann das Schnittmuster neu zeichnen (Bild 2).

Für einen Ärmel mit vielen Volants die Teile stark aufdrehen. Dazu das Grundmuster für den Ärmel in viele Partien unterteilen (acht, zehn oder mehr), um das Zeichnen des neuen Schnittmusters zu erleichtern. Für weniger Volants das Muster nur in zwei oder vier Partien unterteilen.

Pass- und Einsetzzeichen sowie eine Nahtzugabe von 1 cm auf dem endgültigen Schnittmuster hinzufügen.

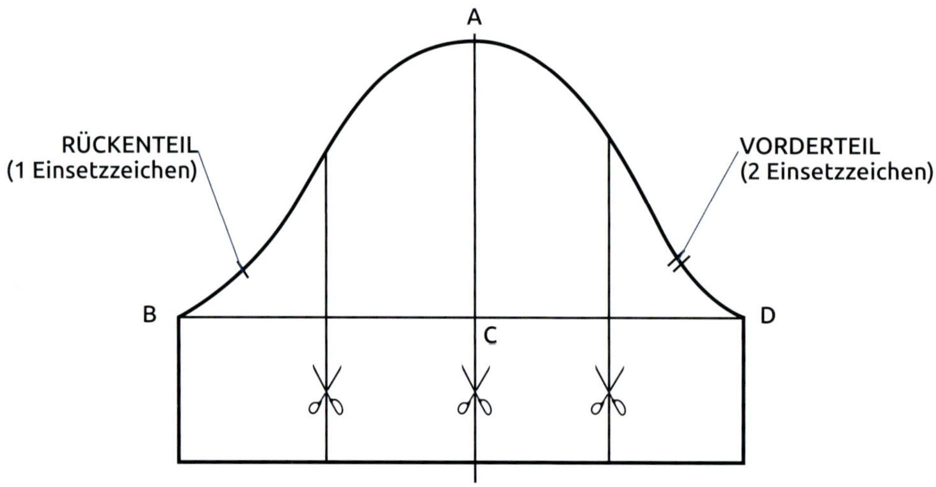

BILD 1

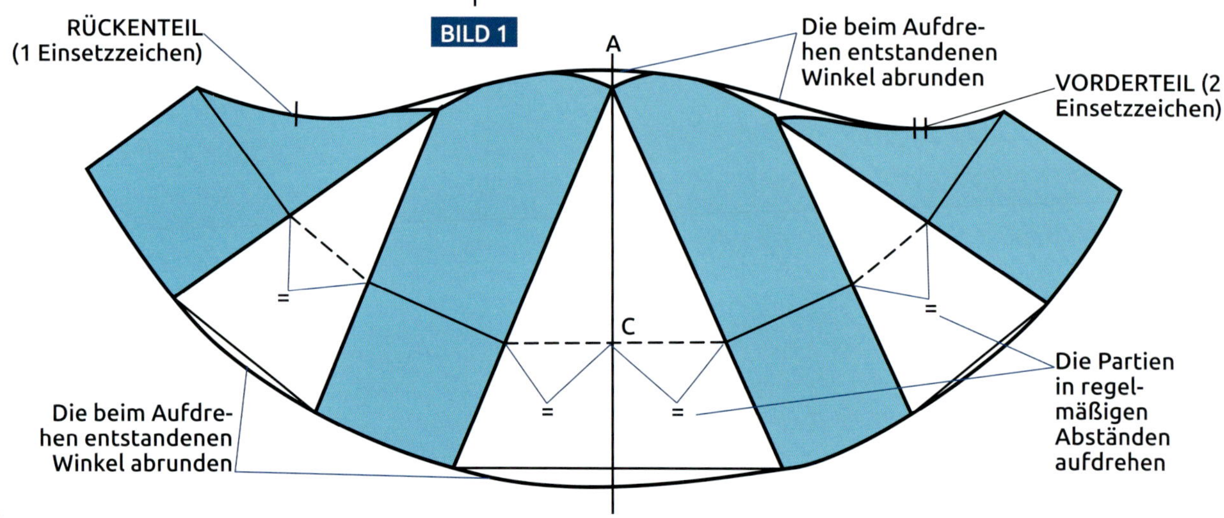

BILD 2

Unten gerafter Ärmel

Modell 6

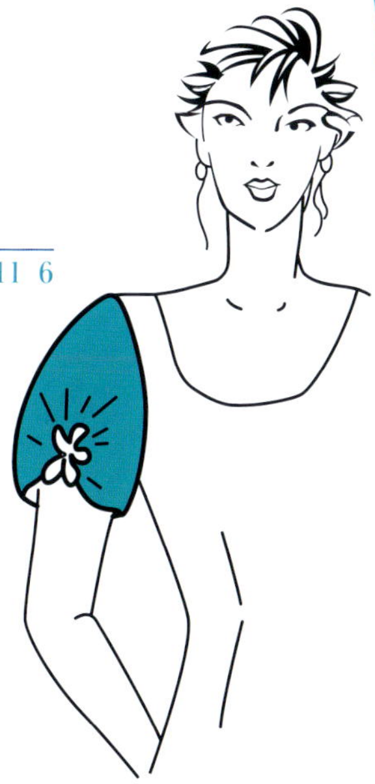

Für das endgültige Schnittmuster des Ärmelmodells zunächst das Schnittmuster für den Grundärmel gemäß Tiefe und Länge des Armausschnitts und in der gewünschten Länge konstruieren.

Die Mitte der Raffung festlegen und Schnittlinien zeichnen (Bild 1).

Von der Mitte der Raffung ausgehend, wie in Bild 2 gezeigt, die Partien in regelmäßigen Abständen aufdrehen.

Damit die Kontur des Ärmels erhalten bleibt, die ausgeschnittenen Teile nicht abtrennen.

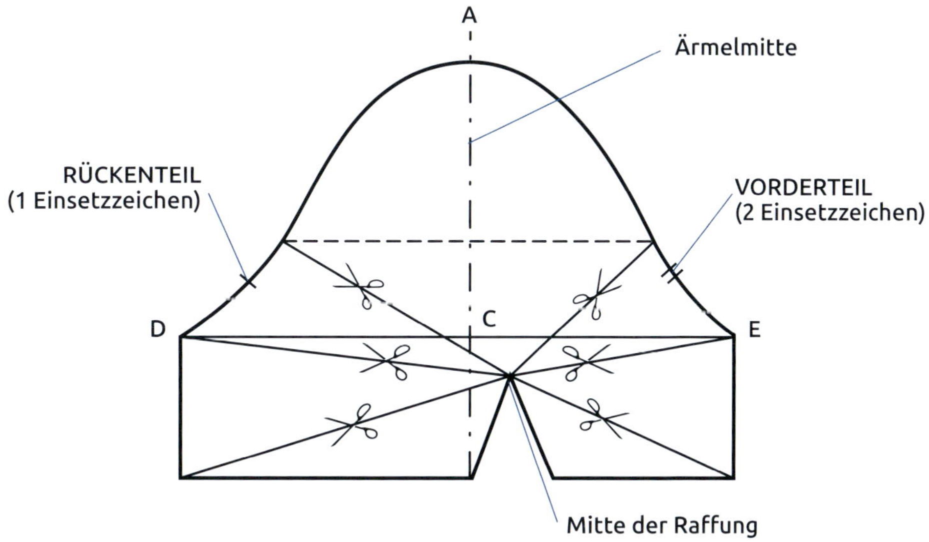

BILD 1

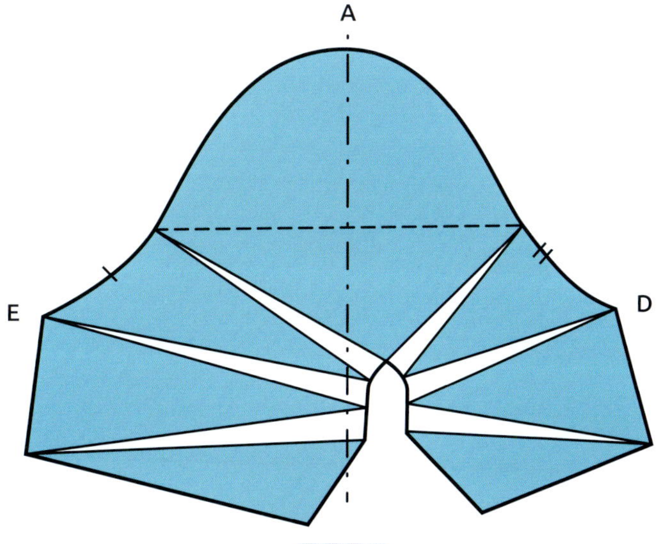

BILD 2

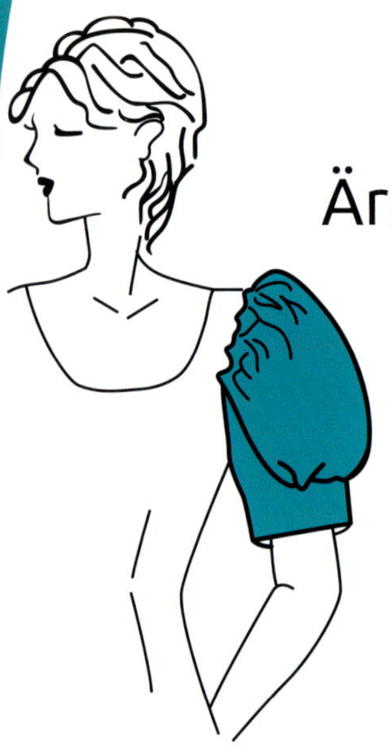

Ärmel mit gerafftem Einsatz

Modell 7

Für dieses Modell einen festen Stoff nehmen oder die geraffte Partie der Ärmelkugel mit einer Einlage versehen. Als Alternative kann man auch ein Polster aus gerafftem Tüll einsetzen.

Zunächst das Schnittmuster für den Grundärmel gemäß Tiefe und Länge des Armausschnitts und in der gewünschten Länge zeichnen.

Die Schnittlinien zeichnen (Bild 1) und diese Partie des Ärmels durchpausen.

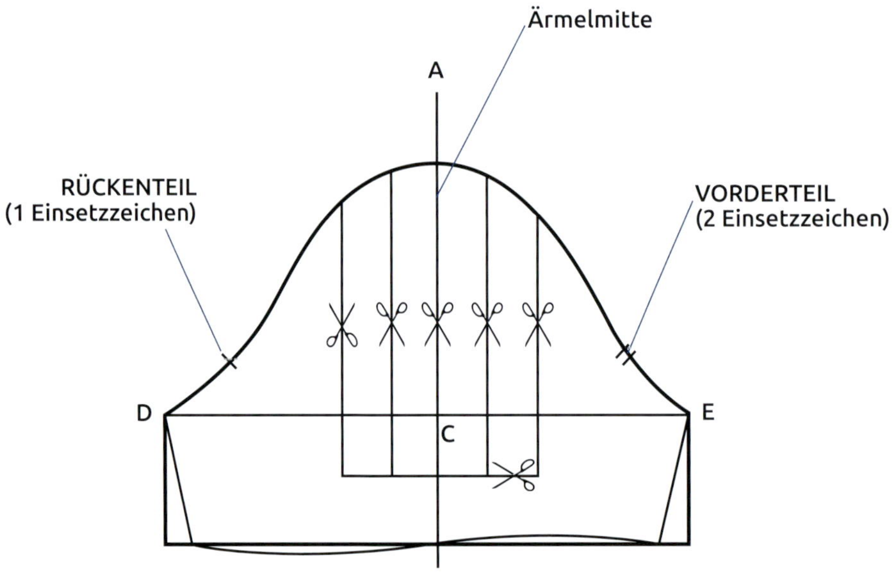

BILD 1

Die ausgeschnittenen Teile horizontal in regelmäßigen Abständen aufdrehen, dabei die vertikale Mittellinie des Ärmels beachten.

Diese Partie des Schnittmusters neu zeichnen, dabei Ärmelkugel um 3 bis 5 cm anheben, um die Raffung zu erzielen. Weiteres Volumen wird durch die Abrundung der Ärmelunterkante um 2 bis 3 cm erzielt (Bild 2).

Vergessen Sie nicht die Pass- und Einsetzzeichen sowie die Nahtzugabe von 1 cm rund um das endgültige Schnittmuster.

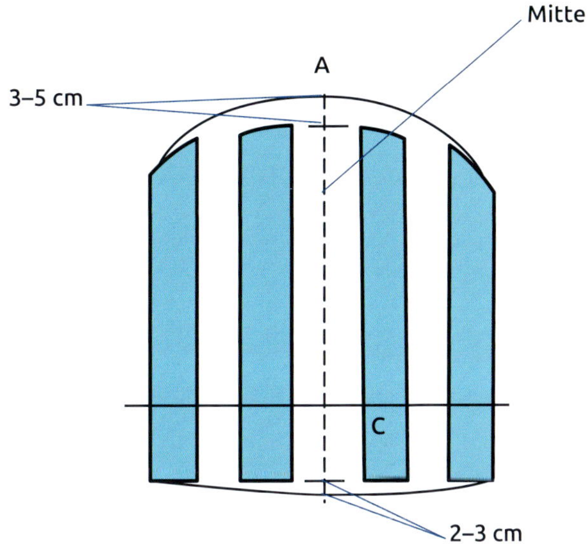

BILD 2

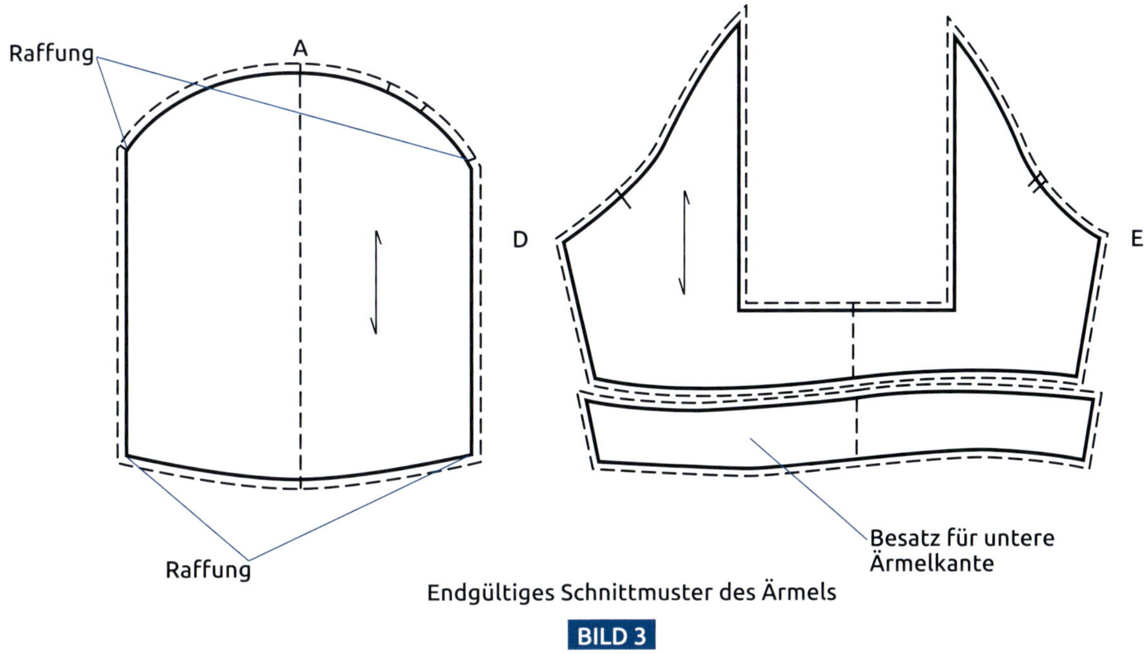

Endgültiges Schnittmuster des Ärmels

BILD 3

Ballonärmel mit Einschnitten unten

Modell 8

Für dieses Ärmelmodell zunächst das Schnittmuster für den Grundärmel gemäß Tiefe und Länge des Armausschnitts und in der gewünschten Länge zeichnen.

Wenn sehr feiner Stoff verwendet wird, wie bei Modell 7 (siehe S. 74) vorgehen: Das Volumen der Ärmelkugel durch ein Polster stützen oder die Kugel innen mit steiferem Stoff verstärken (mit feinem Einbügelstoff oder steifem Tüll).

Das Volumen des Ärmels hängt vom Aufdrehen der geschnittenen Teile ab: je weiter sie aufgedreht werden, desto voluminöser der Ärmel.

Schnittlinien zeichnen, wie in Bild 1 angegeben.

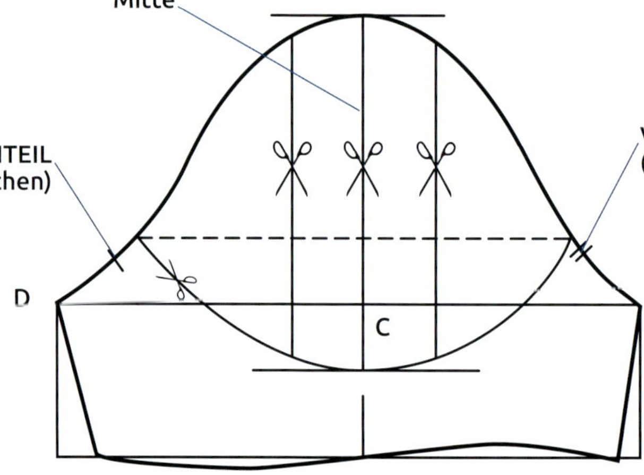

BILD 1

Achtung!
Bei der Konstruktion dient stets eine vertikale Linie, die Mittellinie des Ärmels, als Bezug.

Die Teile ausschneiden, aber nicht abtrennen, damit die exakte Kontur der Form und die Proportionen erhalten bleiben.

Die Teile unter Beachtung der vertikalen Mittellinie des Ärmels aufdrehen (Bild 2).

Schnittmuster des Ärmels wie in Bild 3 neu zeichnen.

Pass- und Einsetzzeichen sowie 1 cm Nahtzugabe auf dem endgültigen Schnittmuster hinzufügen.

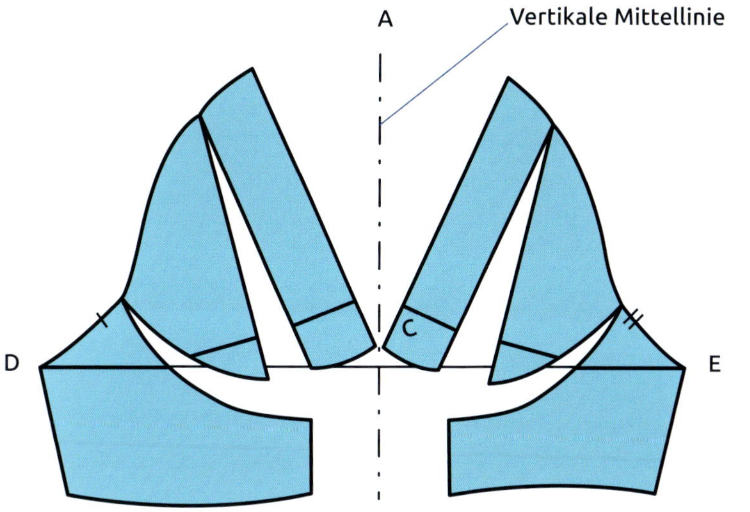

BILD 2

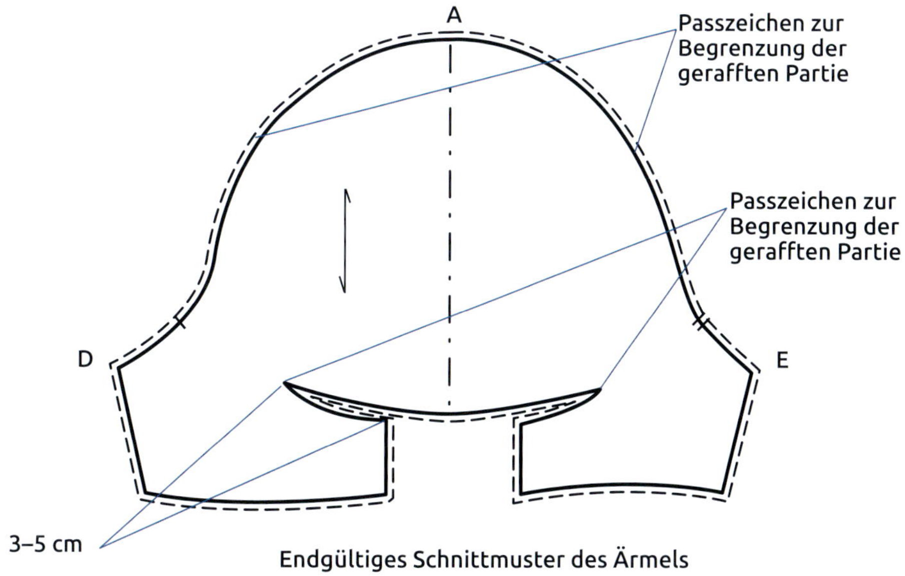

BILD 3

Lampionärmel

Modell 9

Der Name dieses Ärmels ergibt sich aus seiner Form. Auch als langer Ärmel kann er sehr hübsch wirken.

Zunächst das Schnittmuster für den Grundärmel zeichnen. Dann die vertikalen Schnittlinien zeichnen (Bild 1).

Die ausgeschnittenen Teile nicht abtrennen, damit die exakte Kontur des Ärmels erhalten bleibt.

Um die Abwandlung zu vereinfachen, den Ärmel in zwei Partien aufteilen, und zwar entlang einer Schnittlinie in der Nähe der Armausschnittlinie (Bild 1). Die genaue Lage hängt aber vom gewünschten Modell ab.

Die ausgeschnittenen Teile der oberen Partie in regelmäßigen Abständen aufdrehen, dabei die vertikale Mittellinie des Ärmels beachten (Bild 2). Darauf achten, dass die Außenkanten der Ärmelkugel die horizontale Linie berühren! Schnittmuster neu zeichnen.

Für die untere Partie auf die gleiche Weise vorgehen (Bild 3). Vor dem Zeichnen des endgültigen Schnittmusters prüfen, ob die äußere Länge der beiden zusammenzunähenden Partien übereinstimmt.

Vergessen Sie nicht die Passzeichen sowie die Nahtzugabe von 1 cm auf jedem Teil des endgültigen Schnittmusters.

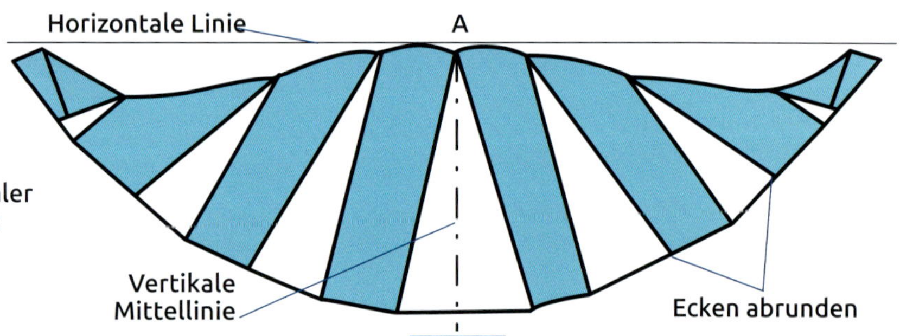

BILD 2

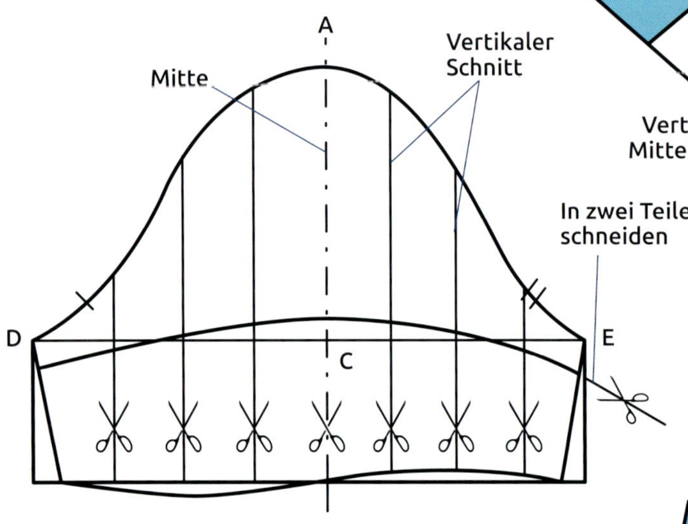

BILD 1

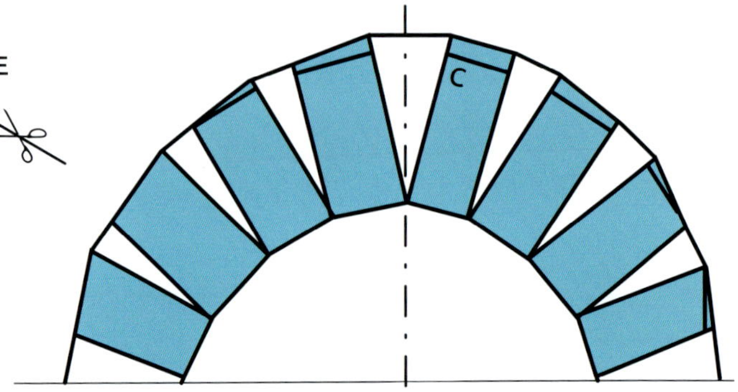

BILD 3

Angeschnittener Ärmel

Modell 10

Dieser kleine Ärmel verlangt eine perfekte Anpassung an den Armausschnitt des Oberteils. Das endgültige Schnittmuster stellt nur einen Teil der Ärmelkugel dar. Deshalb ist es wichtig, dass das Ergebnis der Abwandlung weder zu weit noch zu eng ausfällt (in der Regel beträgt die Mehrweite bei der Konstruktion des Grundärmels 1 bis 2 cm).

Aus ästhetischen Gründen die Schnittlinie hinten am Ärmel um etwa 2 cm absenken.

Zum einfacheren Zusammennähen die Position des Ärmels am Armausschnitt mit Einsetzzeichen kennzeichnen (Bild 1).

Den Armausschnitt innen und die untere Ärmelkante mit Besätzen versehen, außer das Kleidungsstück wird komplett gefüttert (Bild 3).

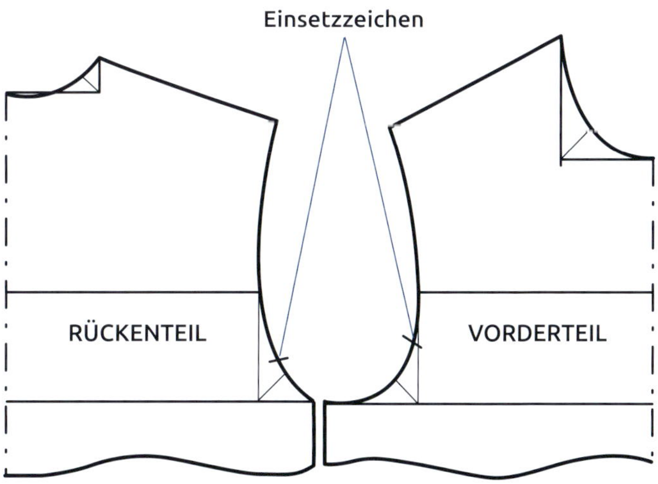

BILD 1

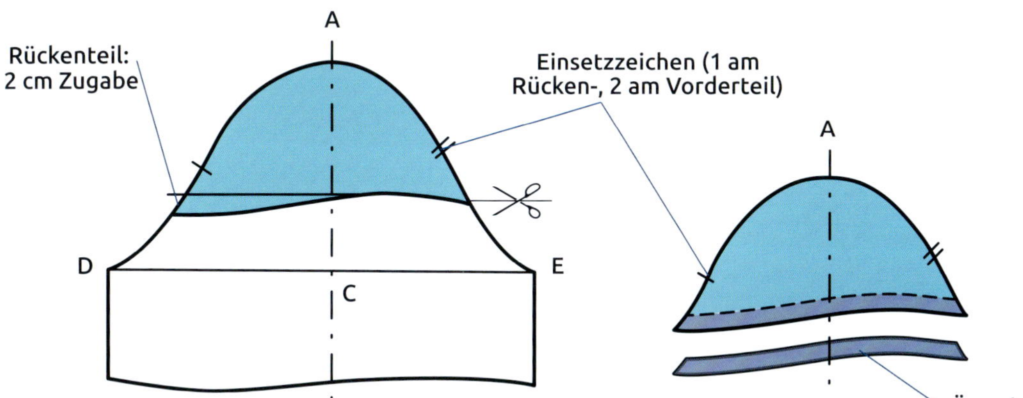

BILD 2

BILD 3

Ballonärmel

Modell 11

Dieser Ärmel wird wegen seiner Form Ballonärmel genannt.

Wird das Kleidungsstück nicht aus festem Stoff (Ottoman, Taft) hergestellt, innen verstärken (mit Kissen oder Schulterpolster) oder die Ärmelkugel mit einer Einlage versehen.

Zunächst den Grundschnitt für den Ärmel gemäß Tiefe und Länge des Armausschnitts und mit einer Länge von etwa 20 cm zeichnen.

Dann die Schnittlinien wie in Bild 1 zeichnen, vertikal zur Erhöhung des Volumens und horizontal zur Vergrößerung der Höhe.

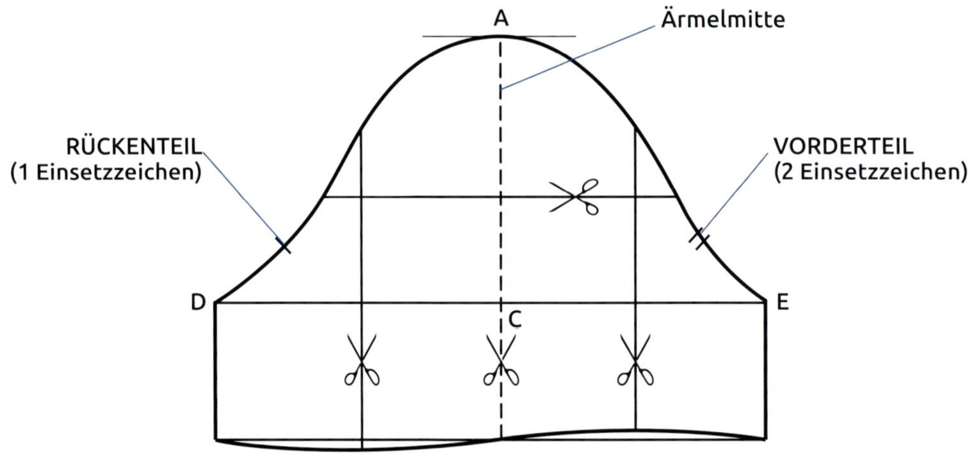

BILD 1

Die ausgeschnittenen Teile in regelmäßigen Abständen aufdrehen, dabei die vertikale Mittellinie des Ärmels beachten (Bild 2). Je weiter aufgedreht wird, desto voluminöser der Ärmel.

Schnittmuster für Ärmel neu zeichnen und die beim Aufdrehen entstandenen Ecken abrunden.

Pass- und Einsetzzeichen sowie eine Nahtzugabe von 1 cm rund um das endgültige Schnittmuster hinzufügen.

Dazu ein Band von mindestens 3 bis 4 cm Breite und in der Länge der Oberarmweite konstruieren (Bild 4). Dieses Band dient als Ärmelabschluss, hier wird das Volumen des unteren Ärmels durch Raffung zusammengezogen.

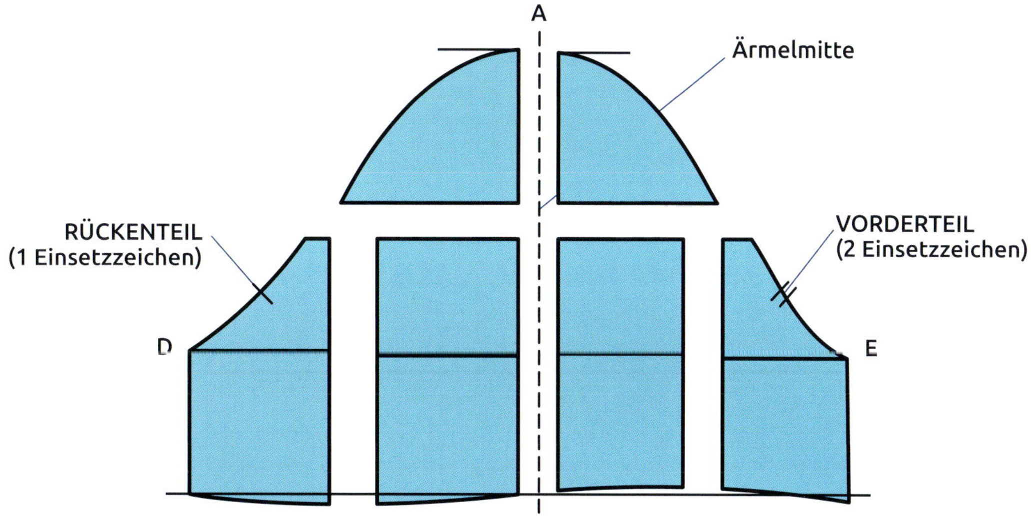

BILD 2

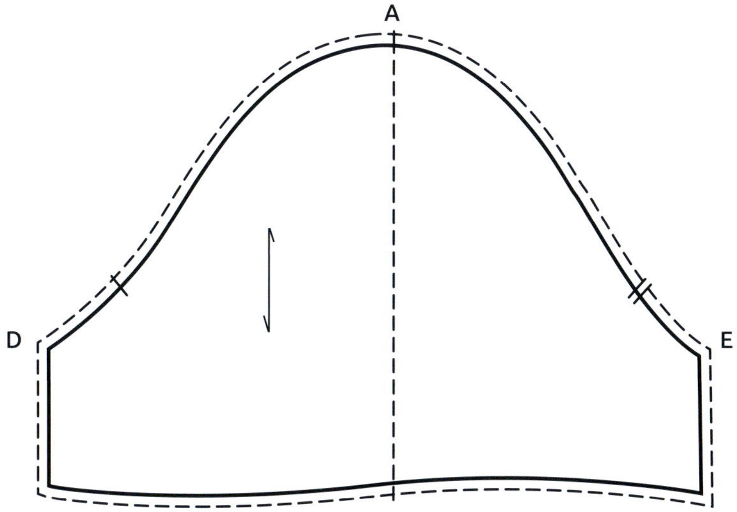

Endgültiges Schnittmuster des Ärmels

BILD 3

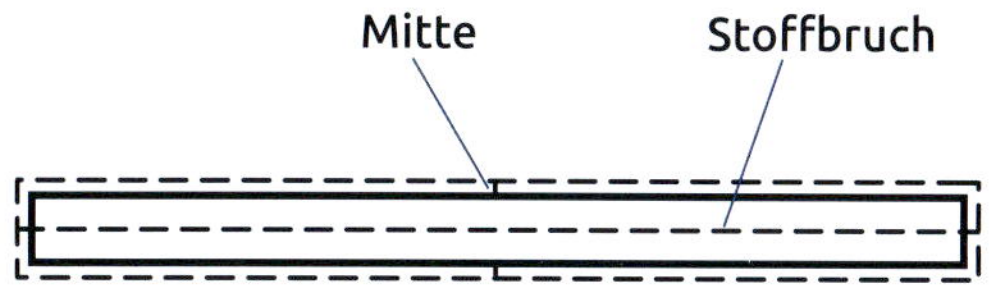

BILD 4

Ärmel mit geraffter Ärmelkugel und vertikaler Falte

Modell 12

Zunächst das Schnittmuster für den Grundärmel gemäß Tiefe und Länge des Armausschnitts zeichnen.

Bei diesem Modell ist das Volumen der Ärmelkugel zu erhöhen, deshalb wird sie sternförmig zerlegt (siehe S. 66), wie in Bild 1 gezeigt.

Den Ärmel in der Mitte in zwei Partien teilen, um einen Abnäher zu erhalten, der in der Mitte eine Falte vortäuscht (Bild 1 und 3).

Für die Ärmelkante einen geformten Besatz von 3 bis 4 cm Breite vorsehen (Bild 2): Hierfür vor dem Zuschnitt Besätze auf dem Ärmel einzeichnen und dann abpausen.

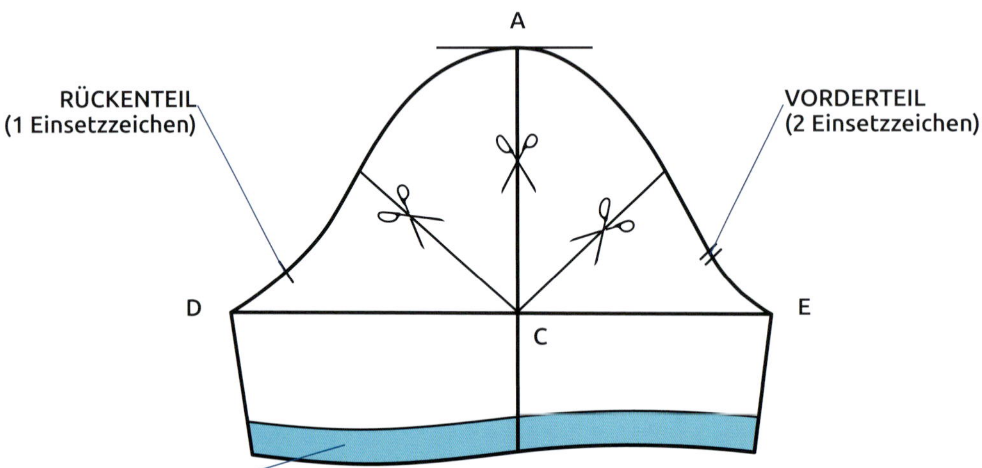

BILD 1

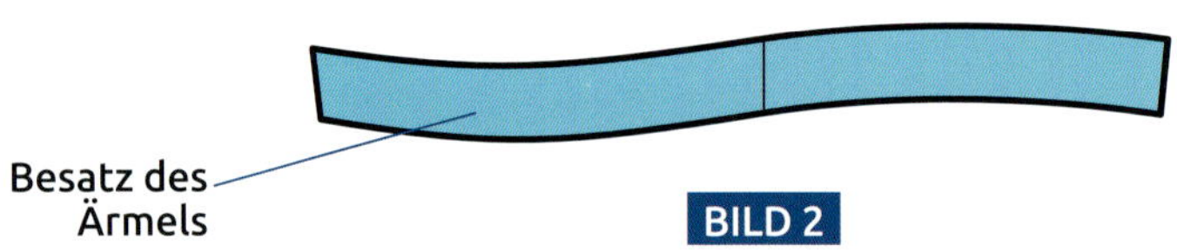

BILD 2

Die zugeschnittenen Partien aufdrehen, wie in Bild 3 angegeben.

Schnittmuster für Ärmel neu zeichnen und dabei die beim Aufdrehen entstandenen Winkel abrunden.

Vergessen Sie nicht die Pass- und Einsetzzeichen sowie die Nahtzugabe von 1 cm auf dem endgültigen Schnittmuster (Bild 4).

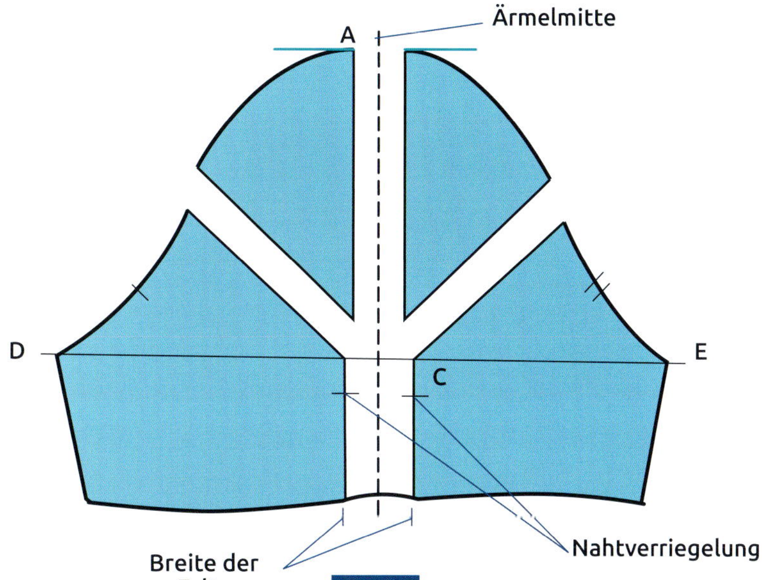

BILD 3

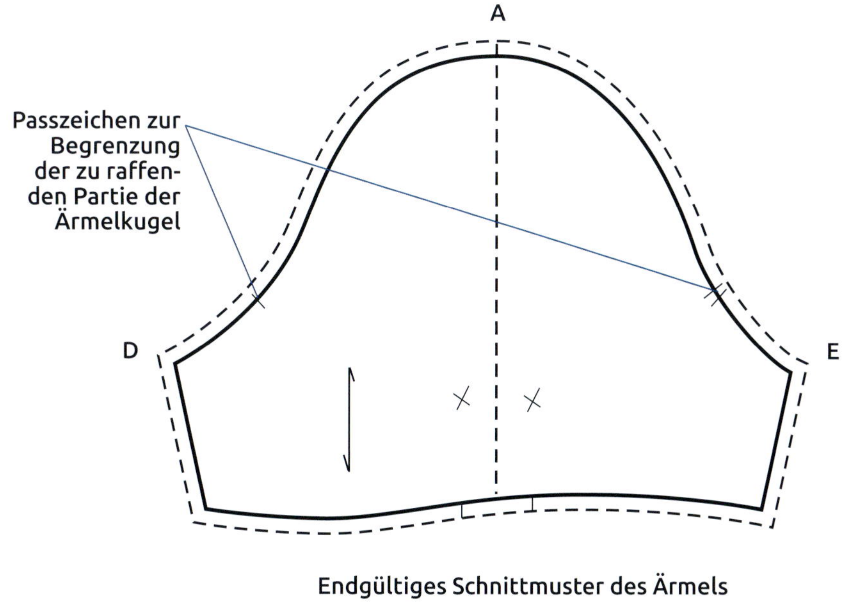

Endgültiges Schnittmuster des Ärmels

BILD 4

Ärmel mit geraffter Ärmelkugel aus zwei Teilen

Modell 13

Der Ärmel dieses Modells ist in zwei Partien aufgeteilt, die sich ungefähr in der Mitte, auf der Achse der Schulternaht, treffen. Auch hier muss das Volumen der Ärmelkugel vergrößert werden.

Mit der Konstruktion des Grundschnitts für den Ärmel gemäß Tiefe und Länge des Armausschnitts beginnen. Für eine schönere Wirkung einen ausreichend festen Stoff verwenden oder die beiden Partien füttern.

Schnittlinien, wie in Bild 1 angegeben, sternförmig einzeichnen, ausschneiden.

Dann die ausgeschnittenen Teile in regelmäßigen Abständen aufdrehen (Bild 2).

Die Kontur für den Ärmel neu zeichnen und alle beim Aufdrehen der Teile entstandenen Ecken abrunden.

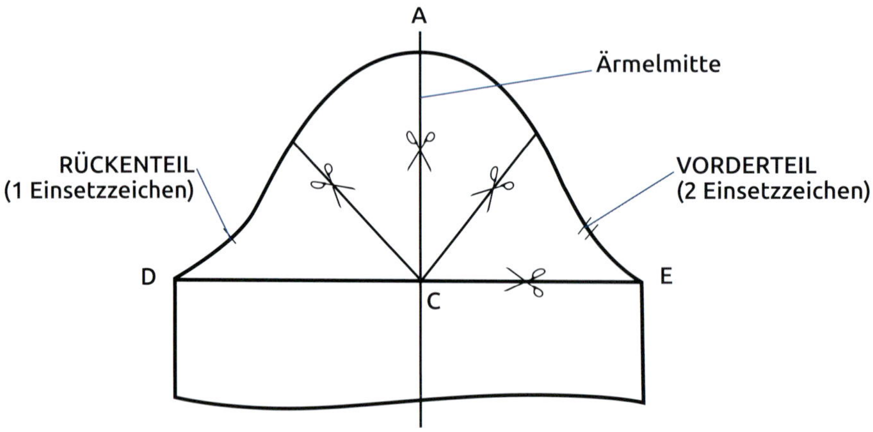

BILD 1

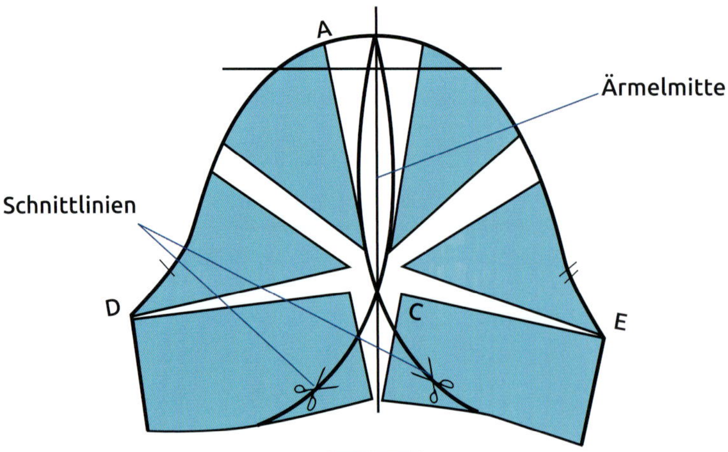

BILD 2

In das durch Aufdrehen der geschnittenen Teile entstandene Schnittmuster die neuen Schnittlinien in der Ärmelmitte einzeichnen: Diese Linien bestimmen die vordere und die hintere Partie des Ärmels (Bild 2). Danach beide Teile separat durchpausen (Bild 3).

Vergessen Sie nicht die Pass- und Einsetzzeichen sowie die Nahtzugabe von 1 cm rund um jedes Teil des endgültigen Schnittmusters (Bild 4).

Wenn die beiden Partien nicht gefüttert werden, jede Partie mit einem Besatz von mindestens 5 bis 7 cm Breite versehen.

Den Besatz in das endgültige Schnittmuster einzeichnen, dann durchpausen (Bild 5).

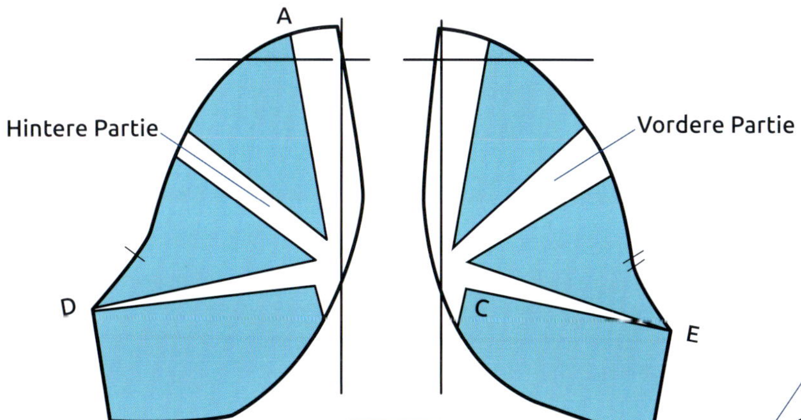

BILD 3

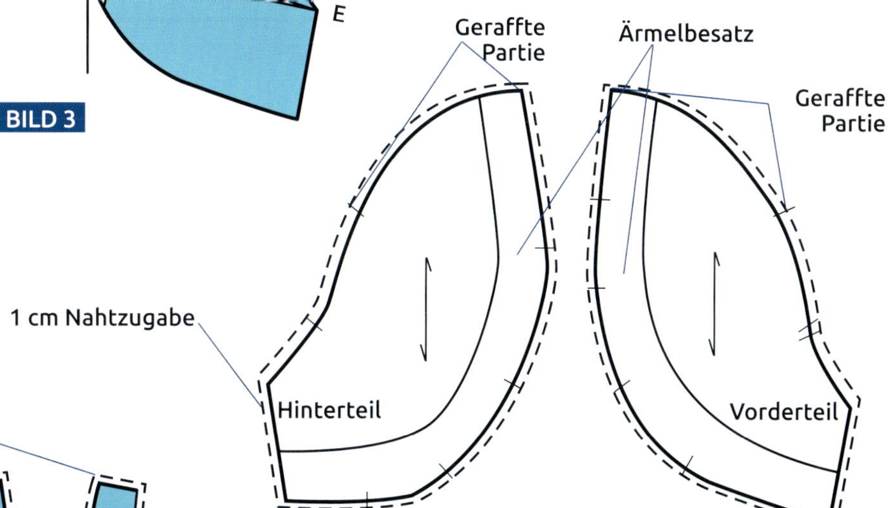

Endgültiges Schnittmuster des Ärmels
BILD 4

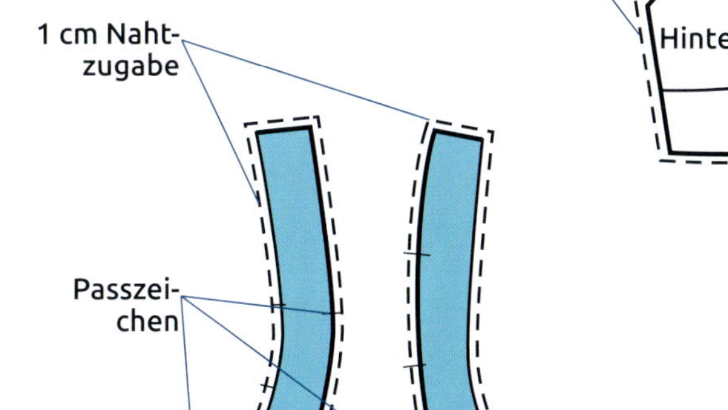

BILD 5

Volantärmel

Modell 14

Bei dem hier gezeigten Modell werden die Ärmel durch Volants ersetzt. Das endgültige Schnittmuster für den Volantärmel basiert auf einem Ringsegment.

Achtung: Die Länge der inneren Linie des endgültigen Schnittmusters für den Volantärmel entspricht der Länge des Armausschnitts im Oberteil (Bild 1).

Um zwei Reihen Volants am gleichen Armausschnitt zu erhalten, zwei Ringe mit der gleichen Innenlinie, aber unterschiedlicher Breite zeichnen.

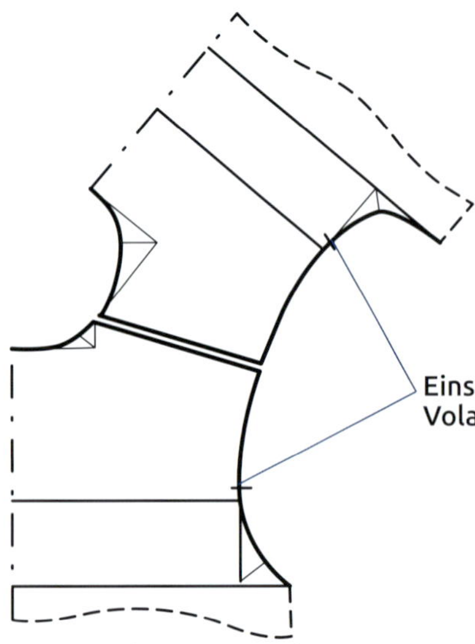

BILD 1

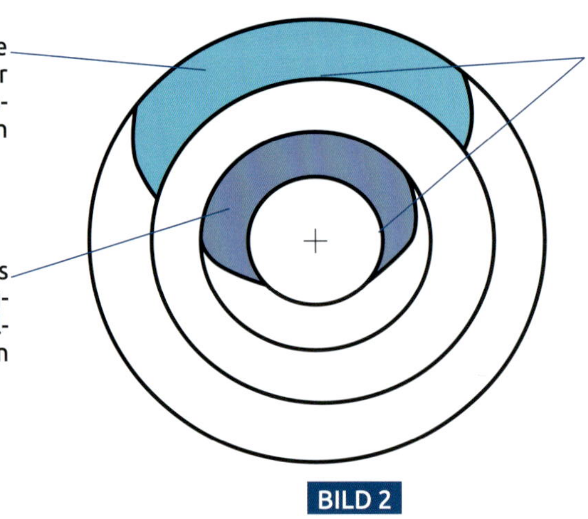

BILD 2

Schulterbedeckende Träger

Modell 15

Der Ärmel dieses Modells besteht aus einem breiten Träger, der gleichzeitig die obere Partie des Oberteils bildet.

Die Konstruktion basiert auf dem Schnittmuster eines Oberteils (Rücken- und Vorderteil, Bild 1), um Länge und Breite des Ärmels besser bestimmen zu können.

Vorder- und Rückenteil Schulter an Schulter legen (Bild 2) und Umrisse des Ärmels zeichnen (in Blau, Bild 2).

Den unteren Rand des Trägers über der Armausschnittlinie befestigen.

Da die Linie AB des Schnittmusters aus Bild 2 schräg gezogen wird, kann sie sich verziehen. Daher mit einem Nahtband stützen oder, noch besser, den äußeren Rand (nah am Hals) vertikal in Richtung des Fadenlaufs schneiden (Bild 3). Dadurch werden die Nahtlinien an Vorder- und Rückenteil schräg, was günstig für die Raffung ist. Beide Lösungen sind möglich; die Entscheidung hängt von den Stoffeigenschaften ab.

Das Schnittmuster durch rundum 1 cm Nahtzugabe ergänzen (Bild 3).

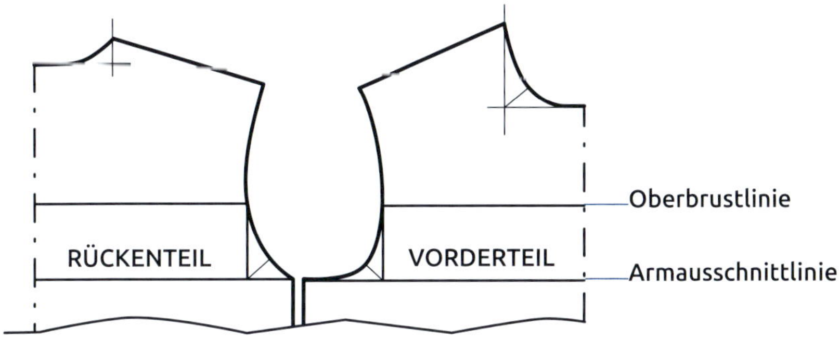

BILD 1

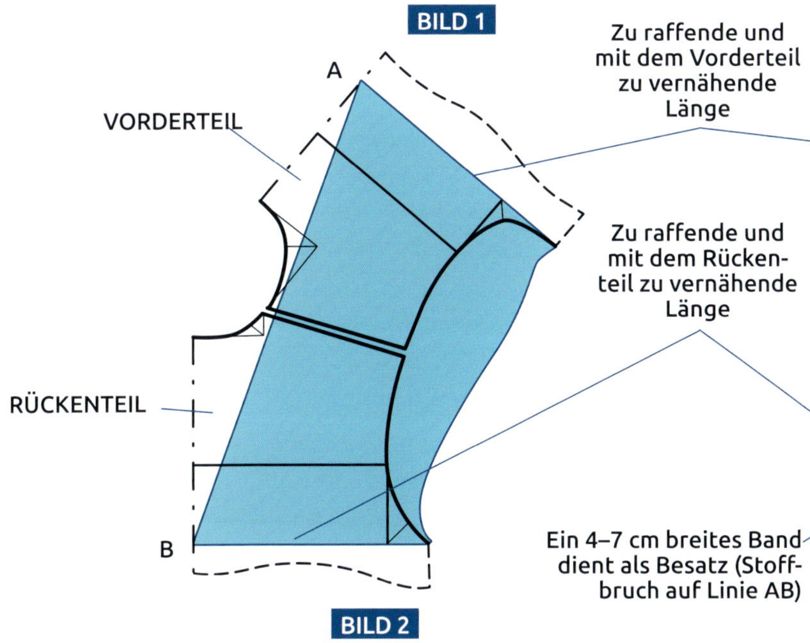

BILD 2

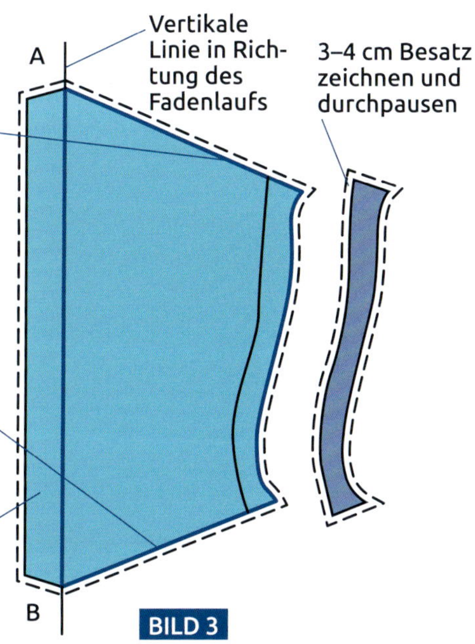

BILD 3

Lange Ärmel

Die hier gezeigten Modelle sollen helfen, die Schnittzeichentechnik zu beherrschen und sicher anzuwenden.
Lange Ärmel müssen mehr noch als kurze Ärmel perfekt an die Form des Armes und an den Armausschnitt angepasst werden, um ausreichend Bewegungsfreiheit zu gewährleisten. Dazu müssen sie so weit sein, dass Hand und Handgelenk mühelos durchschlüpfen.
Die natürliche Wölbung des Armes erfordert eine Mehrweite, die der Länge des Umfangs der Ärmelkugel hinzuzufügen ist. Dieses Maß hängt von der Art des Kleidungsstücks ab und muss zu seiner Form und seinem Stil passen. Deshalb wurde das Schnittmuster für den Grundärmel (siehe S. 60) ohne diese Mehrweite entwickelt.

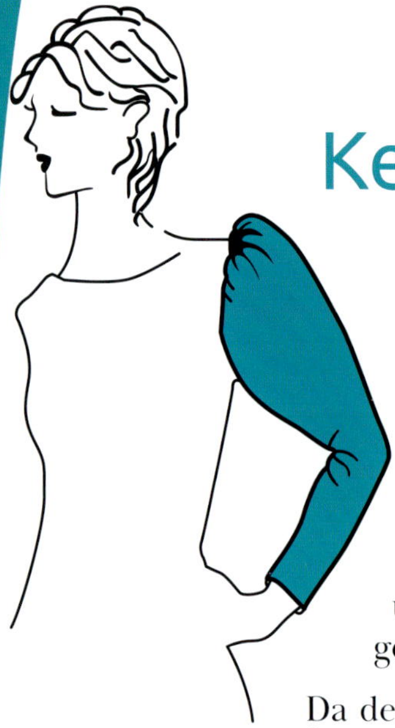

Keulenärmel

Modell 1

Dieser Ärmel wird wegen seiner Form Keulenärmel genannt.

Damit das Volumen erhalten bleibt, empfiehlt sich ein fester Stoff wie Taft oder Ottoman. Bei leichteren Stoffen ist eine teilweise Einlage oder eine innere Verstärkung durch Schulterpolster oder Tüllkissen ratsam.

Auf dem Grundschnitt für den Ärmel, basierend auf Tiefe und Länge des Armausschnitts, sind Länge und Weite nach den genommenen Maßen festzulegen.

Da der Ärmel unten eng anliegt, ist ein vertikaler Abnäher von der Ärmelkante bis zum Ellbogen vorzusehen, um Bewegungsfreiheit zu geben.

Schnittlinien zeichnen, wie in Bild 1 angegeben. Die horizontale Schnittlinie etwa 10 cm unter der Armausschnittlinie (DE) ansetzen, weil der Ärmel damit ansprechender wirkt.

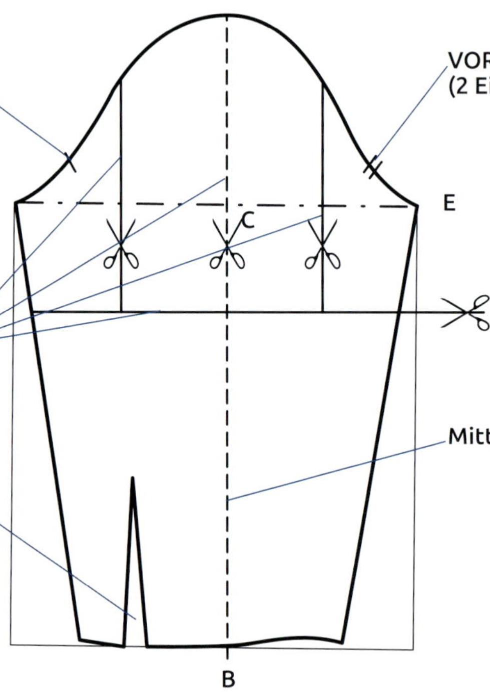

BILD 1

Die ausgeschnittenen Teile fächerförmig in regelmäßigen Abständen aufdrehen, ohne sie abzutrennen. Dabei die vertikale Mittellinie des Ärmels beachten (Bild 2).

Um Kontur und Proportionen der Ärmelkugel zu erhalten (Bild 2), das Schnittmuster neu zeichnen und dabei die beim Aufdrehen entstandenen Winkel abrunden.

Pass- und Einsetzzeichen auf dem endgültigen Schnittmuster anbringen. Rund um den Ärmel 1 cm Nahtzugabe einzeichnen.

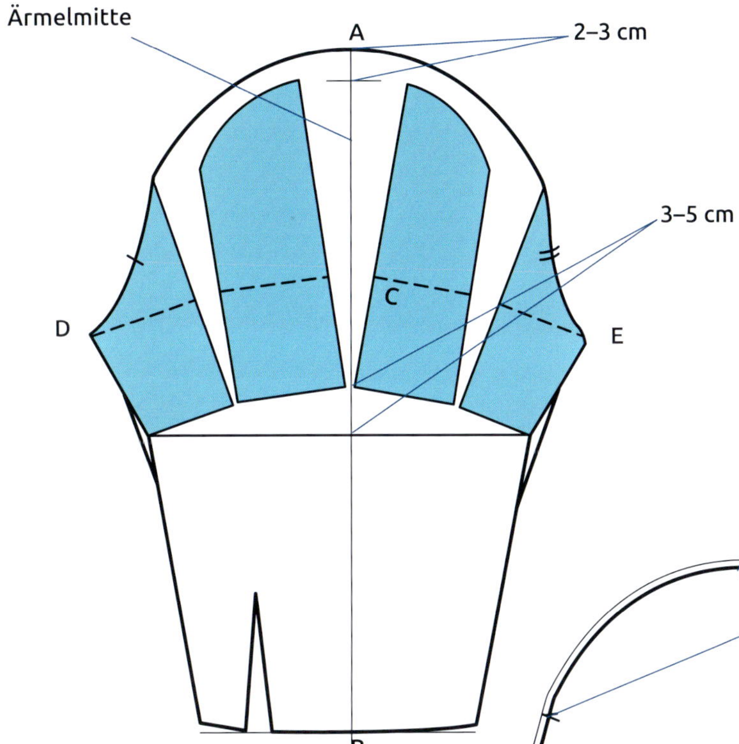

BILD 2

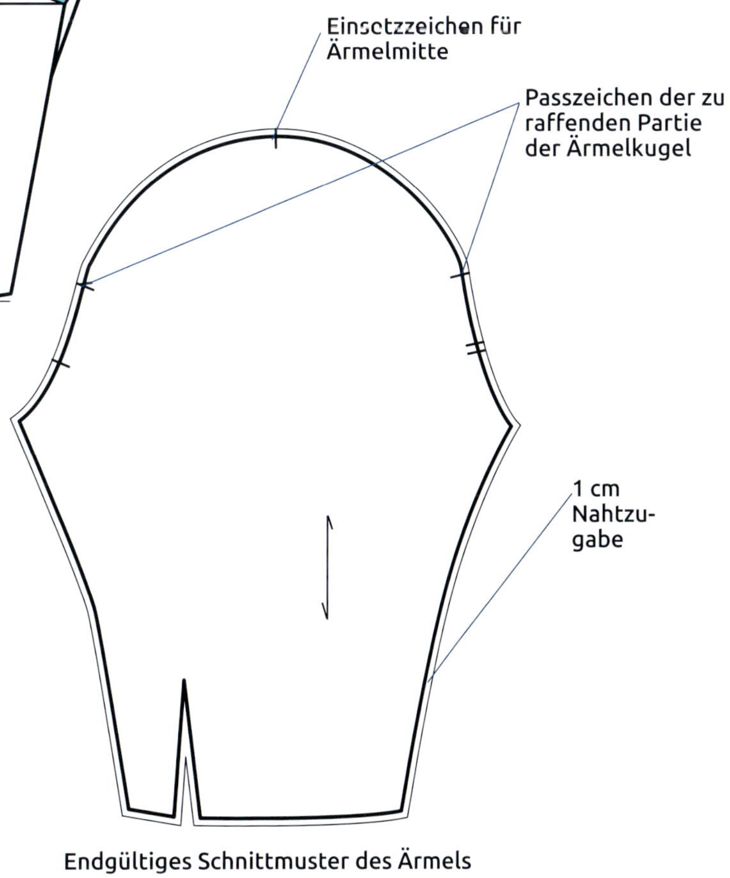

Endgültiges Schnittmuster des Ärmels

BILD 3

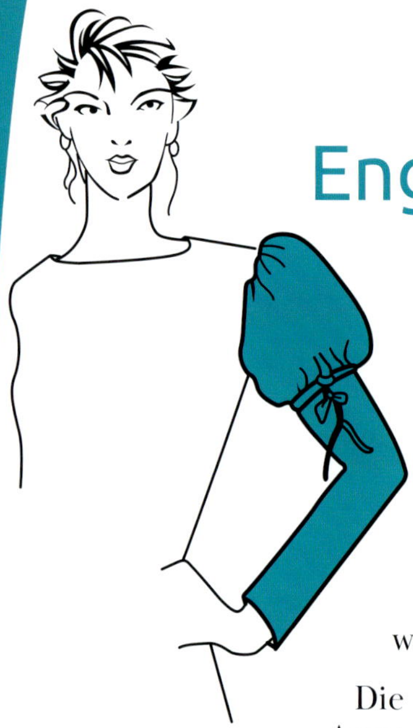

Enger Ärmel mit separatem Ballonoberteil

Modell 2

Die obere Partie dieses Modells ist relativ voluminös. Stellen Sie daher die Formschönheit durch einen genügend festen Stoff oder innere Stützen wie im vorangegangenen Modell sicher.

Auf dem Grundschnitt für den Ärmel, basierend auf Tiefe und Länge des Armausschnitts, die Schnittlinien einzeichnen, wie in Bild 1 gezeigt.

Die horizontale Schnittlinie in der Regel etwa 10 cm unter der Armausschnittlinie (DE) ansetzen; das hängt allerdings vom Modell ab.

Da der untere Teil des Ärmels eng ist, sorgt ein horizontaler Abnäher in der Höhe des Ellbogens für Bewegungsfreiheit des Armes.

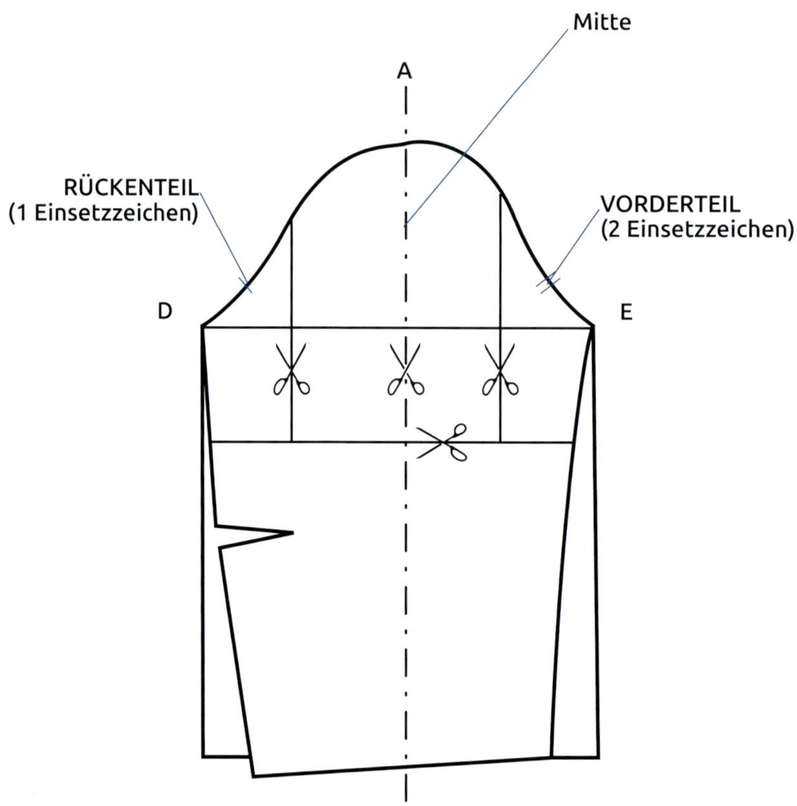

BILD 1

Die obere Partie des Ärmels in mehrere Teile schneiden (siehe Schnittlinien in Bild 1).

Obere und untere Partie des Ärmels voneinander trennen.

Die ausgeschnittenen Teile in regelmäßigen Abständen aufdrehen, dabei die vertikale Mittellinie des Ärmels beachten (Bild 2).

Die Teile mehr oder weniger horizontal aufdrehen, um die Anzahl der Raffungen auf der Ärmelkugel zu bestimmen. Für eine voluminöse Raffung das Grundmuster des Ärmels in viele Partien zerlegen (acht, zehn oder mehr), um das Zeichnen des neuen Schnittmusters zu erleichtern.

Die Kontur des Ärmels neu zeichnen, dabei die Ärmelkugel um 5 bis 7 cm anheben und unten abrunden, um die Raffung und das gewünschte Volumen zu erzielen.

Rund um die beiden Ärmelpartien 1 cm Nahtzugabe vorsehen. Pass- und Einsetzzeichen auf dem endgültigen Schnittmuster anbringen.

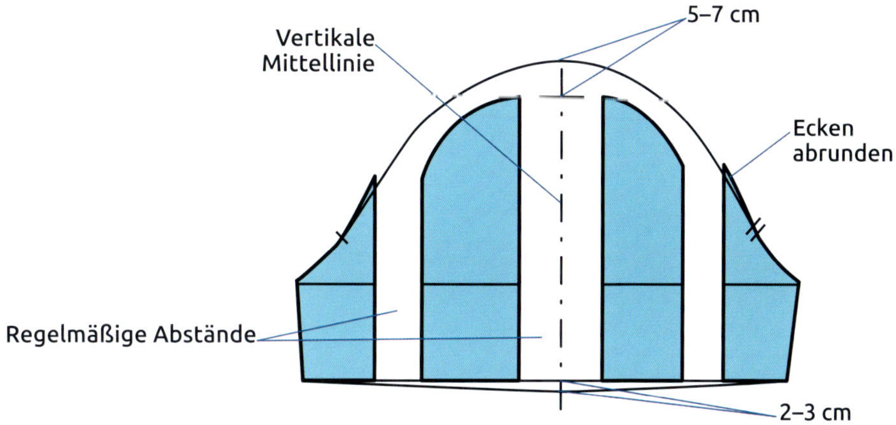

BILD 2

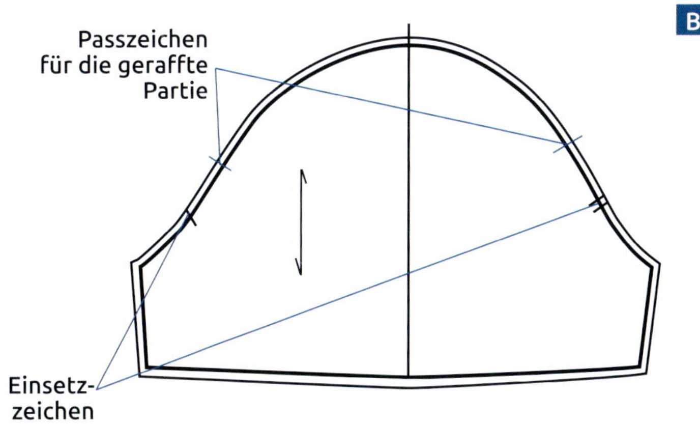

Endgültiges Schnittmuster für die obere Ärmelpartie

BILD 3

Endgültiges Schnittmuster für die untere Ärmelpartie

BILD 4

Ärmel mit halber geraffter Partie oben

Modell 3

Wenn der Ärmel nicht aus einigermaßen festem Stoff ist, die voluminöse Partie mit einer Einlage, einem Schulterpolster oder einem Tüllkissen versehen.

Auf dem Grundschnitt für den Ärmel, basierend auf Tiefe und Länge des Armausschnitts, die Schnittlinien zeichnen, wie in Bild 1 gezeigt.

Bei diesem Modell die vertikale Schnittlinie oberhalb des Ellbogens enden lassen. Sie kann aber auch länger oder kürzer sein.

Da die Erweiterung und die Raffung oberhalb des Ellbogens sitzen, sorgt ein vertikaler Abnäher für Bewegungsfreiheit des Armes.

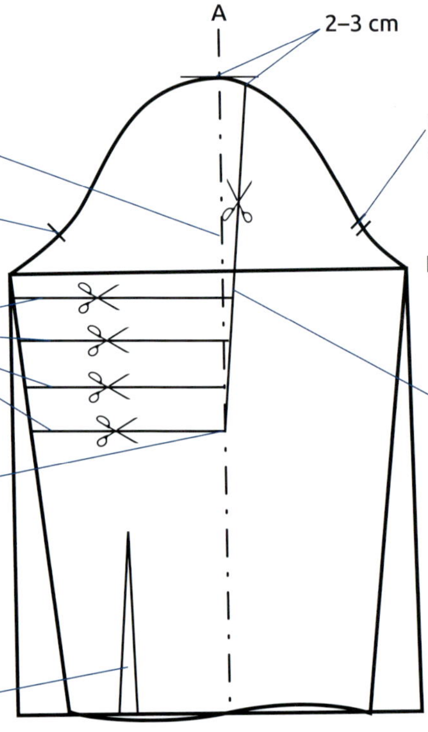

BILD 1

Die ausgeschnittenen Partien in regelmäßigen Abständen aufdrehen, dabei die vertikale Mittellinie des Ärmels beachten (Bild 2).

Schnittmuster neu zeichnen, dabei die vordere Ärmelpartie bis zur vertikalen Linie vergrößern (Bild 2).

Nahtzugabe von 1 cm hinzufügen. Die geraffte Partie mit einer spitz auslaufenden Naht bis zur vorderen Mittellinie abschließen.

Pass- und Einsetzzeichen auf dem endgültigen Schnittmuster einzeichnen.

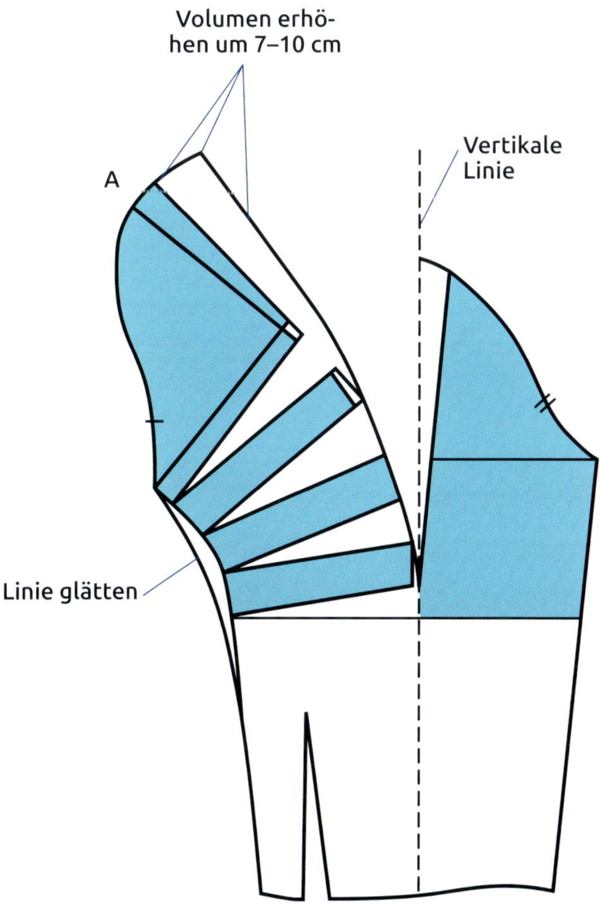

BILD 2

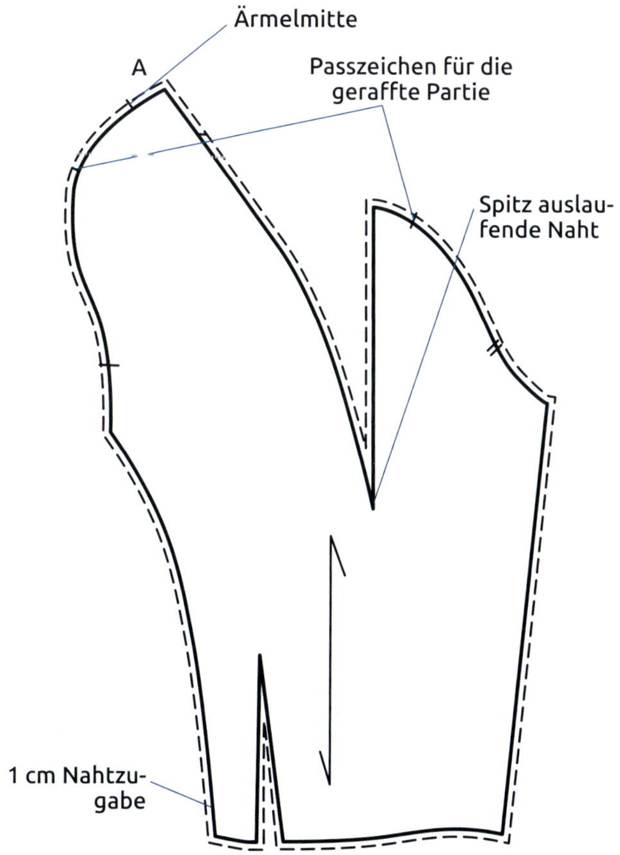

Endgültiges Schnittmuster des Ärmels

BILD 3

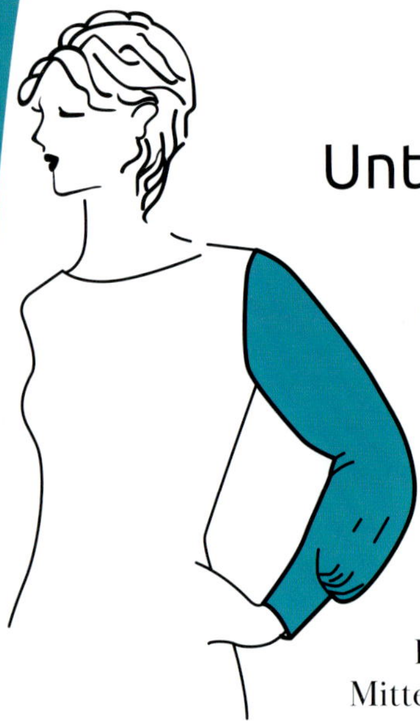

Unten geraffter Ärmel

Modell 4

Für eine schöne Form der voluminösen Partie des Ärmels einen festen Stoff verwenden oder mit einer Einlage versehen.

Auf dem Schnittmuster für den Grundärmel, basierend auf Tiefe und Länge des Armausschnitts, die Schnittlinien zeichnen, wie in Bild 1 gezeigt. Die Teile ausschneiden, ohne die Ärmelkugel abzutrennen, um die exakte Kontur der Form zu erhalten.

Die Höhe des Beginns der Raffung festlegen, idealerweise in der Mitte zwischen Ellbogen und Handgelenk.

Aus ästhetischen Gründen die horizontale Schnittlinie hinten am Ärmel um etwa 2 cm absenken.

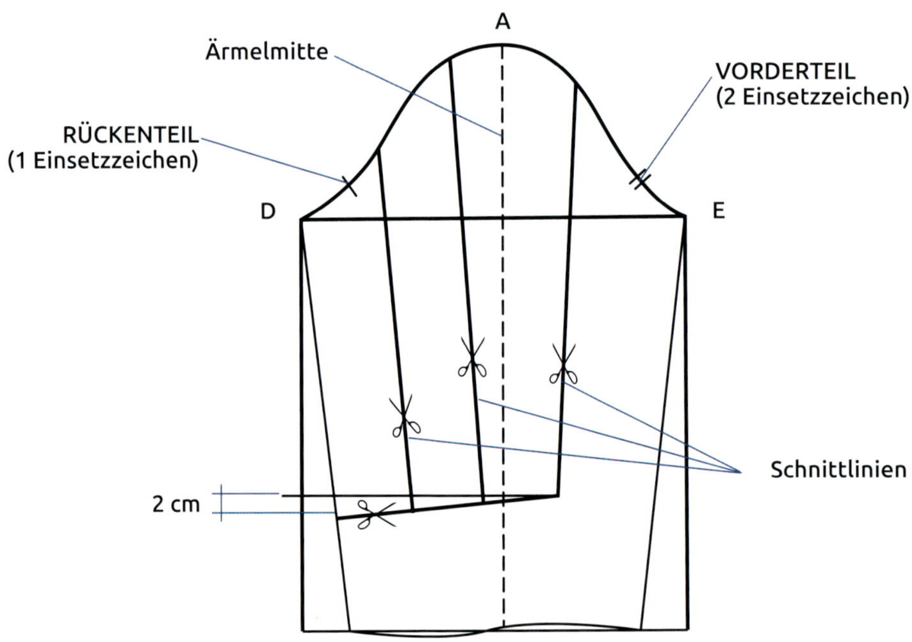

BILD 1

Die zugeschnittenen Partien aufdrehen, wie in Bild 2 angegeben. Je weiter die Partien aufgedreht werden, desto größer ist das Volumen des Ärmels.

Schnittmuster neu zeichnen. Für das Volumen der gerafften Partie untere Kante abrunden und um 3 bis 5 cm erweitern (Bild 2).

Die geraffte Partie wird beim Zusammennähen mit einer spitz auslaufenden Naht abgeschlossen.

Auf dem endgültigen Schnittmuster des Ärmels 1 cm Nahtzugabe einzeichnen.

Passzeichen (Ärmelmitte) und Einsetzzeichen auf dem endgültigen Schnittmuster anbringen: Nach Fertigung der Raffung müssen die obere und die untere Partie unbedingt zusammengefügt werden, damit der Ärmel wieder in seiner Achse sitzt.

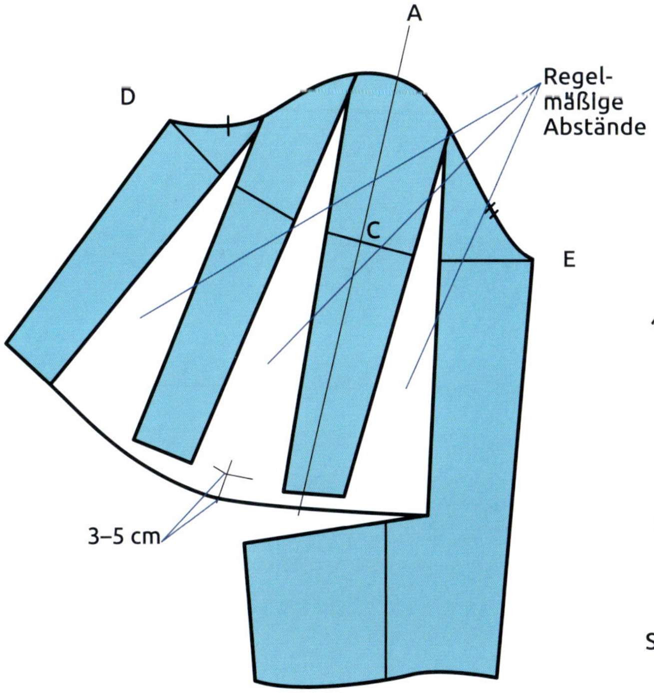

BILD 2

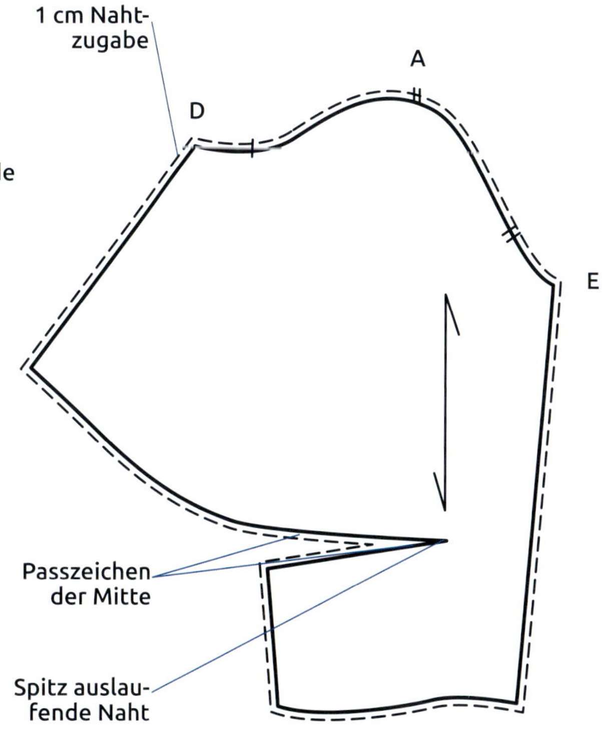

Endgültiges Schnittmuster des Ärmels

BILD 3

Puffärmel mit geknöpftem Unterarm

Modell 5

Die Abwandlung des Ärmels auf dem Grundschnitt gemäß Tiefe und Länge des Armausschnitts konstruieren.

Das geraffte Volumen der Ärmelkugel mit einem Tüllkissen oder einem Schulterpolster stützen oder einen festen Stoff verwenden.

Schnittlinien zeichnen, wie in Bild 1 angegeben. Die horizontale Schnittlinie ober- oder unterhalb der Ellbogenlinie ansetzen, so kann man auf einen Abnäher verzichten.

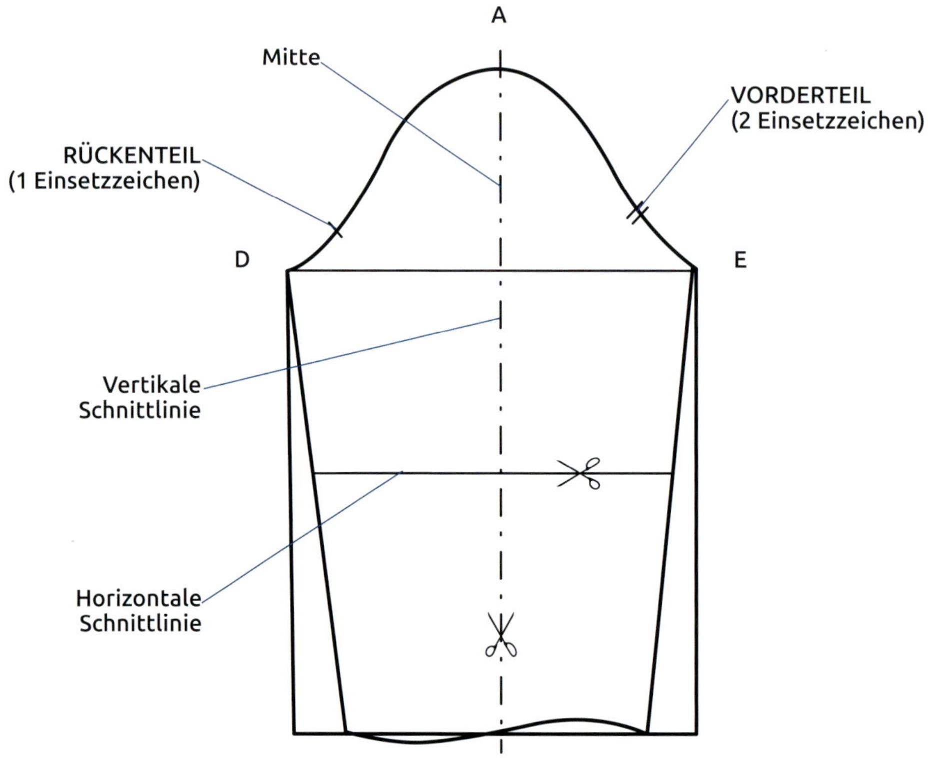

BILD 1

Bei diesem Modell wird die Knopfleiste (Kante an Kante) auf die Mittellinie des Ärmels gesetzt (Bild 1), aber sie kann auch nach Belieben nach vorn oder hinten verschoben werden.

Die Breite der „Falte", die sich nach dem Köpfen bildet, auf etwa 5 cm zu beiden Seiten der Mittellinie ansetzen (Bild 2), dann vordere und hintere Partie um diesen Wert aufdrehen.

Um Volumen und Höhe der Ärmelkugel zu erzielen, die beiden ausgeschnittenen oberen Partien in der Mitte um 2 bis 3 cm anheben.

Schnittmuster für Ärmel neu zeichnen und Ärmelkugel abrunden.

Platzierung der Knöpfe im hinteren Teil des Ärmels markieren, passend zur Knopflochleiste im vorderen Teil.

Pass- und Einsetzzeichen auf dem endgültigen Schnittmuster anbringen.

Rund um den Ärmel 1 cm Nahtzugabe vorsehen.

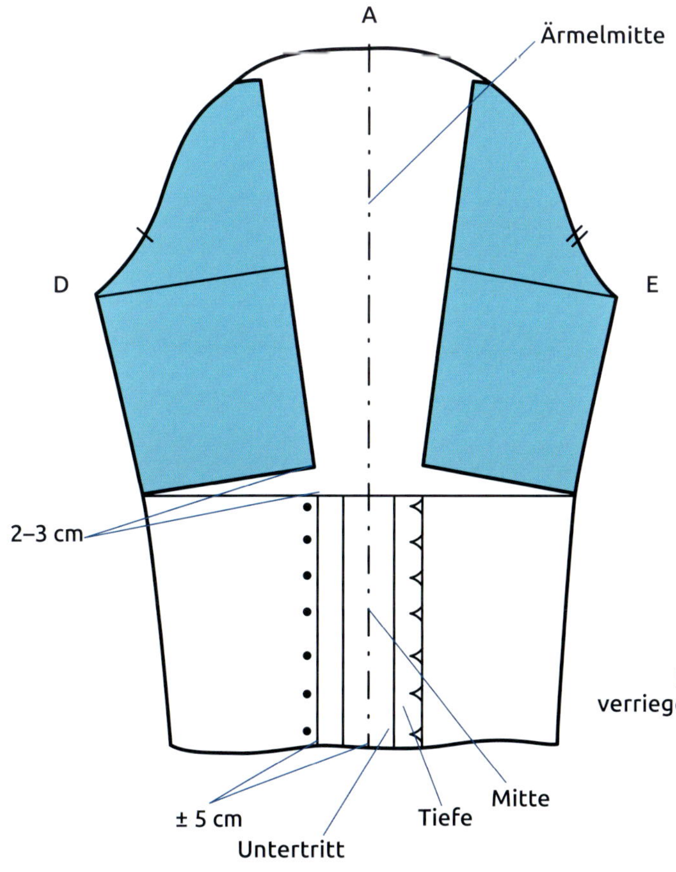

BILD 2

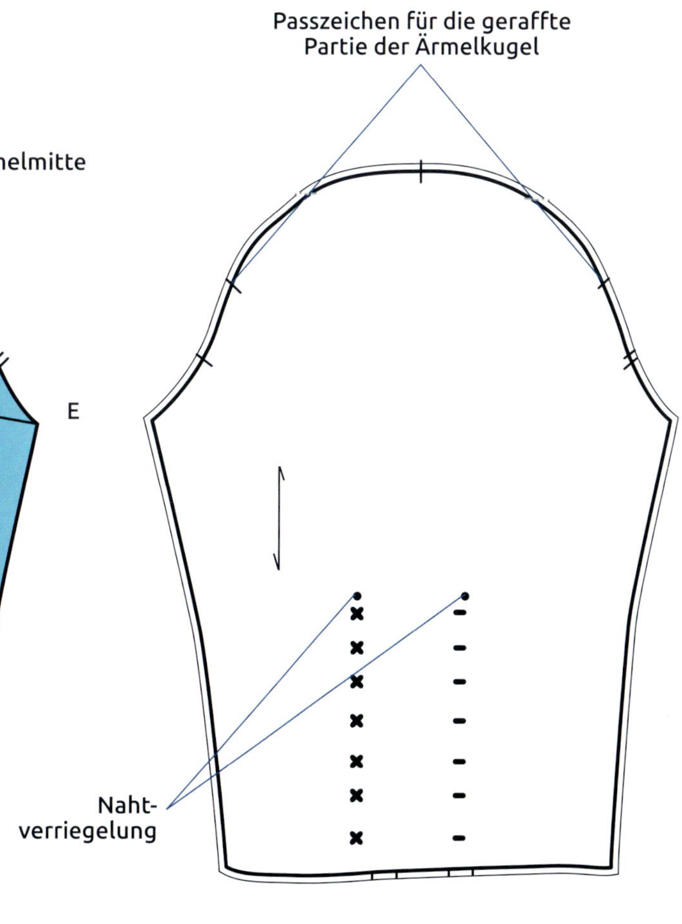

Endgültiges Schnittmuster des Ärmels

BILD 3

Schmetterlingsärmel

Modell 6

Zunächst den Grundschnitt für den Ärmel nach Tiefe und Länge des Armausschnitts zeichnen.

Länge des Ärmels festlegen, dann die Schnittlinien nach der Technik des vertikalen Zerlegens zeichnen (siehe S. 63). Um einfach ein Schnittmuster für einen sehr breiten Ärmel zu erhalten, den Grundschnitt in viele Partien unterteilen (acht, zehn, zwölf ...); für einen weniger weiten Ärmel genügen vier oder sechs Partien.

Die ausgeschnittenen Teile nicht abtrennen, um die exakte Länge der Ärmelkugel zu erhalten.

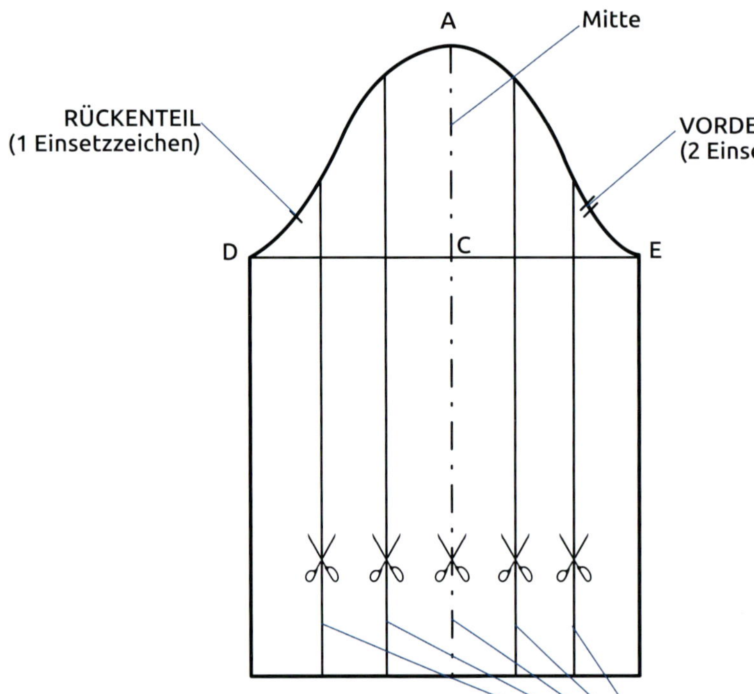

BILD 1

100

Um die Mittellinie des Ärmels vertikal zu erhalten, die ausgeschnittenen Teile fächerförmig in regelmäßigen Abständen auf die gewünschte Weite aufdrehen (Bild 2).

Schnittmuster für Ärmel neu zeichnen (Bild 3). An der unteren Kante die beim Aufdrehen der Partien entstandenen Ecken abrunden. Pass- und Einsetzzeichen sowie eine Nahtzugabe von 1 cm hinzufügen (Bild 3).

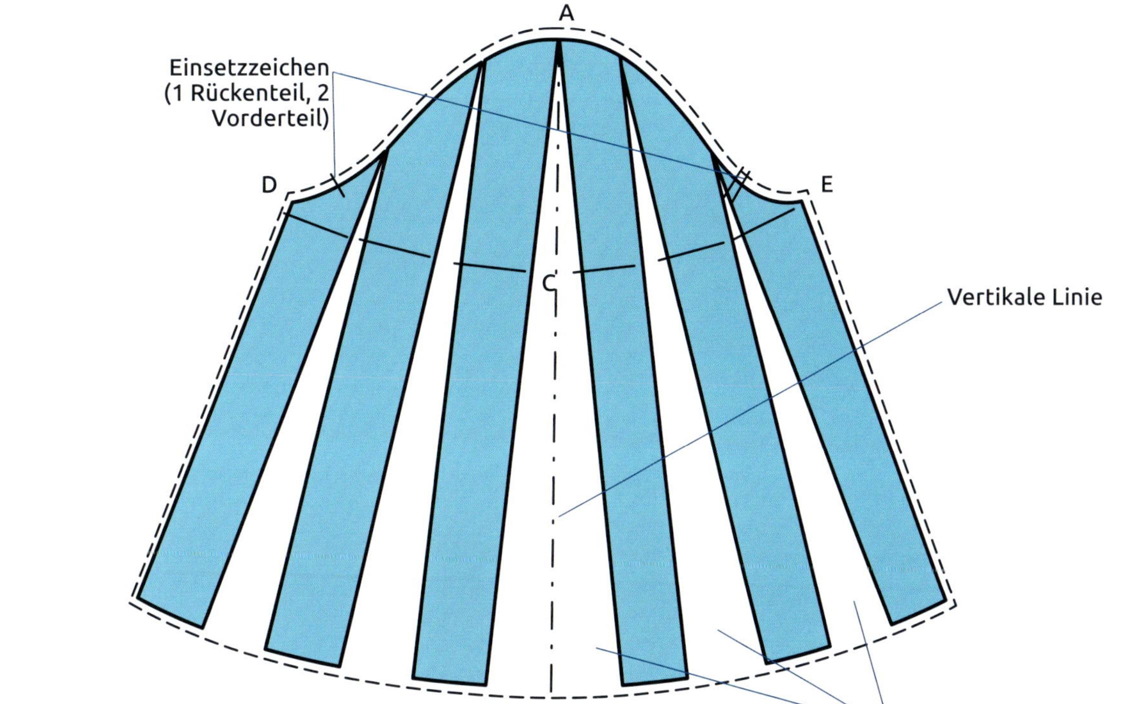

BILD 2

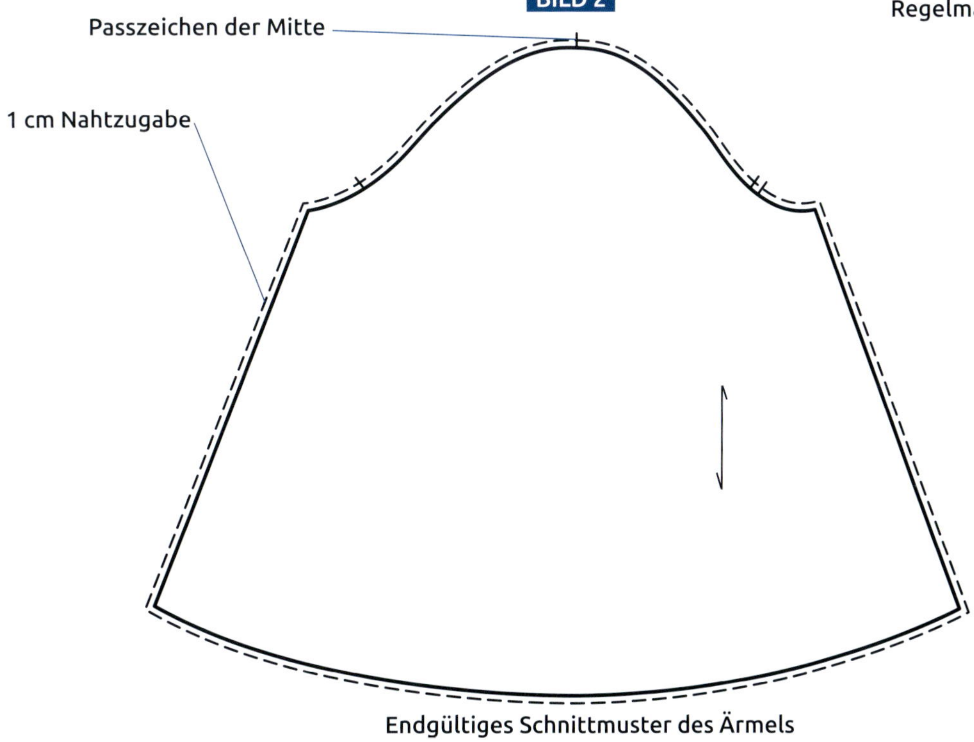

Endgültiges Schnittmuster des Ärmels

BILD 3

101

Einfacher Ärmel mit geknöpftem Unterarm

Modell 7

Für dieses Schnittmuster gibt es zwei Optionen: mit oder ohne Naht in der Ärmelmitte. In beiden Fällen einen Besatz an der unteren Ärmelkante vorsehen: entweder einen unterlegten Besatz oder einen Saum in der Breite von 3 bis 4 cm.

Zunächst das Schnittmuster für den Grundärmel mit der gewünschten Tiefe und Länge des Armausschnitts zeichnen (Bild 1).

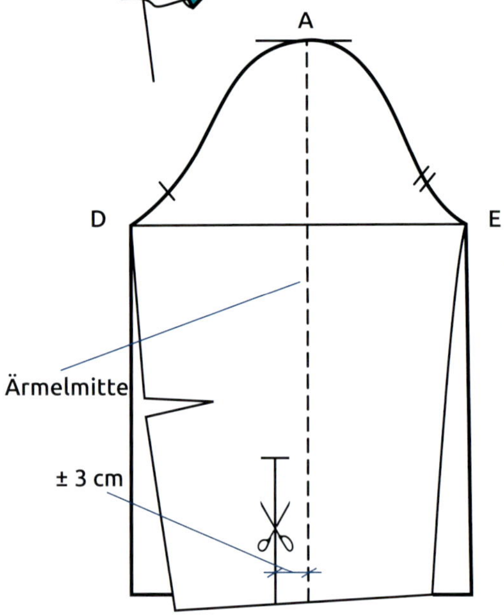

BILD 1

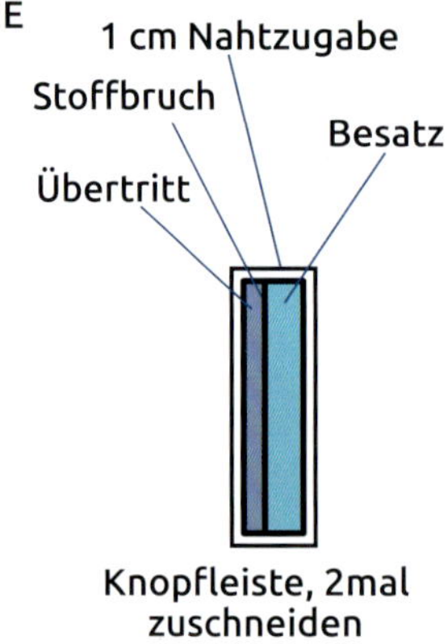

BILD 2

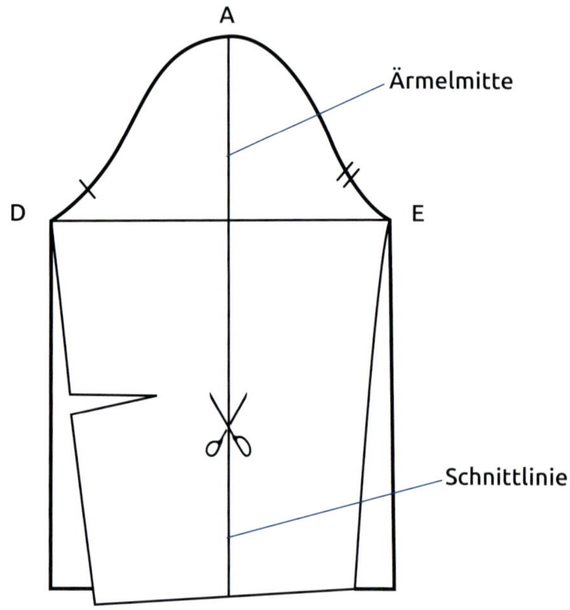

BILD 3

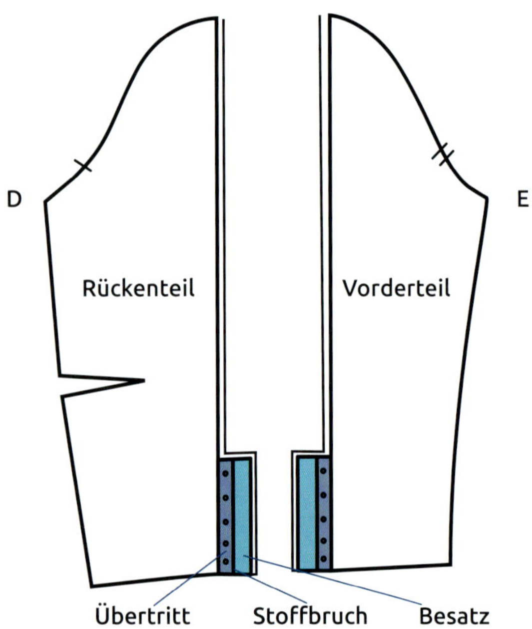

BILD 4

Schnittmuster für Ärmel ohne Mittelnaht

Höhe und Position des Schlitzes festlegen (etwa 3 cm hinter der Mittellinie des Ärmels).

Eine Knopfleiste mit 1,5 cm breitem Übertritt und 3 bis 4 cm breitem Besatz konstruieren (Bild 2).

Schnittmuster für Ärmel mit Mittelnaht

Linie für den Schnitt in der Ärmelmitte zeichnen (Bild 3). Beide Teile trennen: Vorder- und Rückseite (Bild 4).

Auf der gewünschten Höhe auf jeder Ärmelpartie eine Knopfleiste mit 1,5 cm breitem Übertritt und 3 bis 4 cm breitem Besatz konstruieren (Bild 4). Unabhängig von der gewählten Methode Pass- und Einsetzzeichen sowie eine Nahtzugabe von 1 cm auf dem endgültigen Schnittmuster einzeichnen.

Einfacher Ärmel mit durchgehender Knöpfung

Modell 8

Dieses Modell auf der Basis des Grundschnitts für den Ärmel konstruieren und an Länge und Tiefe des Armausschnitts anpassen (Bild 1).

Ärmellänge und Handgelenkweite bestimmen.

Ausschneiden, Vorder- und Rückenteil des Ärmels voneinander trennen (Bild 2). Die Schnittlinie ist die Mittellinie des Ärmels.

Auf jeder Partie einen Übertritt von 1,5 bis 2 cm Breite (je nach Knopfdurchmesser) und einen 3 cm breiten Besatz konstruieren (Bild 2).

Die Platzierung der Knöpfe auf dem Schnittmuster markieren.

Pass- und Einsetzzeichen anbringen.

Beide Schnittteile mit 1 cm Nahtzugabe versehen.

Die Unterkante des Ärmels mit einem unterlegten Besatz oder einem 2 bis 3 cm breiten Saum abschließen.

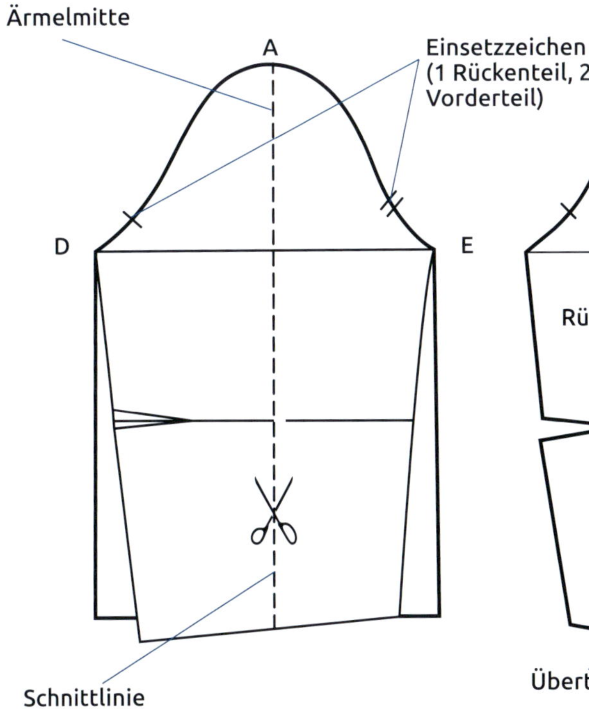

BILD 1

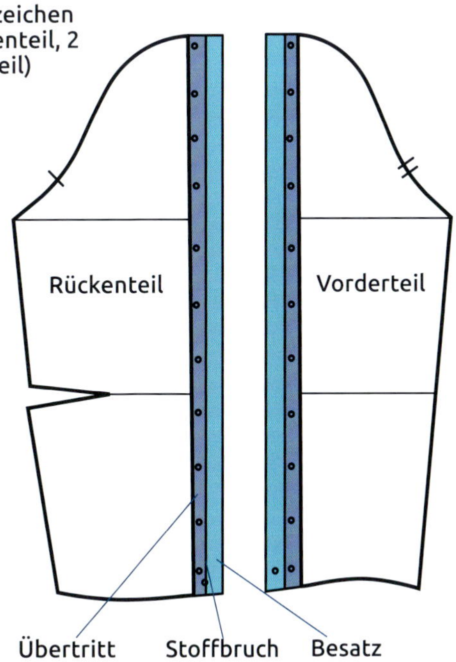

BILD 2

Einfacher Ärmel mit Volant als Abschluss

Modell 9

Dieses Modell auf der Basis des Grundschnitts für den Ärmel konstruieren und an Länge und Tiefe des Armausschnitts anpassen (Bild 1).

Um die Bewegungsfreiheit des Armes zu gewährleisten, platzieren Sie auf Ellbogenhöhe einen horizontalen Abnäher, denn dieses Modell sitzt relativ eng.

Länge des Ärmels und Umfang des Handgelenks bestimmen. Die Ärmellänge um die gewünschte Breite des Volants kürzen (z. B. 10 cm). Immer darauf achten, dass die Breite des Volants zum Umfang des Handgelenks passt.

Das Volumen des Volants als Ärmelabschluss hängt von dem Bogen zwischen den Punkten A und B ab: je gekrümmter der Bogen, desto voluminöser der Volant (Bild 2: blauer Bogen = voluminöser Volant, schwarzer Bogen = weniger voluminöser Volant). Auf diese Weise kann man einen Volant von 180° (blauer Halbkreis in Bild 3), aber auch einen von 360° konstruieren (ganzer Kreis).

Pass- und Einsetzzeichen anbringen. Auf dem endgültigen Schnittmuster des Ärmels und des Volants 1 cm Nahtzugabe einzeichnen.

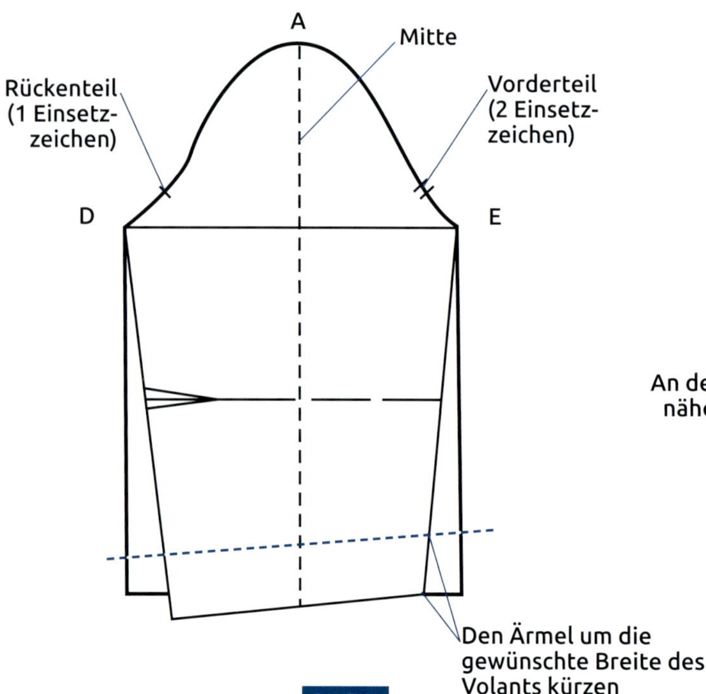

BILD 1

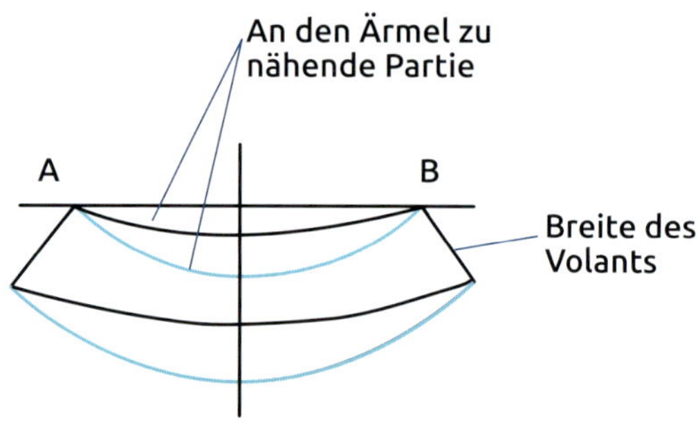

BILD 2

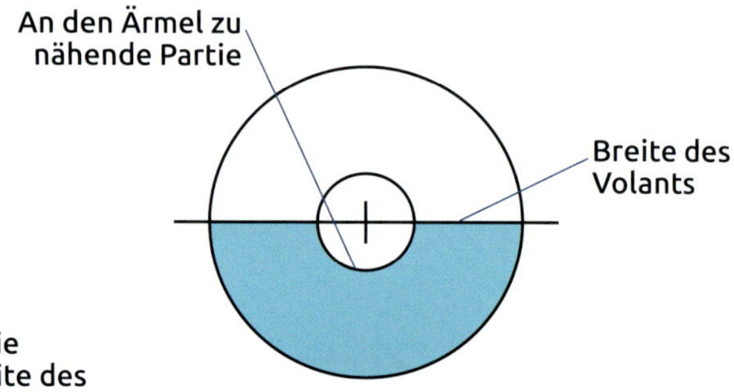

BILD 3

Einfacher Ärmel mit umgeschlagener Manschette

Modell 10

Zunächst den Grundschnitt für den Ärmel gemäß Tiefe und Länge des Armausschnitts zeichnen (Bild 1).

Um die Bewegungsfreiheit des Armes zu gewährleisten, auf Ellbogenhöhe einen horizontalen Abnäher platzieren.

Dieses Modell erhält keinen Schlitz am Armabschluss: Zum Durchführen der Hand, muss man ihn breit genug konstruieren oder einen elastischen Stoff verwenden.

Die beiden Außenkanten der Manschette entweder an der Mittelachse oder 2 bis 3 cm davor oder dahinter zusammennähen (Passzeichen nicht vergessen).

Die Breite der Ärmelunterkante muss der Länge der Manschette entsprechen (Bild 2). Eine Nahtzugabe von 1 cm sowie die Pass- und Einsetzzeichen einzeichnen.

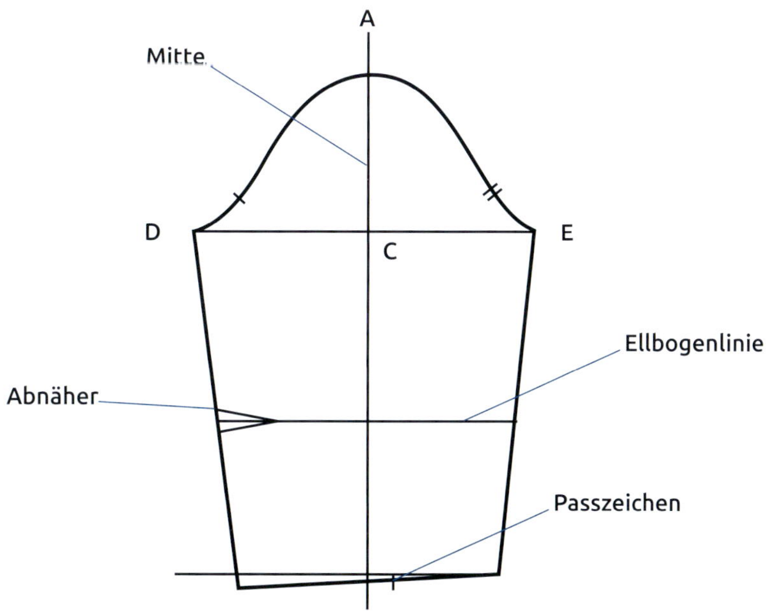

BILD 1

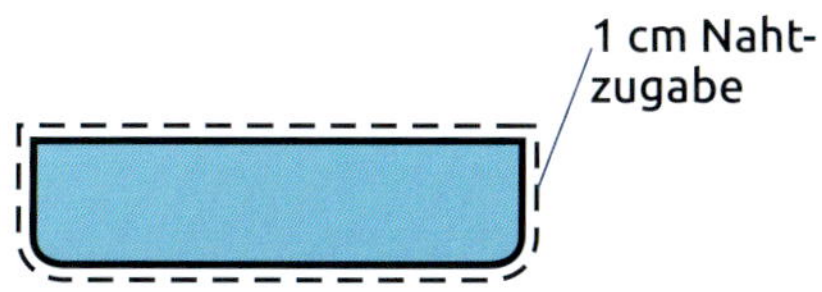

Manschette, 2mal zuschneiden

BILD 2

Einfacher Ärmel mit Blusenmanschette

Modell 11

Zunächst den Grundschnitt für den Ärmel gemäß Tiefe und Länge des Armausschnitts zeichnen (Bild 1).

Beim Annähen der Manschette eine Bewegungsfalte vorsehen, damit Sie keinen Abnäher am Ellbogen anbringen müssen. Einen Schlitz von etwa 8 bis 10 cm markieren (Bild 1).

Nach dem Schließen der Falte muss die Breite der Ärmelunterkante der Länge der Manschette entsprechen (Bild 2). Die Tiefe der Bewegungsfalte beträgt in der Regel nicht mehr als 2 bis 3 cm.

Eine Nahtzugabe von 1 cm hinzufügen und die Pass- und Einsetzzeichen nicht vergessen.

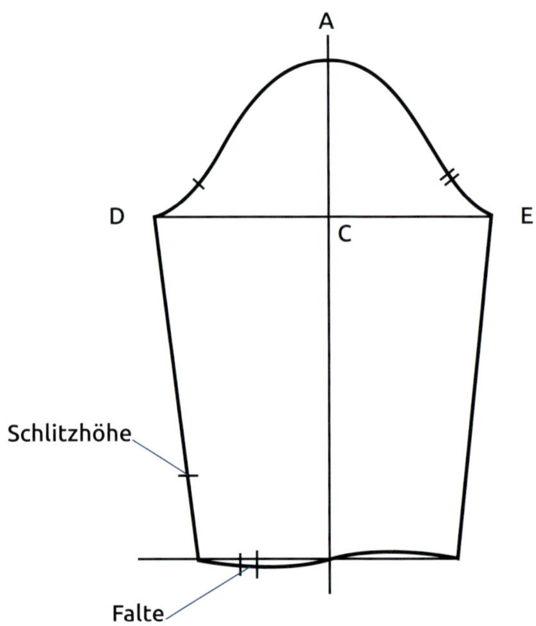

BILD 1

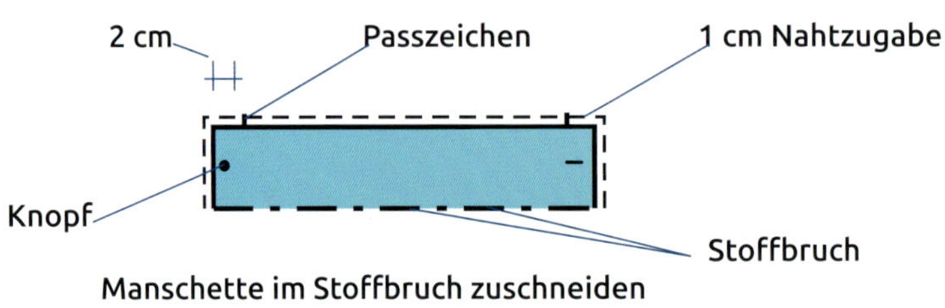

BILD 2

Einfacher Ärmel mit zwei Falten und umgelegter Manschette

Modell 12

Den Grundschnitt für den Ärmel gemäß Tiefe und Länge des Armausschnitts zeichnen.

Zwei Falten an der Manschette ersetzen den Abnäher auf Ellbogenhöhe.

Die Länge des Schlitzes mit etwa 8 bis 12 cm markieren (Bild 1).

Die Länge der Manschette muss der Breite der Ärmelunterkante entsprechen (nach dem Schließen der Falte).

Den Knopf zum Schließen des Ärmels nahe der inneren Manschettenkante platzieren, damit der Rest der Manschette frei bleibt (Bild 2).

Eine Nahtzugabe von 1 cm hinzufügen und die Pass- und Einsetzzeichen nicht vergessen.

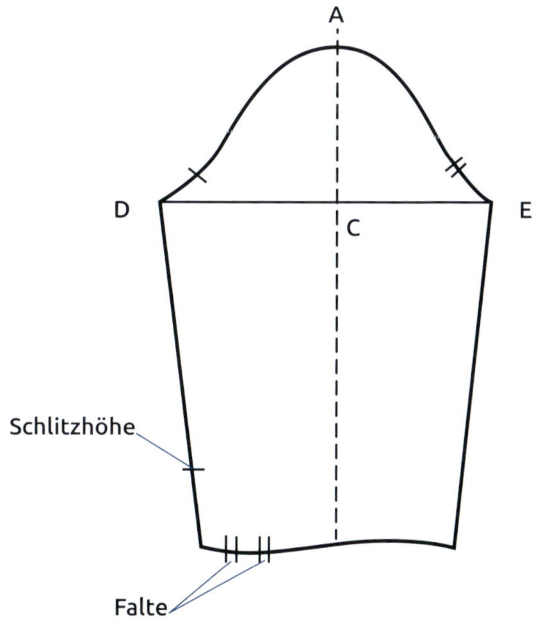

BILD 1

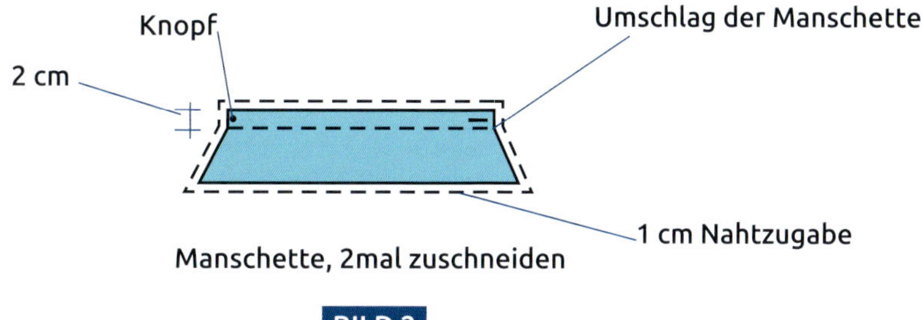

BILD 2

Einfacher Ärmel mit Schlitz an der Unterkante

Modell 13

Den Grundschnitt für den Ärmel gemäß Tiefe und Länge des Armausschnitts zeichnen.

Da dieses Modell relativ eng am Arm sitzt, platzieren Sie einen Abnäher am Ellbogen, um die Bewegungsfreiheit des Armes zu gewährleisten (Bild 1).

Unterkante des Ärmels mit einem Schlitz (zum Durchführen der Hand) und einem Besatz abschließen. Je nach Stoff den Besatz nach Vorschlag 1, 2 oder 3 konstruieren.

Die Höhe des Schlitzes bei etwa 8 bis 10 cm markieren.

Vorschlag 1 (Bild 1 und 2)

Den Besatz mit einer Breite von 3 bis 4 cm einzeichnen. Er sollte mindestens 2 cm höher sein als der Schlitz.

Den Besatz durchpausen.

Eine Nahtzugabe von 1 cm hinzufügen und die Pass- und Einsetzzeichen anzeichnen.

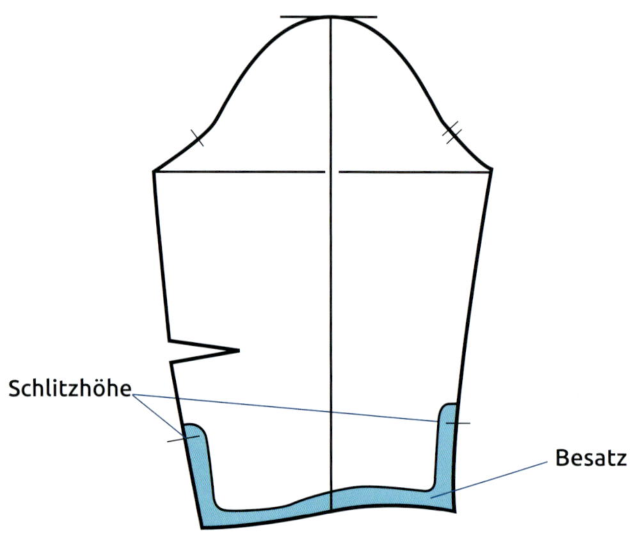

BILD 1

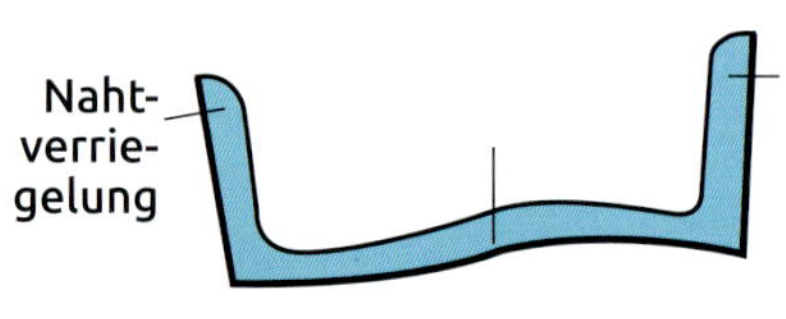

BILD 2

Vorschlag 2 (Bild 3, 4 und 5)

Der Nachteil ist, dass man nach dem Umlegen des Besatzes vier Stofflagen und eine Naht in jeder Ecke der Ärmelunterkante erhält.

Den Besatz mit einer Breite von 3 bis 4 cm und mindestens 2 cm mehr Höhe als der Schlitz hinzufügen.

Eine Nahtzugabe von 1 cm hinzufügen und die Pass- und Einsetzzeichen platzieren.

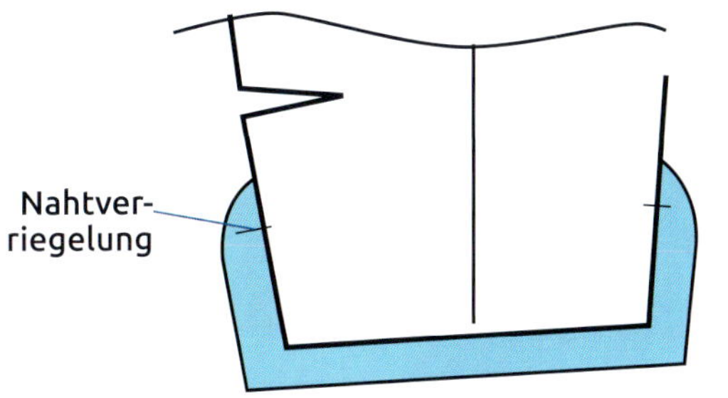

BILD 3

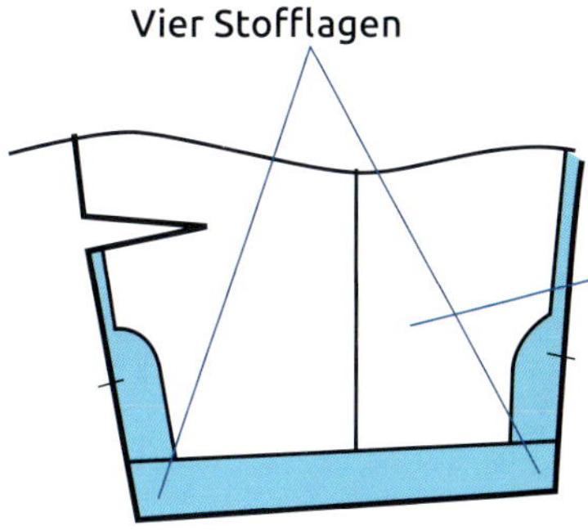

BILD 4

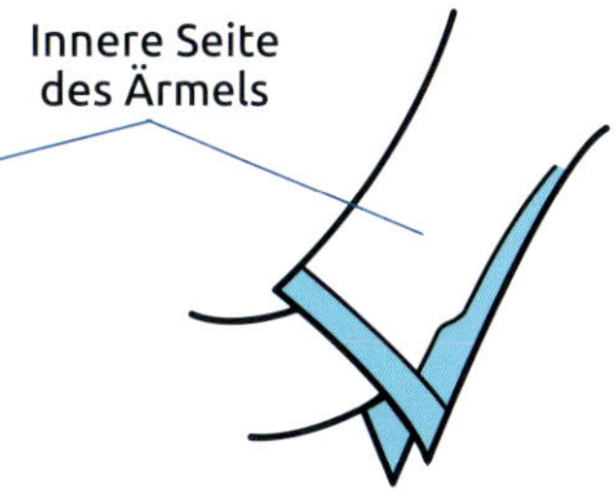

BILD 5

Vorschlag 3 (Bild 6, 7 und 8)

Um die vielen Stofflagen zu vermeiden, beschneiden Sie die Ecken des Besatzes (Bild 6) und bringen dann beim Zusammennähen eine offene Naht an.

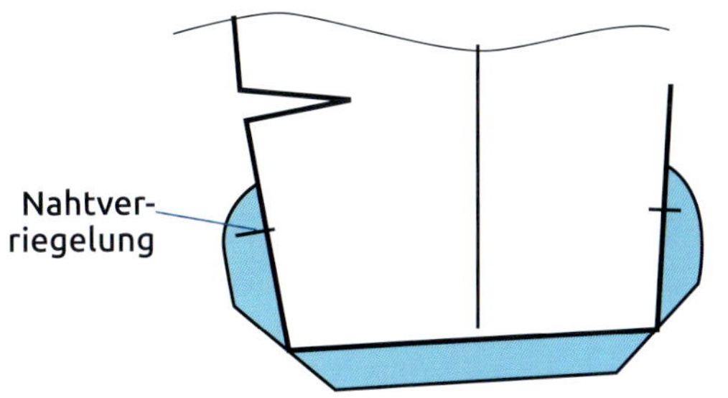

BILD 6

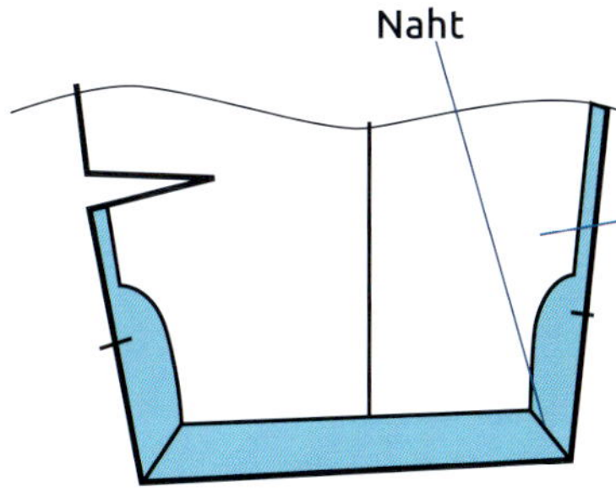

BILD 7

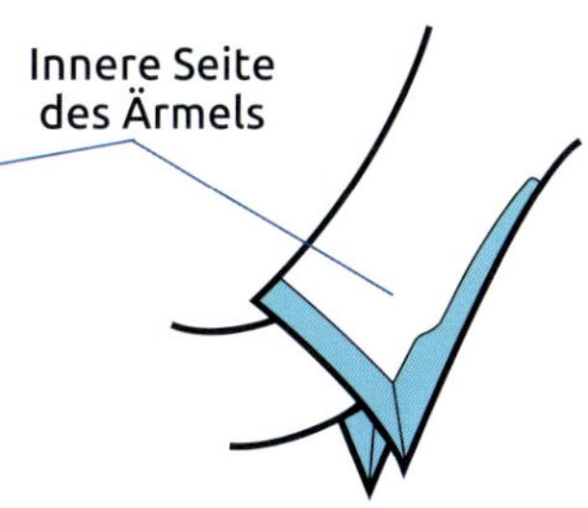

BILD 8

Röcke

Ganz gleich, in welche Richtung die Mode geht, der Rock ist ein wichtiger Bestandteil der Damengarderobe. Vom Minirock der 1960er-Jahre zum Maxirock der 1980er-Jahre, ob weit, eng, ausgestellt oder mit Raffung – er lässt sich aus wirklich jedem Stoff herstellen.

Zwei Elemente, der Bund und der Schlitz, werden aufgrund ihrer komplexen Konstruktion separat beschrieben.

Aus den gleichen Gründen wie in den vorangegangenen Kapiteln wird die Vergrößerung nicht bereits auf den Grundschnitt angewandt. Sie ist erst bei der Ausführung des endgültigen Schnittmusters je nach Zweck, verwendetem Stoff und persönlichen Vorstellungen hinzuzufügen.

Der Rock wird unabhängig vom Oberteil durch einen Bund in der Taille gehalten. Taillen- und Hüftweite passt man durch Abnäher an. Daher ist eine Öffnung erforderlich, um den Rock anzuziehen. Das gilt jedoch nicht für sehr weite Röcke mit Gummizug.

Konstruktion des geraden Grundmodells mit einem Abnäher halb vorn

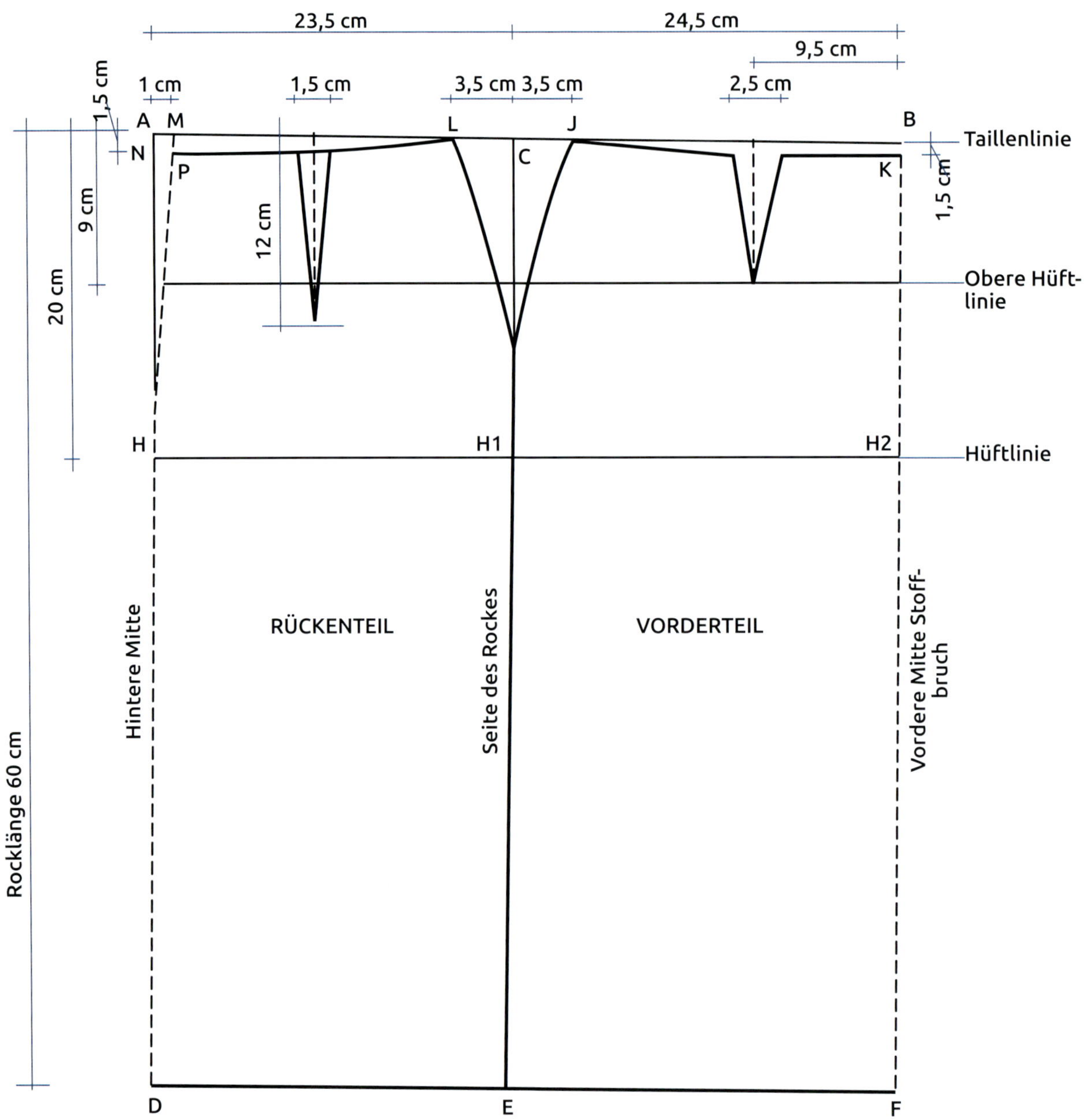

Schnittmuster für den Grundrock
($^1/_2$ Rückenteil und $^1/_2$ Vorderteil)

BILD 1

Beispiele für Maße, die bei der Grundkonstruktion für den Rock benutzt werden: Taillenweite = 72 cm; Hüftweite = 96 cm; Hüfthöhe = 20 cm; obere Hüfthöhe = 9 cm; Rocklänge = 60 cm.

1. Eine Horizontale AB = Hüftweite : 2 = 96 : 2 = 48 cm zeichnen.

2. $^{1}/_{2}$ Vorderteil = CB = $^{1}/_{2}$ (AB + 1 cm) = (48 + 1) : 2 = 24,5 cm.

3. $^{1}/_{2}$ Rückenteil = AC = $^{1}/_{2}$ (AB – 1 cm) = (48 – 1) : 2 = 23,5 cm.

4. Drei vertikale Linien zeichnen: AD (Hintere Mitte) = CE (Seitenlinie) = BF (vordere Mitte Stoffbruch) = 60 cm = Rocklänge.

5. D, E und F verbinden, dann H, H1 und H2 so abtragen, dass AH = CH1 = BH2 = 20 cm (Hüfthöhe); Hüftlinie durch H, H1 und H2 ziehen.

6. Berechung der Stoffmenge für die Taillenabnäher (für das Schnittmuster für $^{1}/_{2}$ Rückenteil und $^{1}/_{2}$ Vorderteil: $^{1}/_{2}$ Hüftweite – $^{1}/_{2}$ Taillenweite = (96 : 2) – (72 : 2) = 12 cm.

Anschließend durch 2 teilen, um die Stoffmenge für $^{1}/_{2}$ Rückenteil oder $^{1}/_{2}$ Vorderteil zu erhalten: 12 : 2 = 6 cm.

Achtung!
Diese Konstruktionstechnik für das Schnittmuster des geraden Rockes mit einem Abnäher halb vorn wendet man an, wenn der Unterschied zwischen Taillen- und Hüftweite nicht allzu groß ist. Dieser Grundrock wird während der Abwandlungen zum Zerlegen (z. B. für Röcke mit niedriger Taille, ausgestellte Röcke, Bahnenröcke) benutzt.

Stoffmenge für Abnäher am ½ Vorderteil

1. Halbe Weite des Abnähers an der Seite = CJ = 3,5 cm. JH1 mit dem Schneiderlineal zeichnen.

2. Vorderen Abnäher auf Taillenhöhe etwa 9,5 cm von der vorderen Mitte entfernt platzieren. Dieser Wert entspricht in der Regel der Brustzugabe: Beträgt die Brustzugabe 19 cm, ist der vordere Abnäher 19 : 2 = 9,5 cm von der vorderen Mitte zu platzieren. Breite des vorderen Abnähers = 2,5 cm auf der Taillenlinie, Länge des vorderen Abnähers = 9 cm.

3. Auf der vorderen Mittellinie K auf 1,5 cm unter B setzen und J mit einer leicht konkaven Linie verbinden (diese Linie nach dem Schließen des Abnähers neu zeichnen). Bestimmung der Stoffmenge für den Abnäher: 3,5 + 2,5 = 6 cm.

Achtung!
Die Zahl der Abnäher hängt von der Differenz zwischen Taillen- und Hüftweite ab: Ist diese sehr ausgeprägt, sind mehr Abnäher vorzusehen – zwei oder drei pro Rockviertel – und die gesamte Stoffmenge ist durch die Zahl der Abnäher zu teilen.

Stoffmenge für Abnäher am ½ Rückenteil

1. Halbe Weite des Abnähers an der Seite = CL = 3,5 cm. LH1 mit dem Schneiderlineal zeichnen.

2. Auf die hintere Mittellinie einen Abnäher in der halben Weite von 1 cm (AM) setzen. Länge des Abnähers bis zur Hüftlinie; HM zeichnen.

3. In die Mitte von ML einen Abnäher setzen, Weite = 1,5 cm, Länge = 12 cm.

4. Auf die hintere Mittellinie N um 1,5 cm unter A setzen.

5. Eine leicht konkave Linie PL zeichnen (nach der Schließung des Abnähers neu zu zeichnen). Bestimmung der Stoffmenge für den Abnäher: 3,5 + 1,5 + 1 = 6 cm.

Mit dieser Technik erhält man auf einfachem Wege eine präzise Arbeitsgrundlage, um ein Modell zu konstruieren, das sich für jede Person und jede Abwandlung eignet.

Wichtig!
Die Weite eines seitlichen Abnähers darf 4 bis 5 cm nicht überschreiten, die eines Abnähers hinten 3 bis 4 cm und die eines Abnähers vorn 2 bis 3 cm.

Konstruktion des geraden Grundmodells mit zwei Abnähern halb vorn

Diese Abwandlung mit zwei Abnähern halb vorn wendet man an, wenn der Unterschied zwischen Taillenweite und oberer Hüftweite sehr ausgeprägt ist.

Die für das vorige Modell ermittelte Stoffmenge für vordere Abnäher ist für zwei Abnäher durch 2 zu teilen.

Beispiel: Weite des vorderen Abnähers für das vorige Modell = 2,5 cm, Weite der beiden Abnäher jeweils 2,5 : 2 = 1,25 cm.

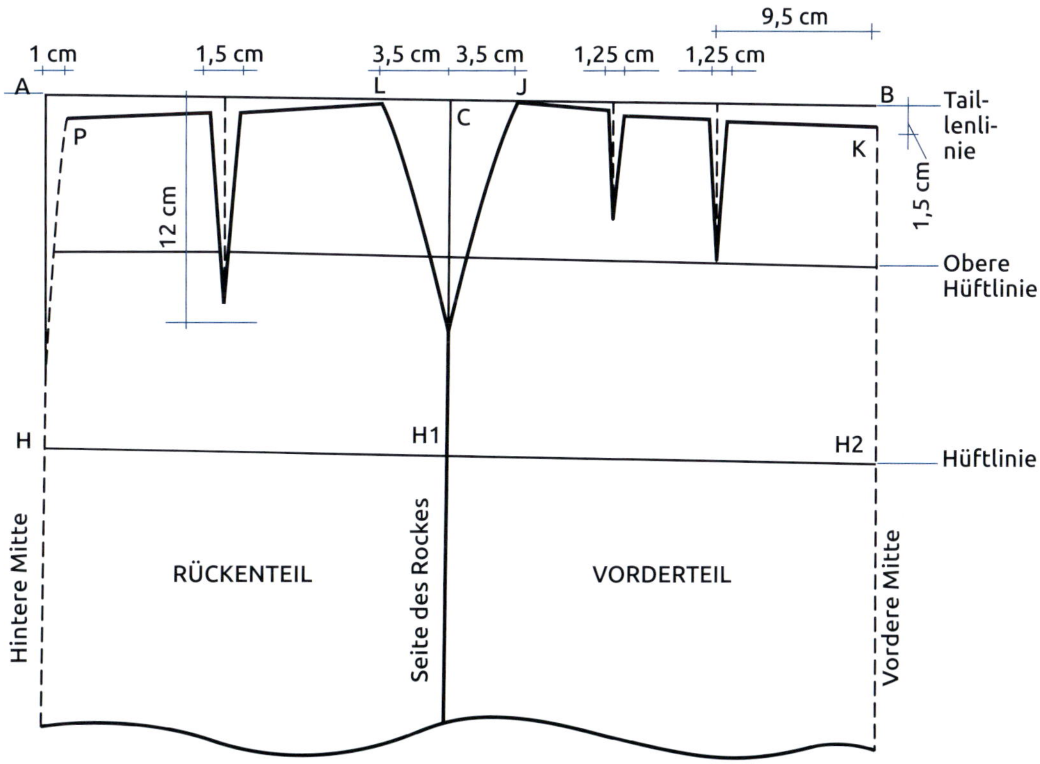

Den ersten Abnäher wie beim vorigen Modell platzieren (in einem Abstand B entsprechend der Brustzugabe geteilt durch 2). Achse des Abnähers zeichnen, Weite und Länge (9 cm) abtragen.

Der zweite Abnäher kommt in die Mitte zwischen J und dem ersten Abnäher. Achse des Abnähers zeichnen, Weite und Länge (1 bis 1,5 cm weniger als der erste) abtragen.

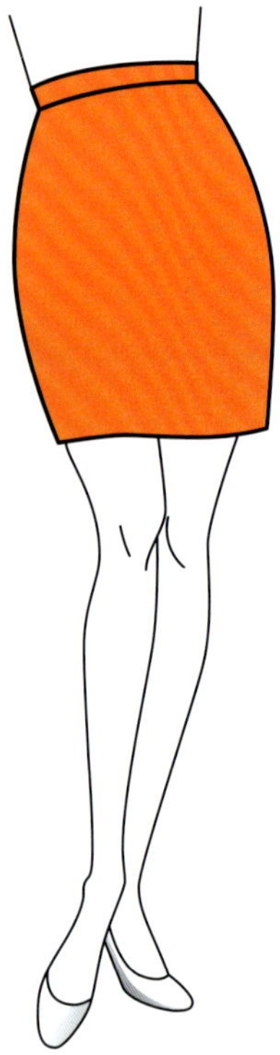

Etuirock

Die eng am Körper anliegenden Etuiröcke werden meist aus elastischem Stoff gefertigt, damit sie bequemer sitzen. Beim Zuschnitt das Schnittmuster in der Dehnrichtung des Stoffes auflegen

Für die Konstruktion des Schnittmusters muss man die Elastizität des Stoffes kennen.

Wenn sie 5 % oder weniger beträgt, die Maße nicht reduzieren und den klassischen Grundschnitt verwenden. Wenn die Elastizität höher ist, sind die Maße zu reduzieren, indem sie mit folgendem Faktor multipliziert werden:

Beispiel: Wert der Elastizität = 12 %.

Wert der Elastizität durch 2 teilen, also 12 : 2 = 6.

Faktor = 100 % – 6 % = 94 % oder 0,94.

Alle Maße für die Konstruktion des Schnittmusters mit 0,94 multiplizieren.

Beispiel: Taillenweite = 72 cm x 0,94 = 67,68 cm; Hüftweite = 0,94 : 0,94 = 90,24 cm.

Fügen Sie keine Vergrößerung und Nahtzugabe auf dem endgültigen Schnittmuster zu, denn der Wert ist in der Berechnung bereits enthalten.

Dank der Elastizität werden keine Abnäher benötigt. Den Bund einbügeln.

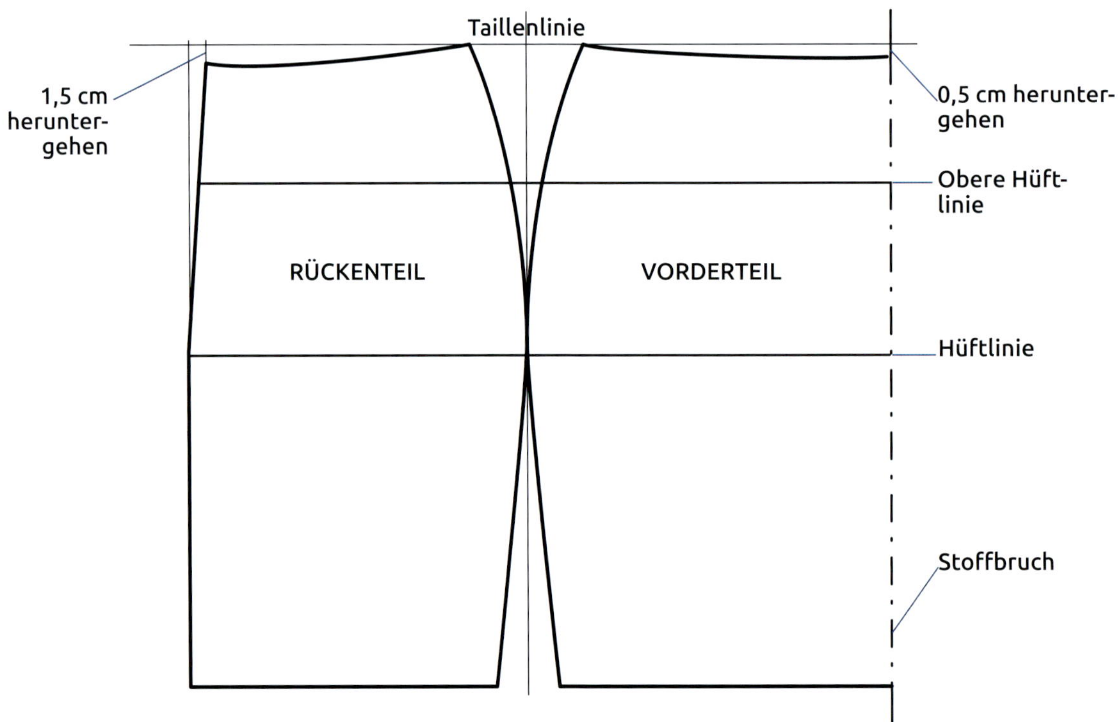

BILD 1

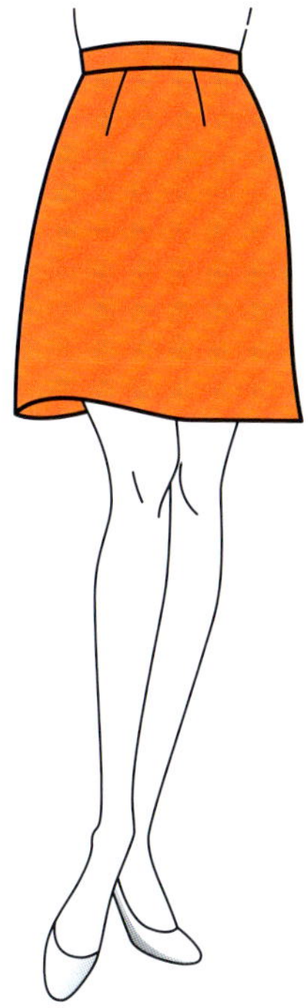

Bundarten

1. Gerader Bund in der Taille

Dieser Bund ist ein gerades Band, das den Rock in der Taille hält. Seine Länge entspricht der Taillenweite. Er muss bequem sitzen, daher
–muss er im Stoffbruch liegen (um dicke Nähte zu vermeiden), oft wird er durch einen Einbügelstoff verstärkt;
–darf er nicht breiter als 4 bis 5 cm sein. Ist er breiter, geht er über die Vertiefung oberhalb des Beckens und läuft Gefahr, Falten zu schlagen oder drückt in der Taille.

Zeichnen Sie eine Nahtzugabe von 1 cm ein.

Bringen Sie Pass- und Einsetzzeichen auf dem endgültigen Schnittmuster für den Bund an.

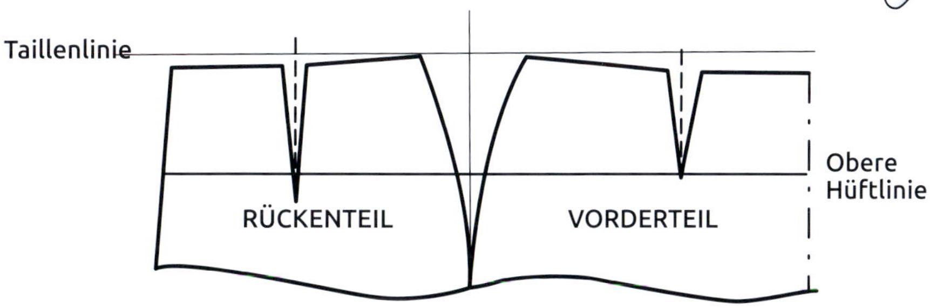

BILD 1

Die Breite der Knopfleiste und ihre Platzierung hängen von der Größe der Knöpfe und der Art des Bundes ab. In der Regel setzt man die Knopfleiste an ein Bundende.

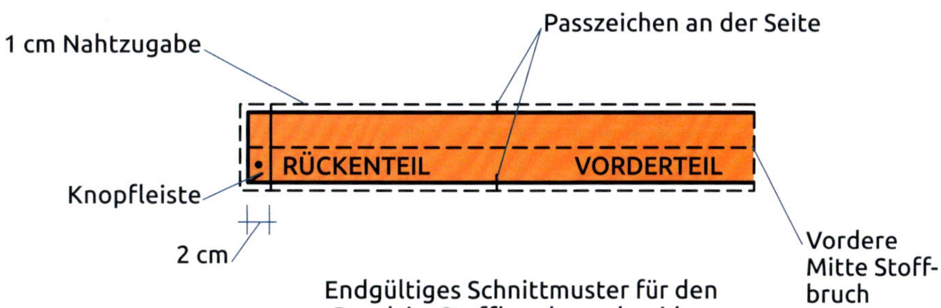

Endgültiges Schnittmuster für den Bund, im Stoffbruch zuschneiden

BILD 2

Achtung!
Bei der Länge des geraden Bundes keine Vergrößerung zugeben.

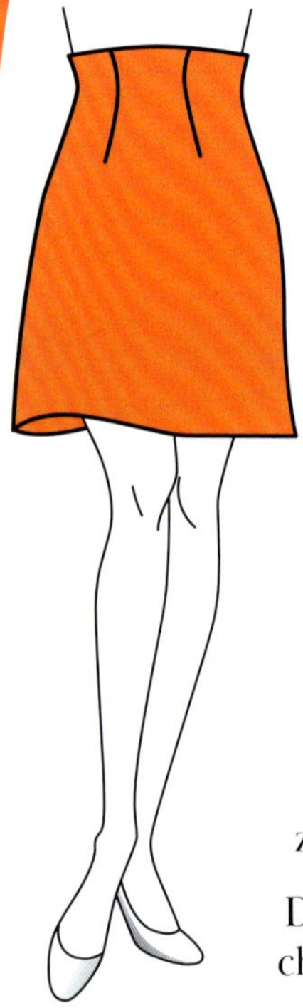

2. Formbund mit hoher Taille

Dieser Bund ist eine Verlängerung des Rockes nach oben. Er wird vor allem zur Verfeinerung der Silhouette eingesetzt.

Bei diesem Bund handelt es sich im Grunde um den Besatz der oberen Rockpartie.

Zunächst den Grundschnitt für den Rock zeichnen.

Maß der Taillenlinie nehmen und parallel zur Taillenlinie auf der gewünschten Höhe abtragen. Höhe oberhalb der Taille: etwa 10 bis 15 cm (ist der Bund noch höher, benötigt er Träger). Höhe unterhalb der Taille: etwa 5 bis 10 cm (Bild 1).

Dann der Form des Körpers folgen, an den Seiten etwa 1,5 cm zugeben (Bild 1).

Den Formbund auf dem gleichen Schnittmuster und aus dem gleichen Stoff oder Futter wie den Rock zuschneiden.

Stets ein Einbügelband verwenden, damit der Bund fester wird.

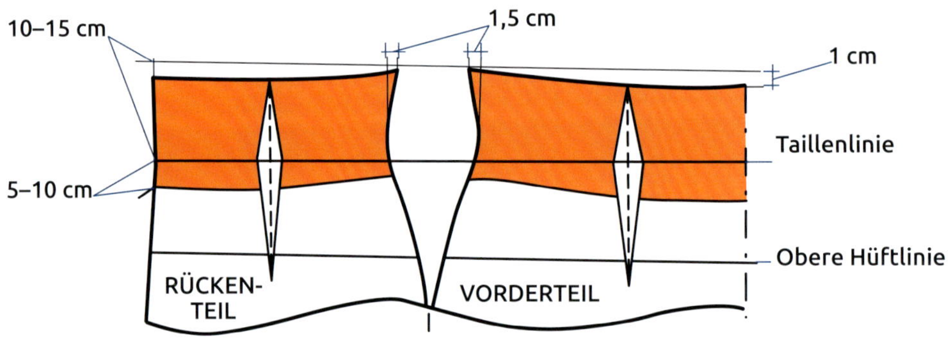

BILD 1

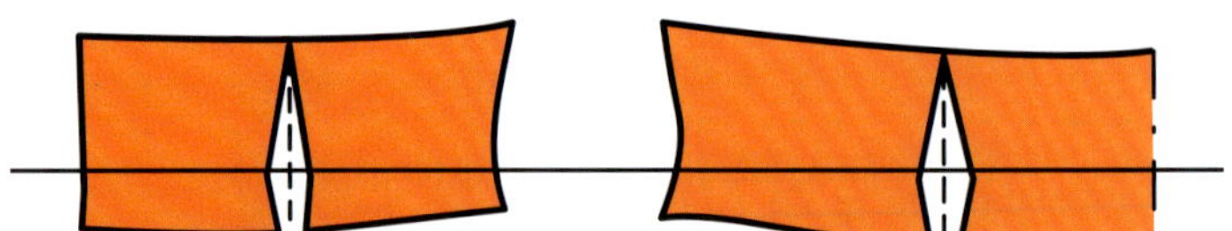

Hinterer Formbund (Besatz)

BILD 2

Vorderer Formbund (Besatz)

BILD 3

3. Angesetzter Bund mit tiefer Taille

Für die Konstruktion des Schnittmusters für diesen Bund zunächst die Zeichnung für den ausgestellten Rock (Bild 2 und 3, Modell 4, S. 137) abpausen.

Die beste Platzierung für diesen Bund ist auf der oberen Hüftlinie, etwa 10 cm unterhalb der Taille. Seine Breite beträgt in der Regel 3 bis 5 cm.

Maß der Taillenlinie nehmen und zweimal parallel zur Taillenlinie auf der gewünschten Höhe einzeichnen, einmal oberhalb der oberen Hüftlinie, einmal darunter. Der Abstand zwischen beiden Linien ist die Breite des Bundes.

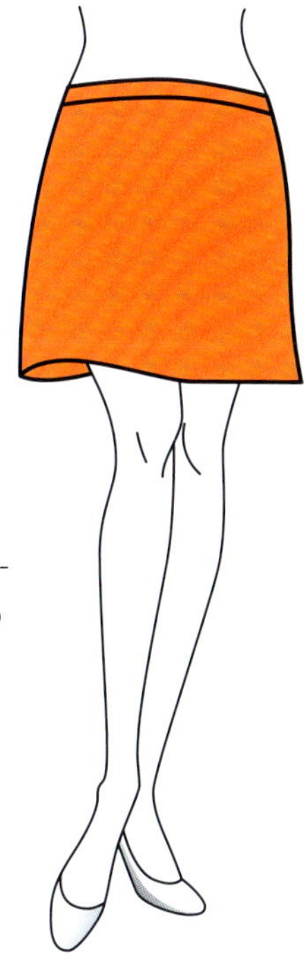

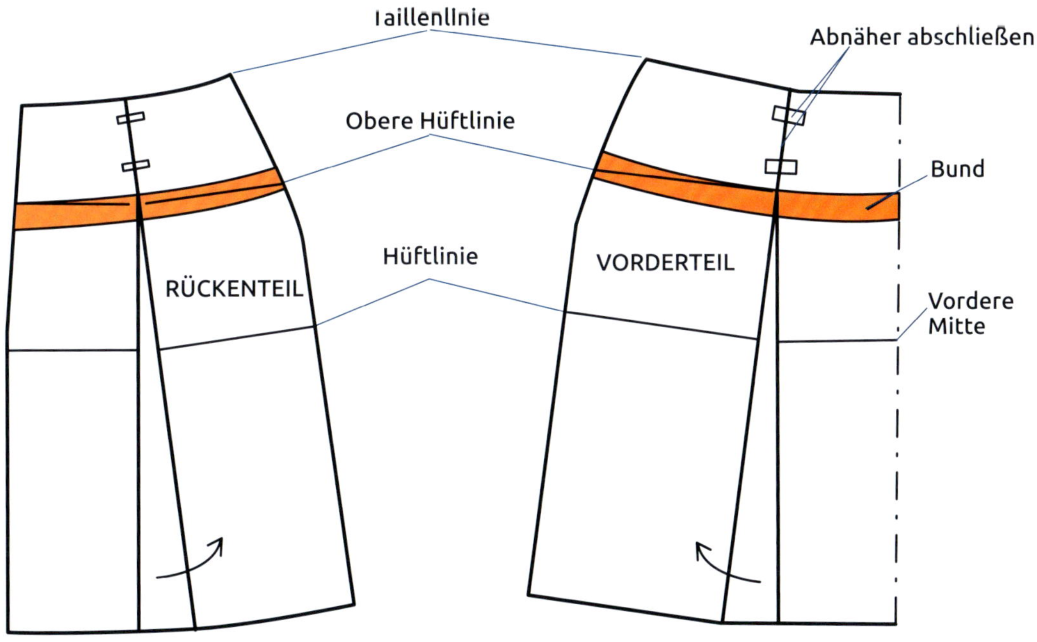

BILD 1

Anschließend beide Teile trennen: Bund und Unterteil des ausgestellten Rockes. Untere Partie des Schnittmusters für den Rock neu zeichnen (Bild 4 und 5).

Nahtzugabe von 1 cm hinzufügen. Pass- und Einsetzzeichen anbringen.

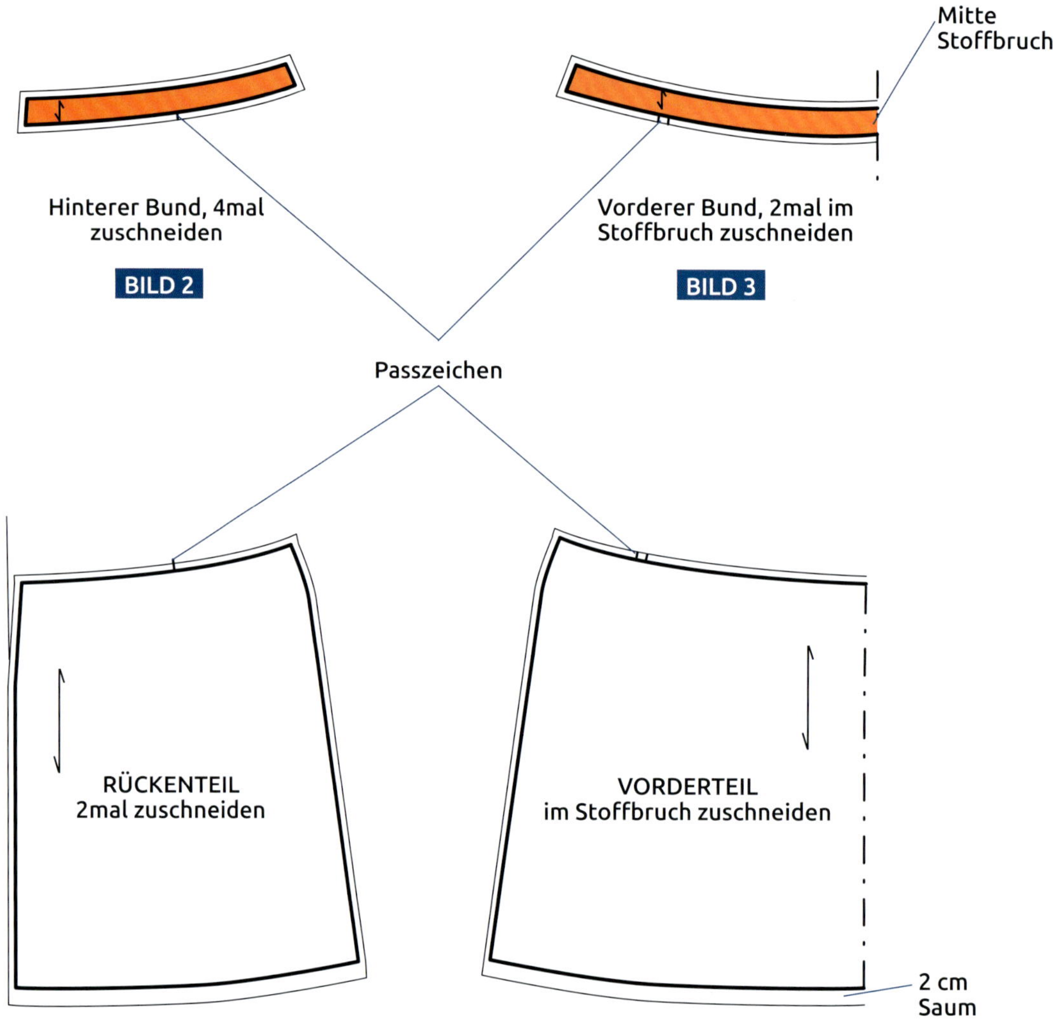

Endgültiges Schnittmuster für das Rückenteil

BILD 4

Endgültiges Schnittmuster für das Vorderteil

BILD 5

4. Formbund mit tiefer Taille

Dieser Bund hält die obere Partie des Rockes und bewahrt seine Form; er wird in den Rock gesetzt. Der Formbund kann aus dem Oberstoff oder aus dem Futter gefertigt werden, muss aber wegen der Festigkeit stets mit Einbügelband versehen werden.

Für die Konstruktion des Schnittmusters für diesen Bund zunächst die Zeichnung für den ausgestellten Rock (Bild 2 und 3, Modell 4, S. 137) abpausen.

Wie in Bild 1 gezeigt, die Höhe des Bundes festlegen (in der Regel über der oberen Hüftlinie). Maß der Taillenlinie nehmen und parallel zur Taillenlinie auf der oberen Hüftlinie einzeichnen.

Die obere Partie von Vorder- und Rückenteil entfernen (Bild 1, in Orange).

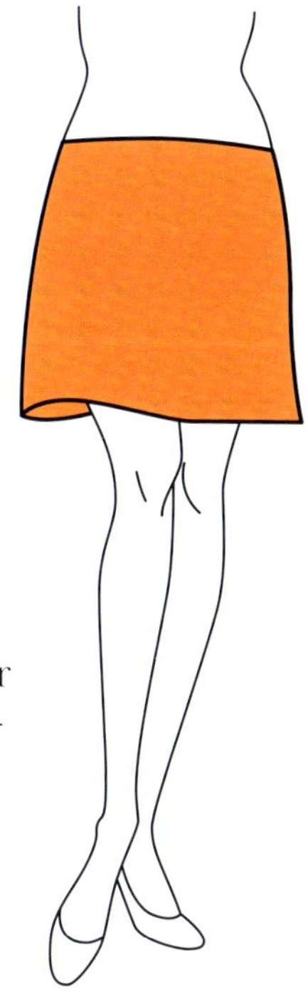

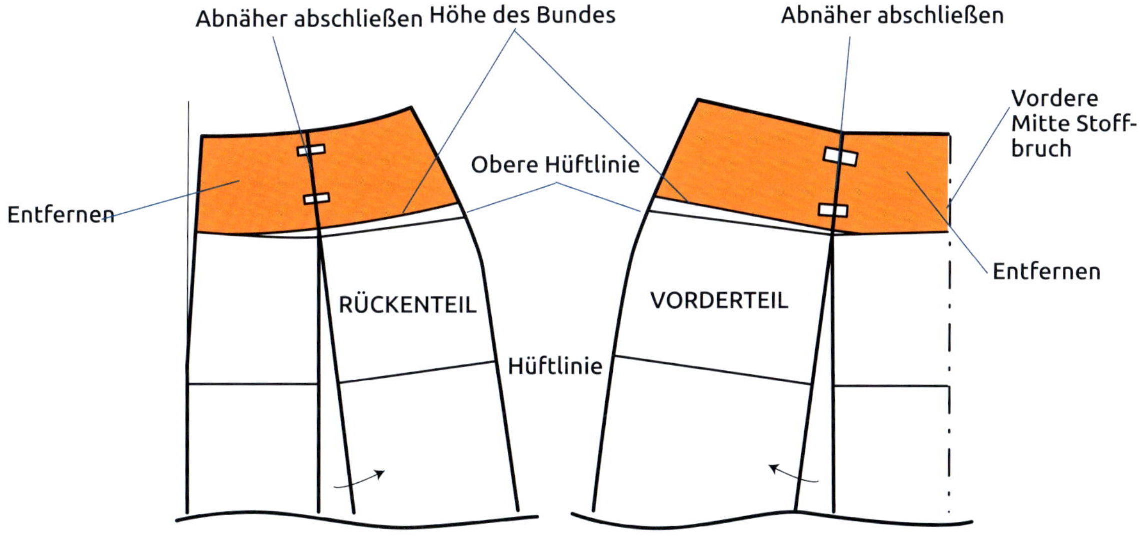

BILD 1

Dann auf dem entstandenen Schnittmuster die Breite des Formbunds zeichnen: etwa 7 bis 10 cm (Bild 4).

Danach die Formbünde für Vorder- und Rückenteil durchpausen (Bild 2 und 3). Nahtzugabe von 1 cm hinzufügen.

Pass- und Einsetzzeichen anbringen.

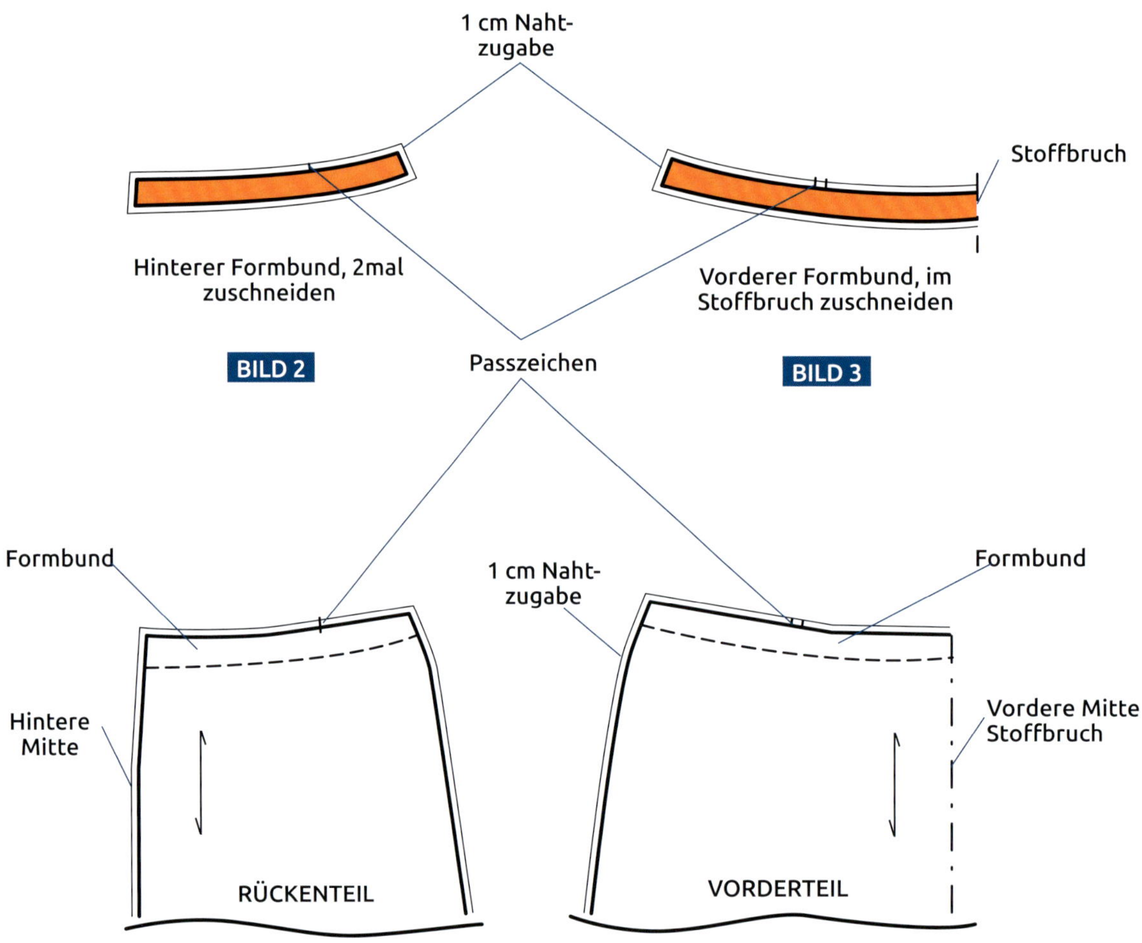

BILD 4

Schlitze

1. Einfacher Schlitz

Schlitze werden in der Regel bei geraden Röcken eingesetzt, teils aus ästhetischen Gründen (Mode), teils wegen der Bequemlichkeit und Bewegungsfreiheit.

Auf dem nach Maß gefertigten Grundschnitt des Rockes die Schlitzhöhe festlegen (hier etwa 15 cm).

Für das Schnittmuster dieses Schlitzmodells gibt es zwei Optionen: Die Entscheidung hängt von der Stärke des Stoffes und der Verarbeitungsqualität ab.

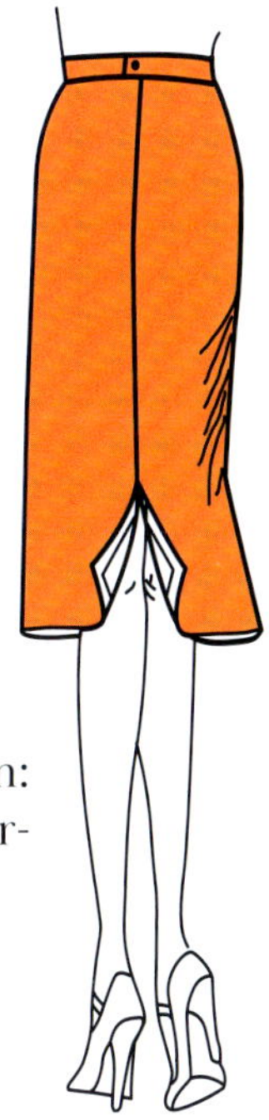

Erste Methode

Dieses ist die einfachste Konstruktionsmethode.
Entlang der hinteren Mittellinie auf etwa 17 cm das Faltenteil von etwa 3 cm Breite zugeben. Dazu an der Rockunterkante einen Saum in der gleichen Breite wie das Faltenteil zufügen (Bild 1). Nachteil: Hier liegen beim Nähen mehrere Stofflagen übereinander (Bild 2).

Zweite Methode

Um diese Stofflagen zu vermeiden, den Winkel zwischen dem Einschlag des Schlitzes und dem des Saumes auf 45° beschneiden (Bild 3). Diese Methode wird oft in der Haute Couture angewandt, wo die Verarbeitung hochwertiger ist.

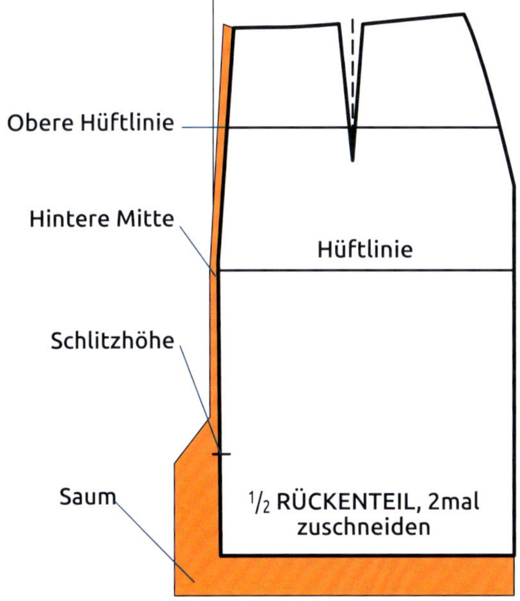

BILD 1

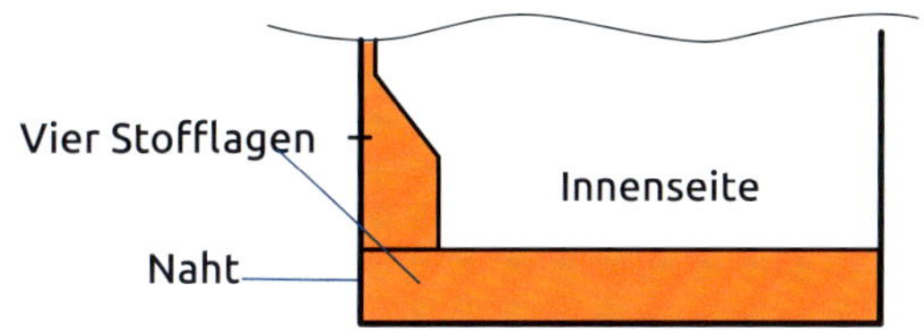

BILD 2

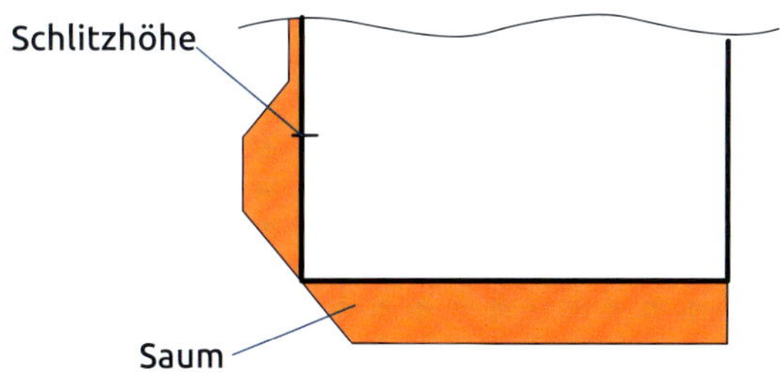

BILD 3

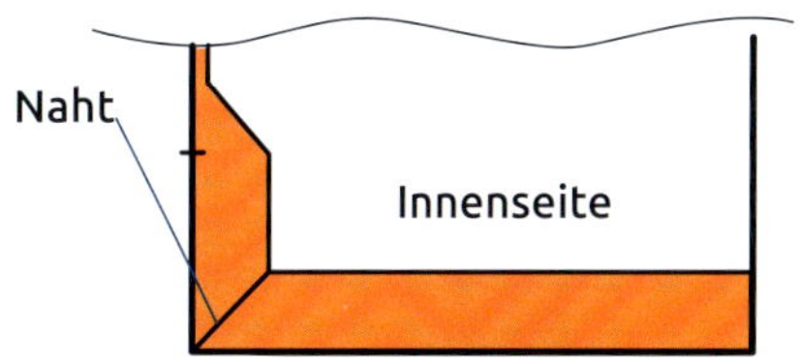

BILD 4

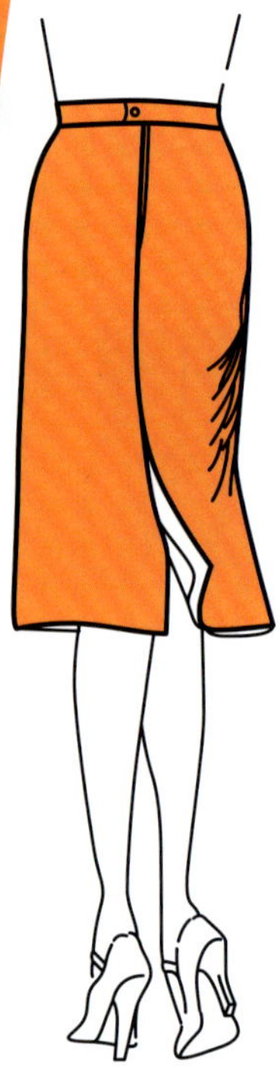

2. Schlitz mit flacher Falte, geöffnet oder geschlossen

Bei diesem Schlitz wird die flache Falte in das Rückenteil des Rockes eingesetzt, und zwar in der Mittelnaht.

Für die geöffnete und die geschlossene Falte wird das gleiche Schnittmuster verwendet; der Unterschied besteht im Vernähen: Bei der geschlossenen Falte wird sie über die gesamte Länge vernäht, bei der geöffneten nicht.

In beiden Fällen ist aber die Breite der Falte abzusteppen, damit sie sich nicht verformt.

Zunächst den Grundschnitt für den Rock nach den genommenen Maßen konstruieren.

Die Schlitzhöhe auf der hinteren Mittellinie bestimmen (Bild 1).

Rechts und links die Breite der Falte, mindestens 3 cm, zugeben.

Pass- und Einsetzzeichen auf dem endgültigen Schnittmuster anbringen.

An der Unterkante des Rockes die Nahtzugabe von 1 cm und einen Saum in der Breite der Falte hinzufügen.

Der Schlitz mit der Falte erhält seine endgültige Form durch das Bügeln: Die linke Seite wird entlang der hinteren Mittellinie umgelegt (Stoffbruch auf Bild 1), die rechte Seite ergibt das Faltenteil (Bild 2).

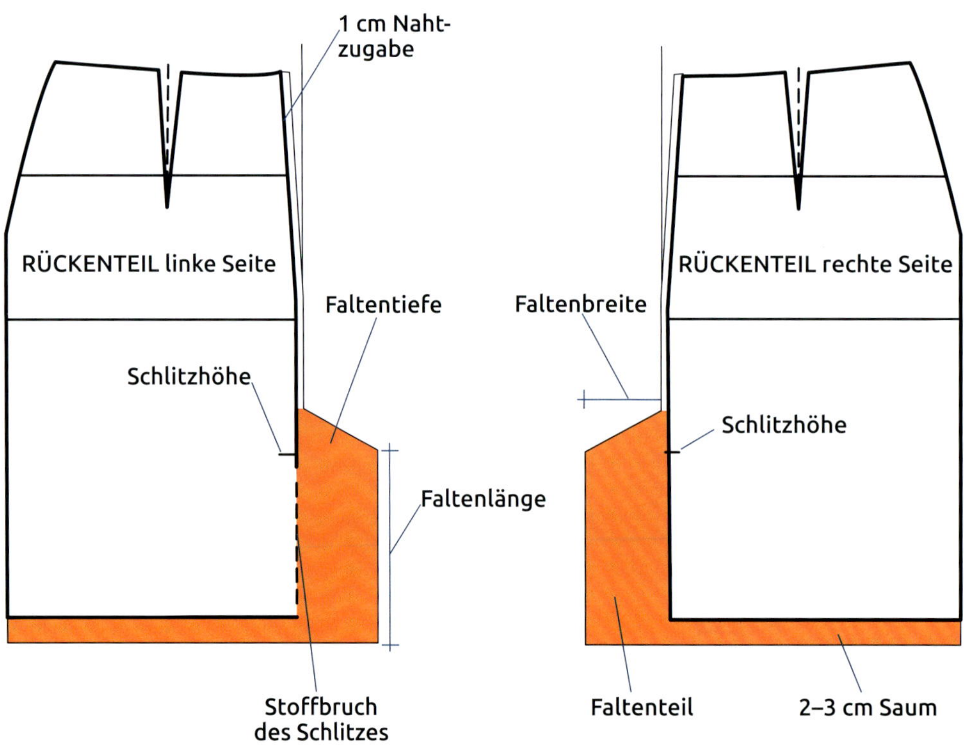

BILD 1 BILD 2

3. Schlitz mit Kellerfalte

Bei diesem Modell wird die Falte in der hinteren Rockmitte eingearbeitet. Hier wird zum besseren Verständnis ein vollständiges Schnittmuster verwendet, es lässt sich aber auch falten.

Den Grundschnitt für den Rock nach den genommenen Maßen konstruieren.

Hinten in der Mitte die Faltenhöhe festlegen, dann 2 bis 3 cm darunter die Nahtverriegelung markieren (Bild 1).

Dann werden die Faltentiefe (Bild 1, in Orange) und das Faltenteil (in Blau) hinzugefügt, beide in derselben Breite. Diese Breite beträgt in der Regel 5 cm. Werte darüber hinaus können die Bewegungsfreiheit einschränken.

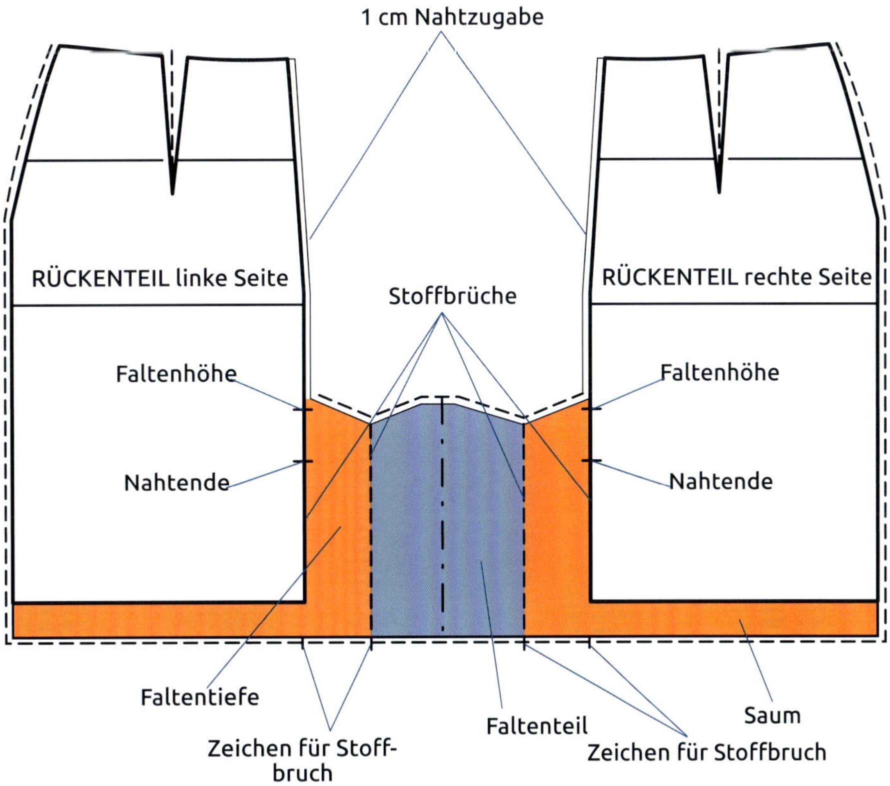

BILD 1

Dieses Modell lässt sich aus einem Stück zuschneiden, es bieten sich aber getrennte Teile an, um Stoff zu sparen (Bild 2, 3 und 4).

Eine Nahtzugabe von 1 cm, Pass- und Einsetzzeichen sowie Zeichen für den Stoffbruch hinzufügen.

Beim Bügeln des Schlitzes mit Kellerfalte ist darauf zu achten, dass die Mitte des Faltenteils stets in der Rockmitte verläuft, um eine optimale Passform zu gewährleisten.

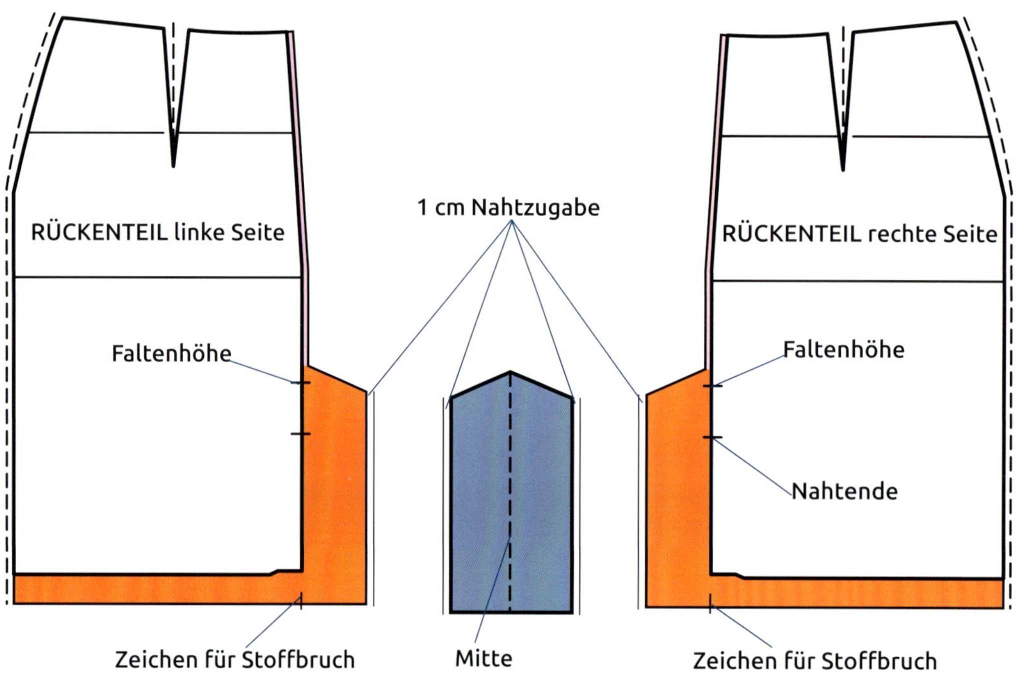

Linke Seite mit Faltenteil

BILD 2

Faltenteil, im Stoffbruch zuschneiden

BILD 3

Rechte Seite mit Faltenteil

BILD 4

Rockmodelle

Die hier gezeigten Modelle wurden ausgewählt, um die Techniken für die Konstruktion von Schnittmustern für Röcke anzuwenden (Zerlegen, Aufdrehen).
Um eine selbstständige Arbeit und viel Kreativität zu ermöglichen, werden bestimmte Teile nicht systematisch festgelegt: Vergrößerung, Breite der Falten oder Bahnen, Platzierung von Verschlüssen etc.
Legen Sie diese Elemente daher vor der Abwandlung des Grundschnitts fest.

Rock mit Kellerfalten

Modell 1

Um das Schnittmuster für dieses Modell zu erhalten, zunächst den Grundschnitt nach den Körpermaßen zeichnen und dann die Technik des vertikalen Zelegens anwenden.

Dieses Modell wurde wegen seiner Optik und der einfachen Konstruktion ausgewählt.

Achsen der Abnäher für Rücken- und Vorderteil verlängern.

Zuschneiden und die zugeschnittenen Partien trennen.

Die zugeschnittenen Teile auf einem neuen Bogen legen (um die Linie der Falten zu zeichnen).

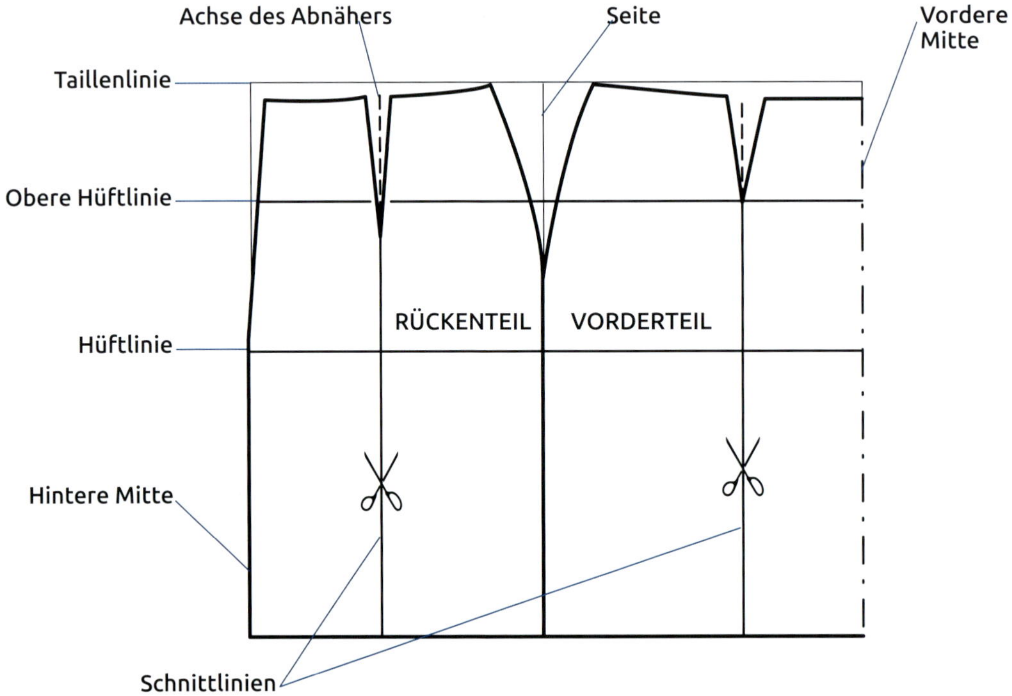

Grundschnitt für den Rock
BILD 1

Die Teile wie in Bild 2 auf den gewünschten Abstand aufdrehen (hier Faltenteil = 15 cm). Dann das vordere Schnittmuster neu zeichnen (Bild 3).

Auf dem endgültigen Schnittmuster an der Unterkante des Rockes 1 cm Nahtzugabe und 2 cm Saum vorsehen.

Reichlich Pass- und Einsetzzeichen anbringen.

Die Falte erhält ihre endgültige Form durch das Bügeln:

Das Rückenteil entsteht auf die gleiche Weise. Es gibt aber viele andere Möglichkeiten: Rückenteil ohne Falte oder mit einer Falte in der Mitte, Rückenteil ohne oder mit Mittelnaht. Wo die Naht fehlt, kommt der Verschluss in eine der Rückenteilfalten oder in die Seitennaht. Dazu müssen die Falten vorn und hinten keinesfalls in der Verlängerung der Abnäher sitzen.

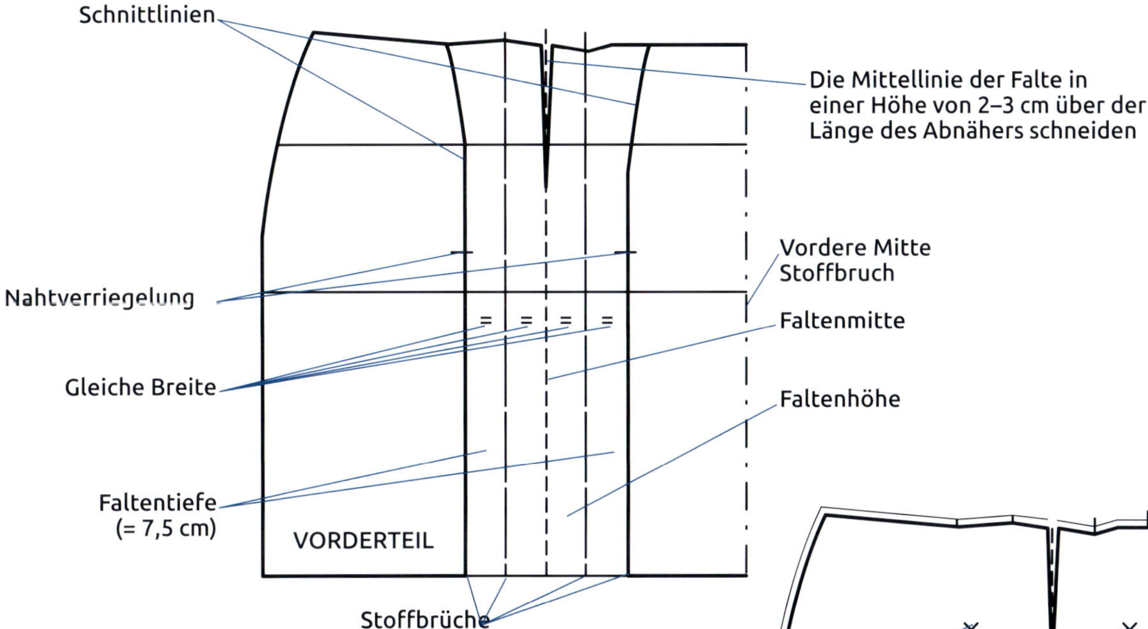

BILD 2

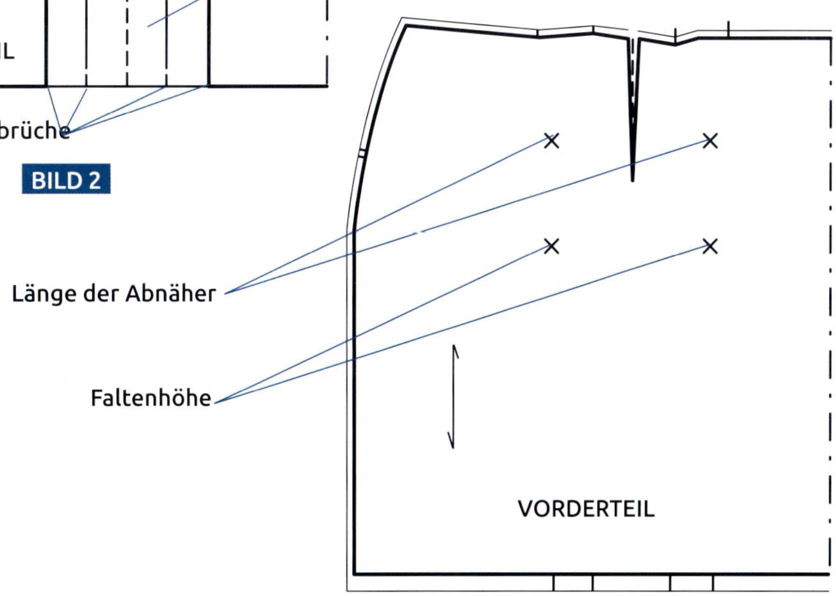

Endgültiges Schnittmuster für das Vorderteil im Stoffbruch zuschneiden

BILD 3

Rock mit Kellerfalte vorn und hinten

Modell 2

Um das Schnittmuster für dieses Modell zu erhalten, zunächst den Grundschnitt nach den Körpermaßen zeichnen und dann die Technik des vertikalen Zerlegens auf die vordere und hintere Mittellinie anwenden (Bild 1 und 2).

Bei diesem Modell kann man auf die Naht in der hinteren Mitte verzichten, die man bei fast allen Röcken findet. Man nimmt den Abnäher in der hinteren Mitte im Stoffbruch, schneidet eine Öffnung von 18 bis 20 cm für den Verschluss und schließt das Ganze beim Nähen mit einer spitz auslaufenden Naht ab (oder setzt den Verschluss in die Seitennaht).

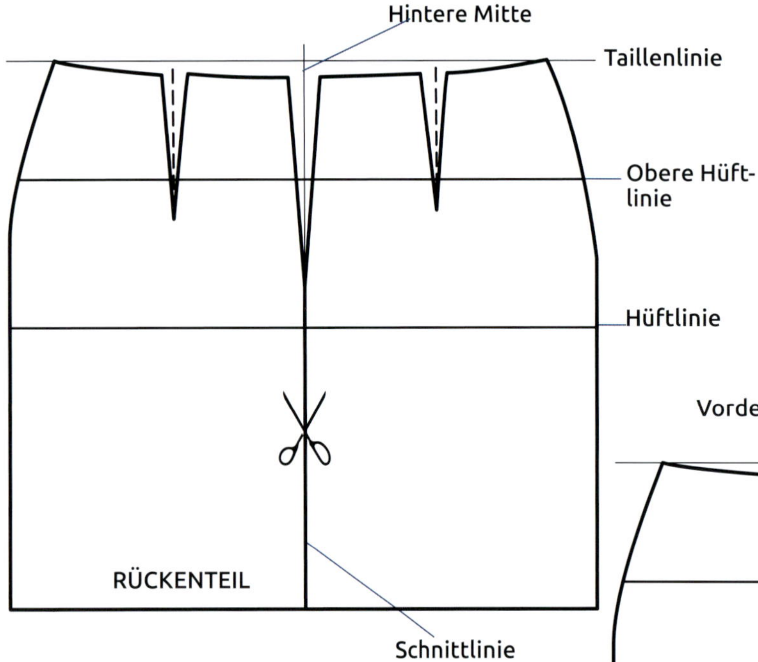

Grundschnitt für das Rückenteil

BILD 1

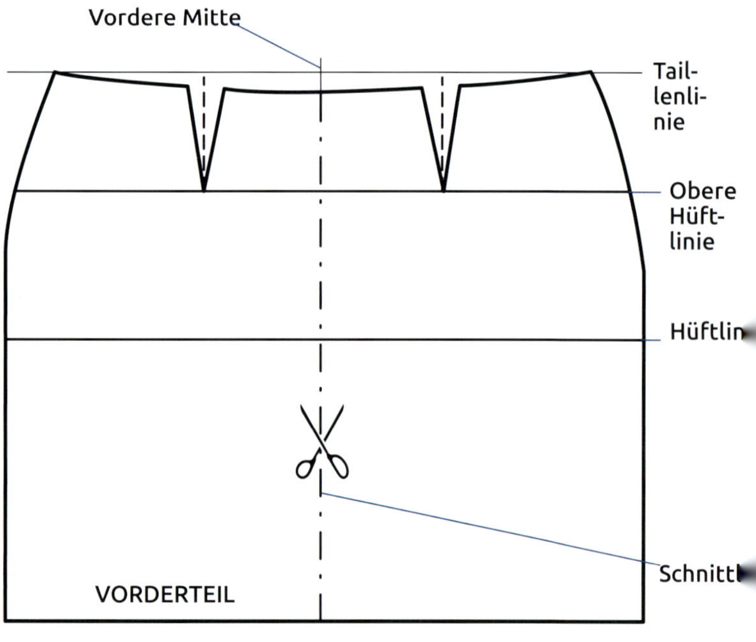

Grundschnitt für das Vorderteil

BILD 2

Anschließend die zugeschnittenen Schnittteile voneinander trennen: Die ausgeschnittenen Teile auf einen anderen Bogen legen, in der gewünschten Breite aufdrehen (Faltenteil hier = 15 cm) und das Schnittmuster für Vorder- und Rückenteil neu zeichnen.

Bei diesem Modell liegt die Höhe der Falte unterhalb der Hüftlinie (man kann aber auch eine andere Höhe wählen).

Zur Vereinfachung der Konstruktion Schnittmuster für vorn und hinten als Ganzes fertigen. Für halbe Schnittmuster benötigt man Erfahrung, die Schwierigkeit liegt oft am verwendeten Stoff und speziell seiner Stärke.

Auf dem endgültigen Schnittmuster an der Unterkante des Rockes 1 cm Nahtzugabe und 2 cm Saum vorsehen.

Pass- und Einsetzzeichen nicht vergessen.

Die Falte erhält ihre endgültige Form durch das Bügeln.

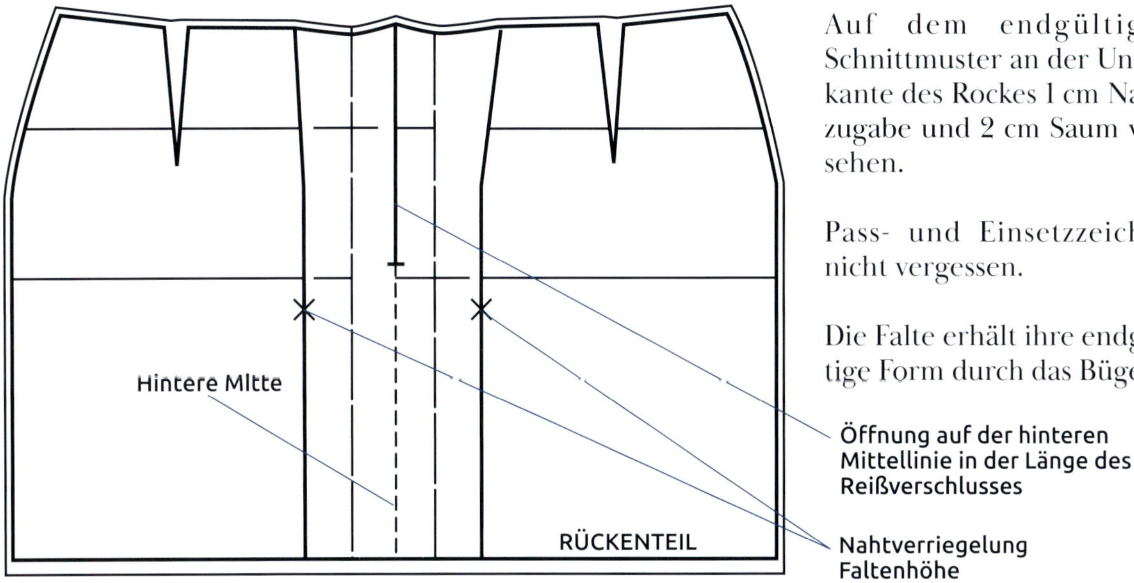

Endgültiges Schnittmuster für das Rückenteil

BILD 3

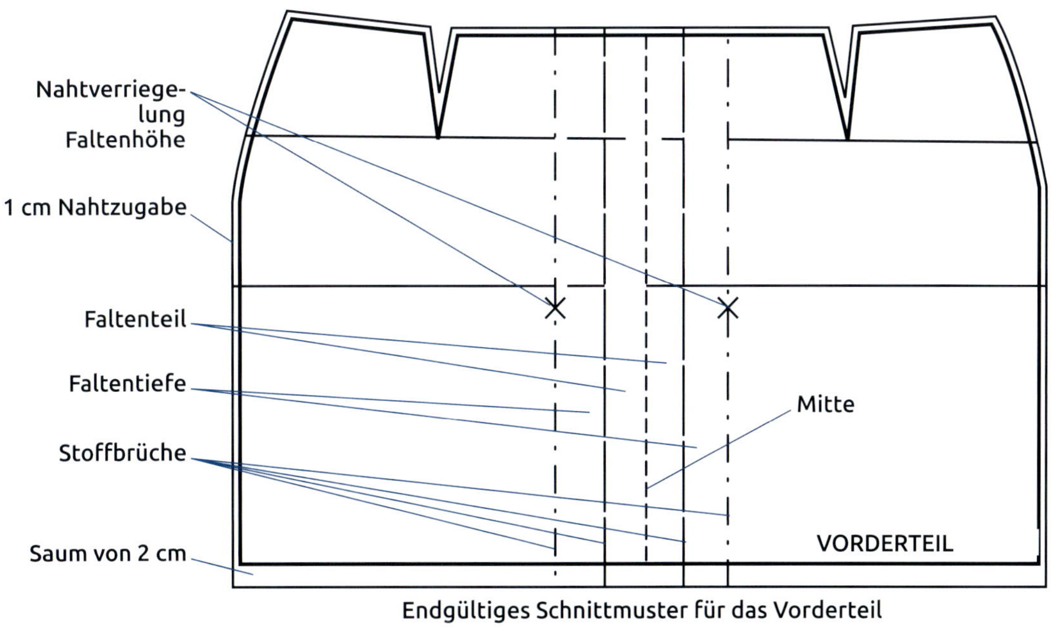

Endgültiges Schnittmuster für das Vorderteil

BILD 4

Ausgestellter Rock aus sechs Bahnen

Modell 3

Den Grundschnitt für den geraden Rock nach den genommenen Maßen konstruieren.

Da dieses Modell je zwei Nähte vorn und hinten hat, ist das Schnittmuster mit sechs separaten Bahnen zu konstruieren.

Aus ästhetischen Gründen ist die Breite der drei vorderen Bahnen wie folgt anzupassen.

1. Vorderteil

–Da das Vorderteil des Rockes aus drei Bahnen besteht, die halbe Hüftweite durch 3 teilen. Beispiel: $^1/_2$ Hüftweite = 51 cm, 51 : 3 = 17 cm = Breite jeder Bahn.

–Da das vordere Schnittmuster gefaltet konstruiert wird, beträgt die Länge der halben mittleren Bahn = 17 : 2 = 8,5 cm (Bild 1). Liegt die Achse des Abnähers im Grundschnitt am Rand der Bahn, müssen Sie im Folgenden entlang der orangefarbenen Linie zuschneiden. Liegt die Achse des Abnähers nicht am Rand der Bahn, wird sie an diesen Rand verschoben.

Für das endgültige Schnittmuster des ausgestellten Rockes jede Bahn separat durchpausen.

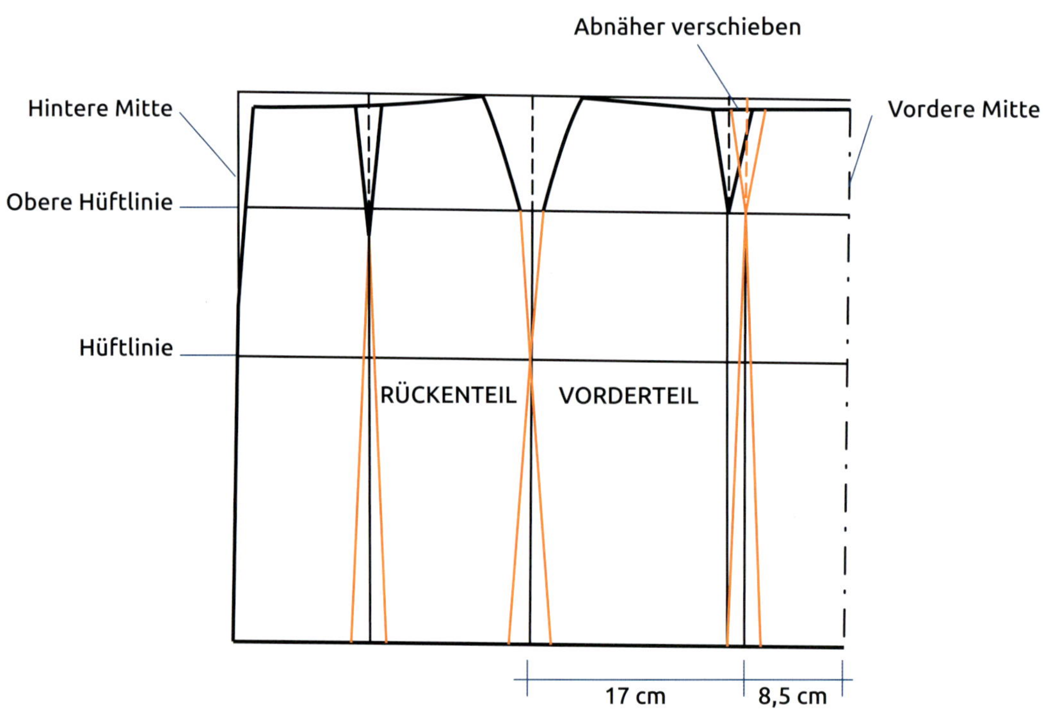

BILD 1

2. Rückenteil

Zwei Methoden sind möglich (wir entscheiden uns hier für die erste):
–Die Naht in der Mitte belassen und unter Berücksichtigung des hinteren Abnähers zuschneiden (Bild 1).
–Um die Mittelnaht zu vermeiden, wie beim Vorderteil vorgehen: Anpassung der Breite der drei Bahnen und gegebenenfalls Verlegung des Abnähers. In diesem Fall liegt die Rückenteilmitte im Stoffbruch und der Verschluss kommt an die Seite oder an die Naht zwischen zwei Bahnen.

Eine Nahtzugabe von 1 cm hinzufügen und die Pass- und Einsetzzeichen platzieren.

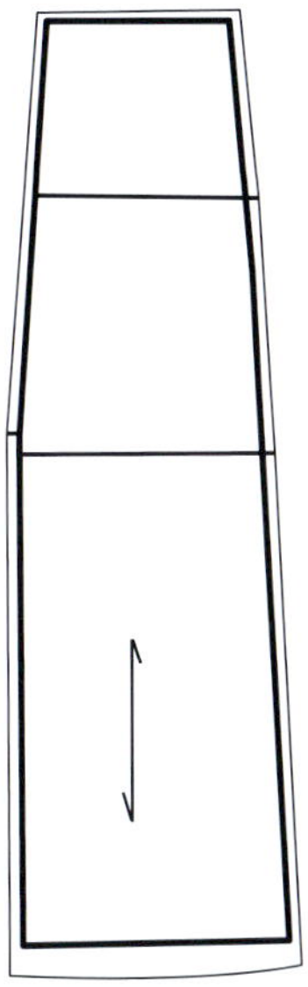

Halbes mittleres Rückenteil, 2mal zuschneiden

BILD 2

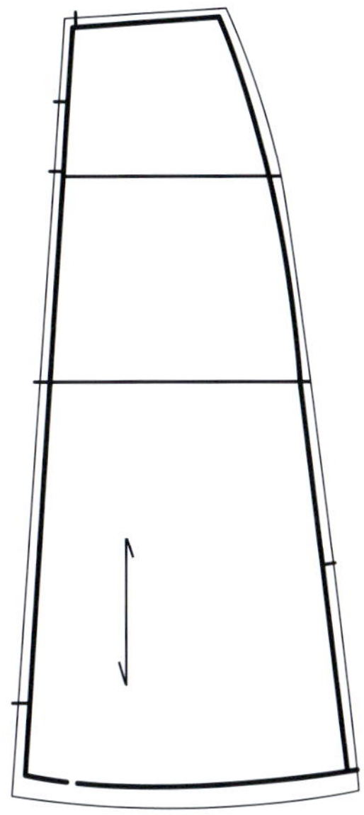

Halbes seitliches Rückenteil, 2mal zuschneiden

BILD 3

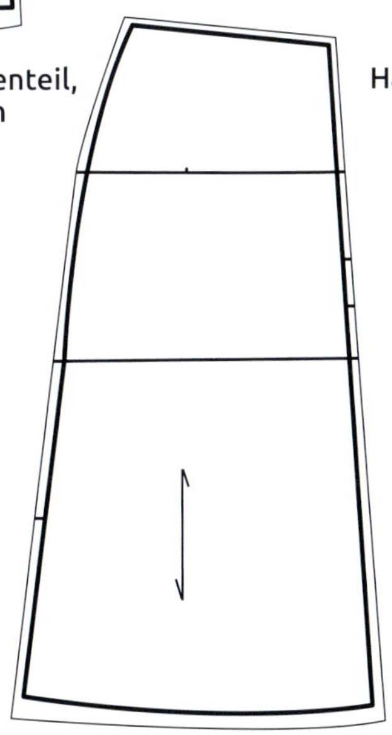

Halbes seitliches Vorderteil, 2mal zuschneiden

BILD 4

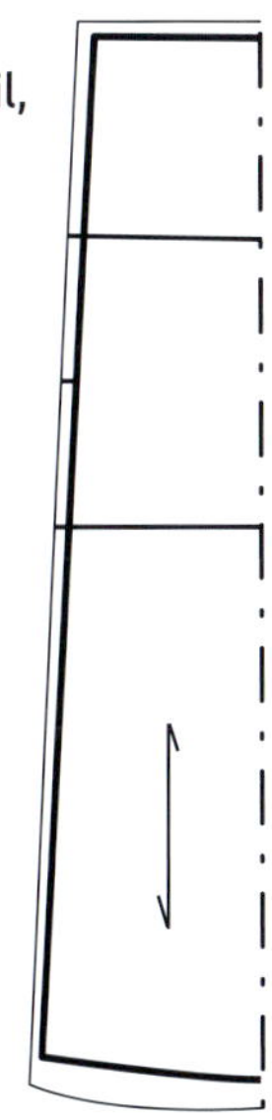

Mittleres Vorderteil, im Stoffbruch zuschneiden

BILD 5

Ausgestellter Rock ohne vordere Naht

Modell 4

Um das Schnittmuster für dieses Modell zu erhalten, zunächst den Grundschnitt für den geraden Rock nach den Körpermaßen zeichnen und dann, wie in Bild 1 gezeigt, vertikal zuschneiden.

Die Achsen des vorderen und hinteren Abnähers verlängern, um die Schnittlinien zu erhalten, danach die Partien voneinander trennen.

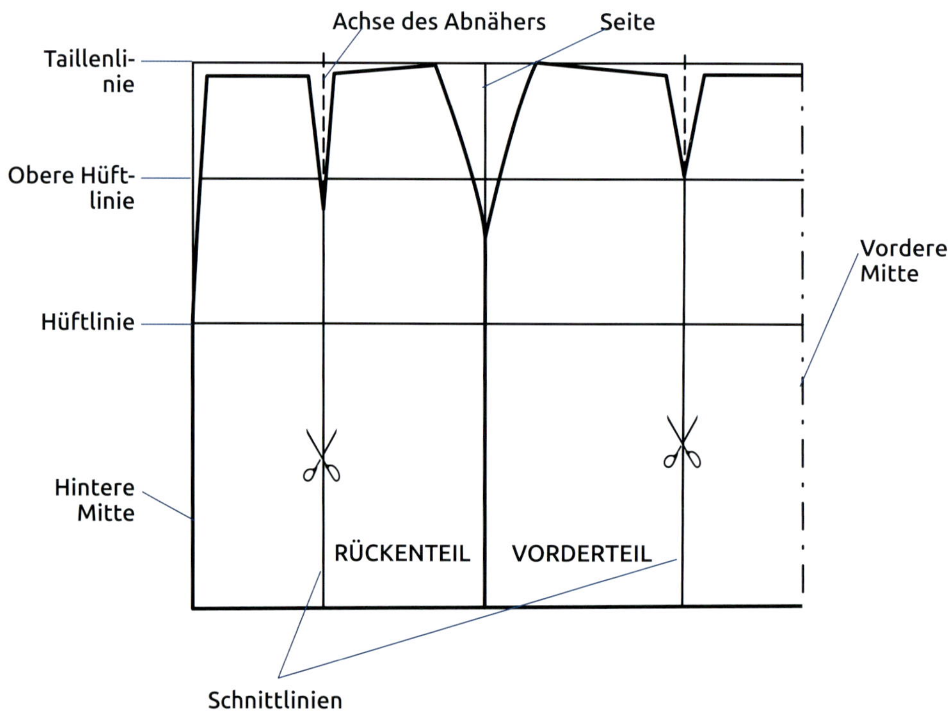

BILD 1

Die Partien auf ein anderes Blatt legen, dabei die vertikalen Mittellinien vorn und hinten beibehalten (Bild 2 und 3). Dann die seitliche Partie aufdrehen, dabei die Abnäher abschließen.

Die Kontur des Schnittmusters neu zeichnen und alle beim Aufdrehen der Rockunterkante entstandenen Ecken abrunden.

An der Unterkante eine Nahtzugabe von 1 cm und einen Saum von 2 cm hinzufügen und die Pass- und Einsetzzeichen einzeichnen.

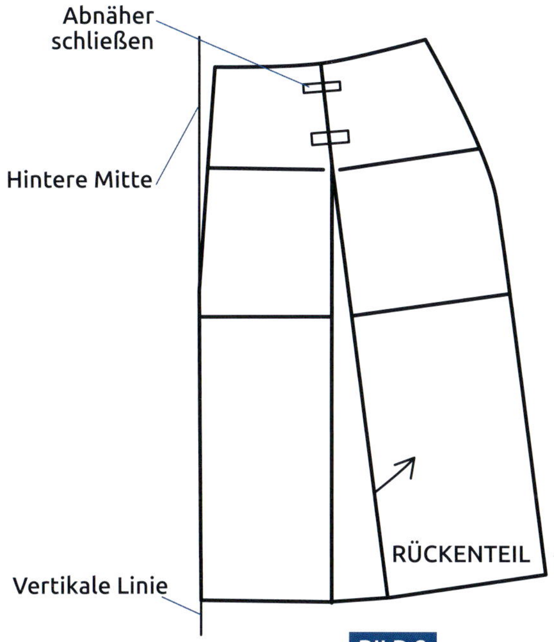

BILD 2

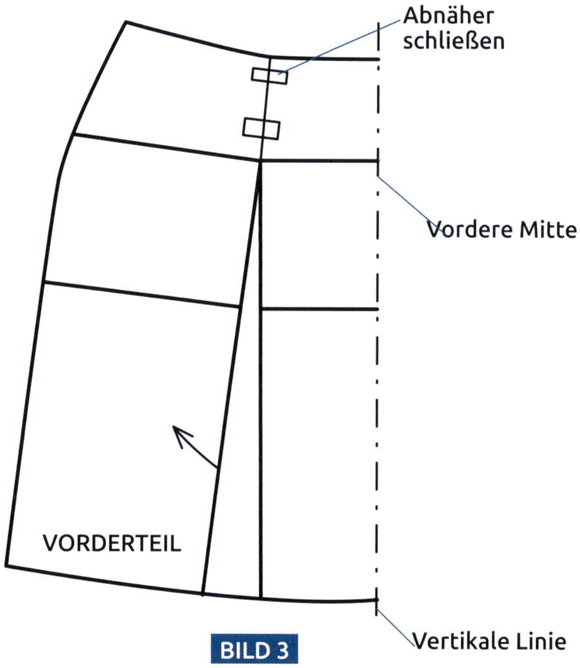

BILD 3

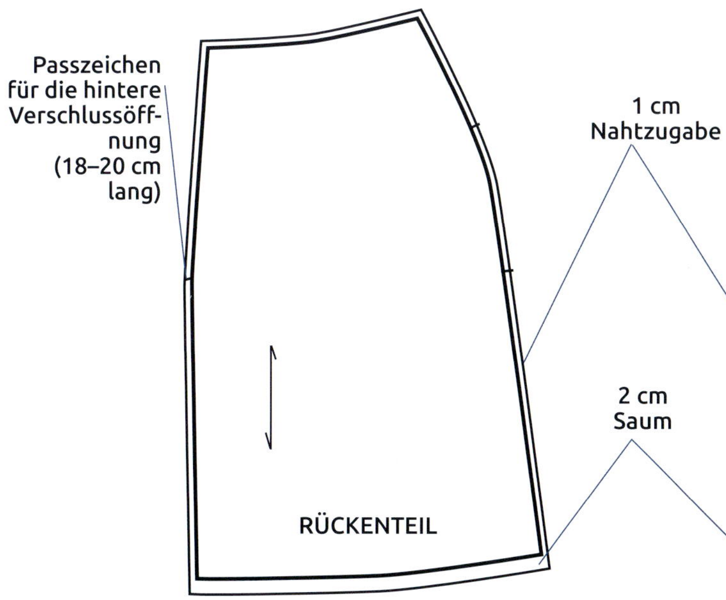

Endgültiges Schnittmuster für das Rückenteil, 2mal zuschneiden

BILD 4

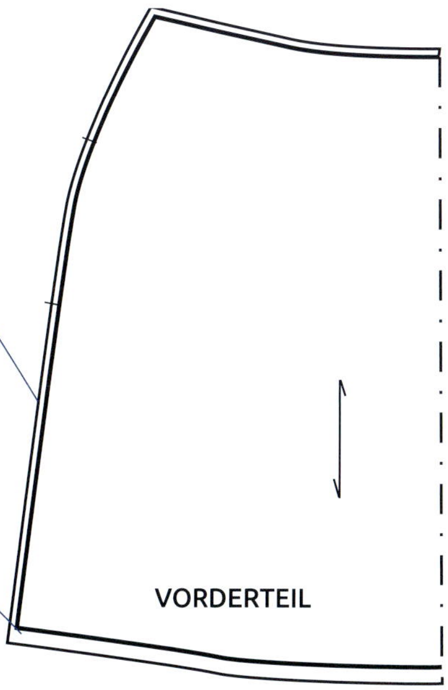

Endgültiges Schnittmuster für das Vorderteil, im Stoffbruch zuschneiden

BILD 5

Rock mit Godets

Modell 5

Zunächst den Grundschnitt für den geraden Rock nach den genommenen Maßen konstruieren.

Dann die Höhe der Godets festlegen: Am besten beginnen Sie über dem Knie, um die Bewegungen nicht einzuschränken. In diesem Beispiel ist der Rock 75 cm und das Godet 25 cm lang.

Dann vertikal zerlegen, um die drei Bahnen für vorn und die drei Bahnen für hinten zu erhalten, alle in derselben Breite (Bild 1). Gegebenenfalls die Abnäher verschieben, damit sie mit den Schnittlinien übereinstimmen (Verschiebung der Abnäher siehe Modell 3, S. 134).

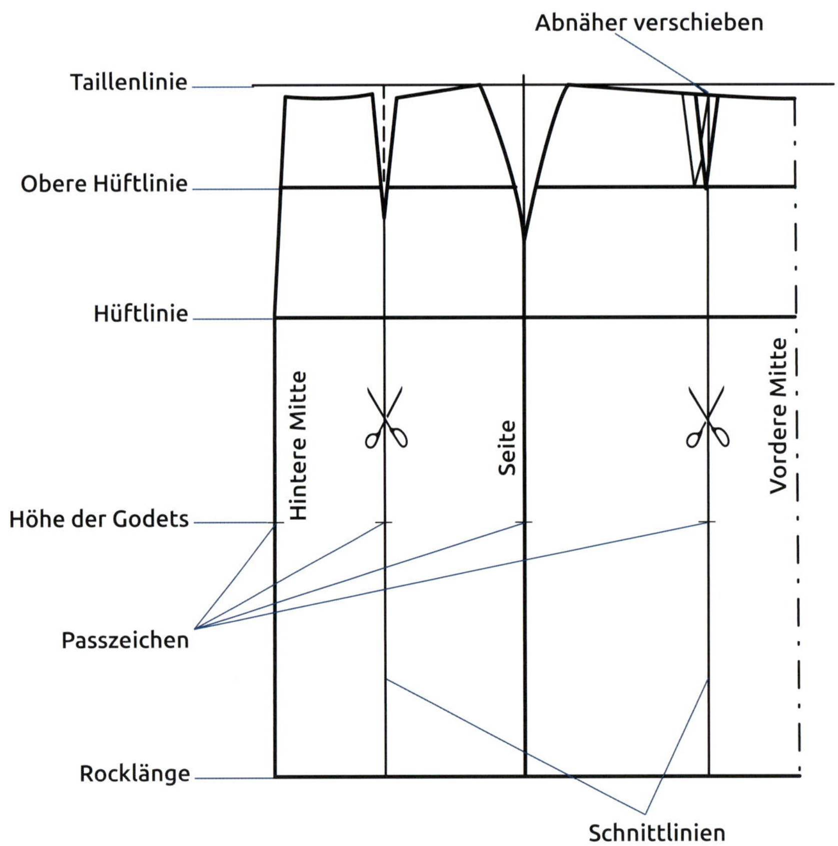

BILD 1

Schnittmuster für jede Bahn neu zeichnen und an der Unterkante des Rockes 1 cm Nahtzugabe und 2 cm Saum vorsehen.

Hier ist das Schnittmuster für das Rückenteil mit Mittelnaht konstruiert. Wenn dies nicht gewünscht wird, kann die hintere Mitte im Stoffbruch liegen und der Reißverschluss auf der linken Seite untergebracht werden.

Konstruktion der Godets

Das Godet für den Rock hat die Form eines gleichschenkligen Dreiecks, dessen Seitenlänge der Höhe des Godets entspricht, wie sie auf dem Grundschnitt festgelegt wurde. Die Breite des Godets hängt vom Stoff und der gewünschten Form ab (hier Breite = 17 cm, Höhe = 25 cm).

Die Unterkante des Godets leicht um 1 bis 2 cm abrunden, damit beim Zusammennähen ein glatter Saum entsteht.

Jeweils abwechselnd ein Godet und eine Bahn zusammennähen. Schöner wirkt es, wenn in der Schnittlinie in der hinteren Mitte kein Godet sitzt.

Die Bahnen nummerieren und reichlich Pass- und Einsetzzeichen auf dem endgültigen Schnittmuster anbringen, weil die Teile sich sehr ähnlich sind.

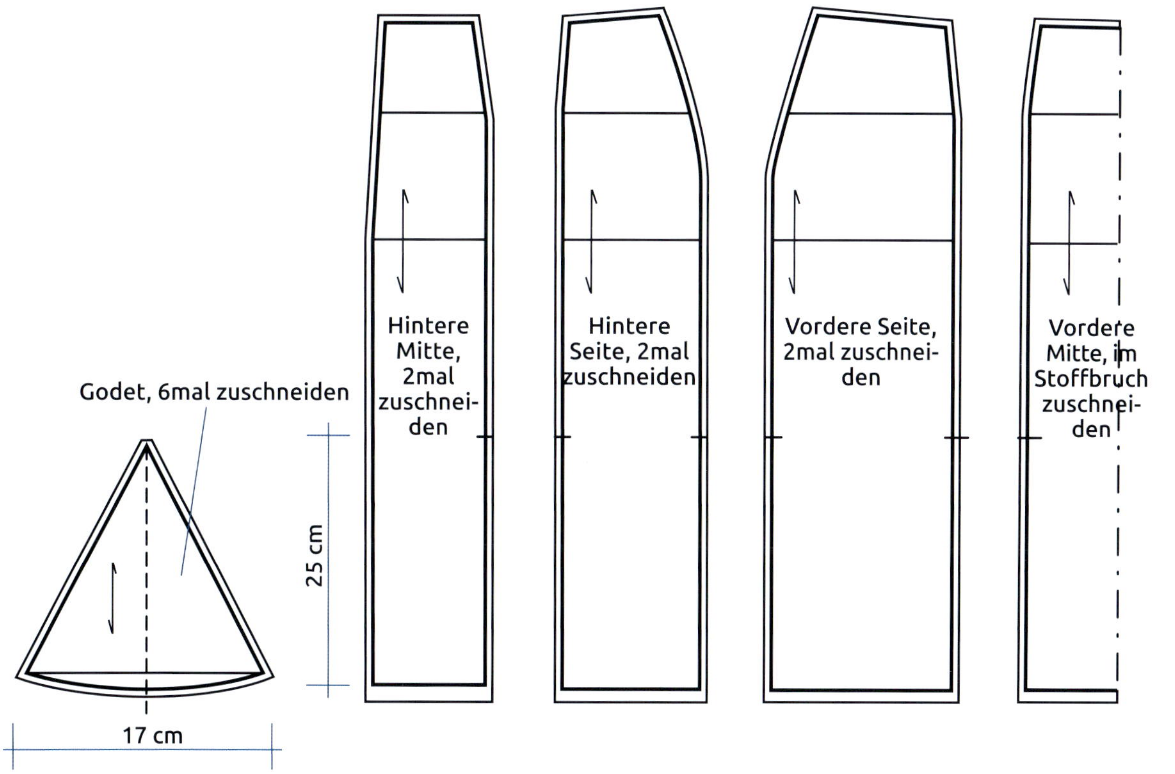

Endgültiges Schnittmuster des Rockes

BILD 2

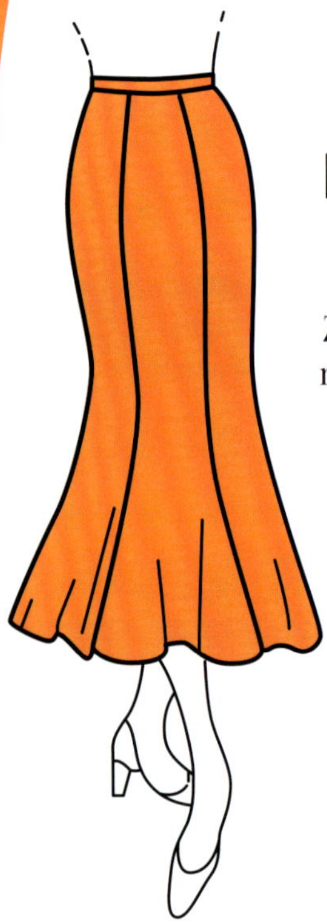

Bahnenrock „Sirene“

Modell 6

Zunächst den Grundschnitt für den geraden Rock nach den genommenen Maßen konstruieren.

Legen Sie fest, auf welcher Höhe der Rock ausgestellt werden soll: Für mehr Bewegungsfreiheit liegt sie über dem Knie.

Den Grundschnitt alle in derselben Breite vertikal zerlegen, um die drei Bahnen für vorn und die drei Bahnen für hinten zu erhalten (Bild 1). Gegebenenfalls die Abnäher verschieben, damit sie mit den Schnittlinien übereinstimmen (Verschiebung der Abnäher, siehe Modell 3, S. 134).

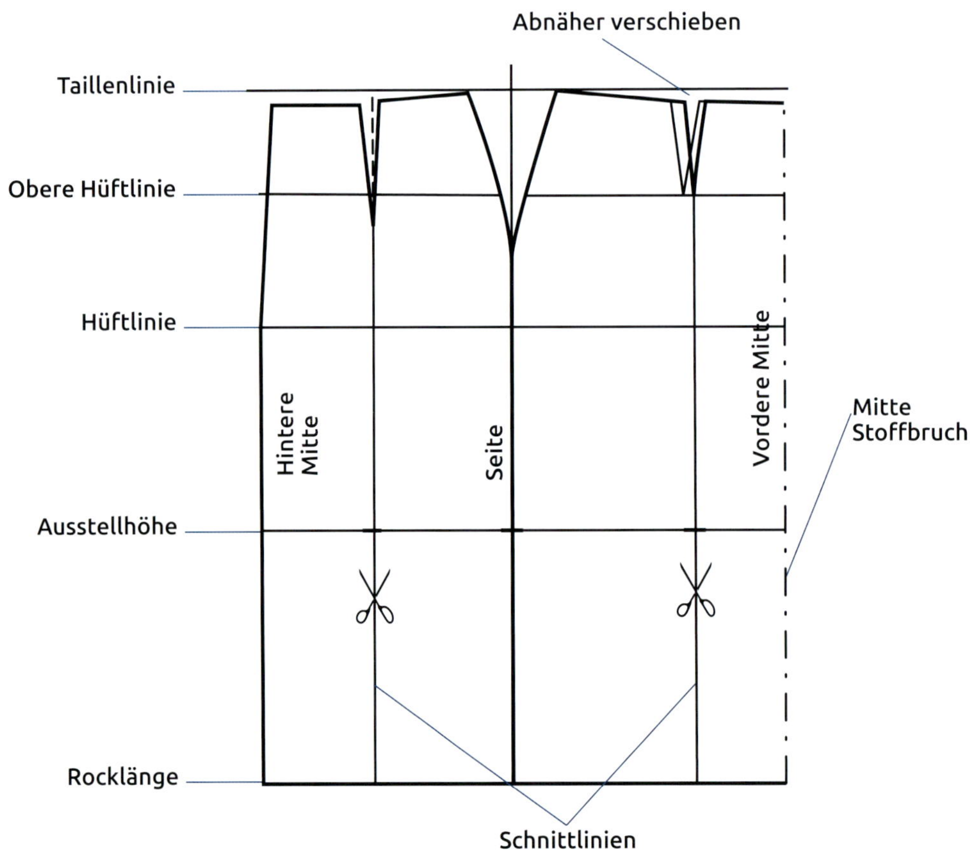

BILD 1

Das Schnittmuster für jede Bahn separat zeichnen und von den vorher auf dem Grundschnitt gesetzten Passzeichen aus die Linien der Ausstellung in der gewünschten Weite zeichnen (hier 10 cm).

Hier ist das Schnittmuster für das Rückenteil mit Mittelnaht konstruiert. Wird dies nicht gewünscht, kann die hintere Mitte im Stoffbruch liegen und der Reißverschluss auf der linken Seite untergebracht werden. Zur Anpassung der Bahnenbreite wie beim Vorderteil vorgehen, Abnäher notfalls verschieben.

An der Unterkante des Rockes 1 cm Nahtzugabe und 2 cm Saum vorsehen.

Die Bahnen nummerieren und viele Pass- und Einsetzzeichen auf dem endgültigen Schnittmuster anbringen, weil die Teile sich sehr ähnlich sind.

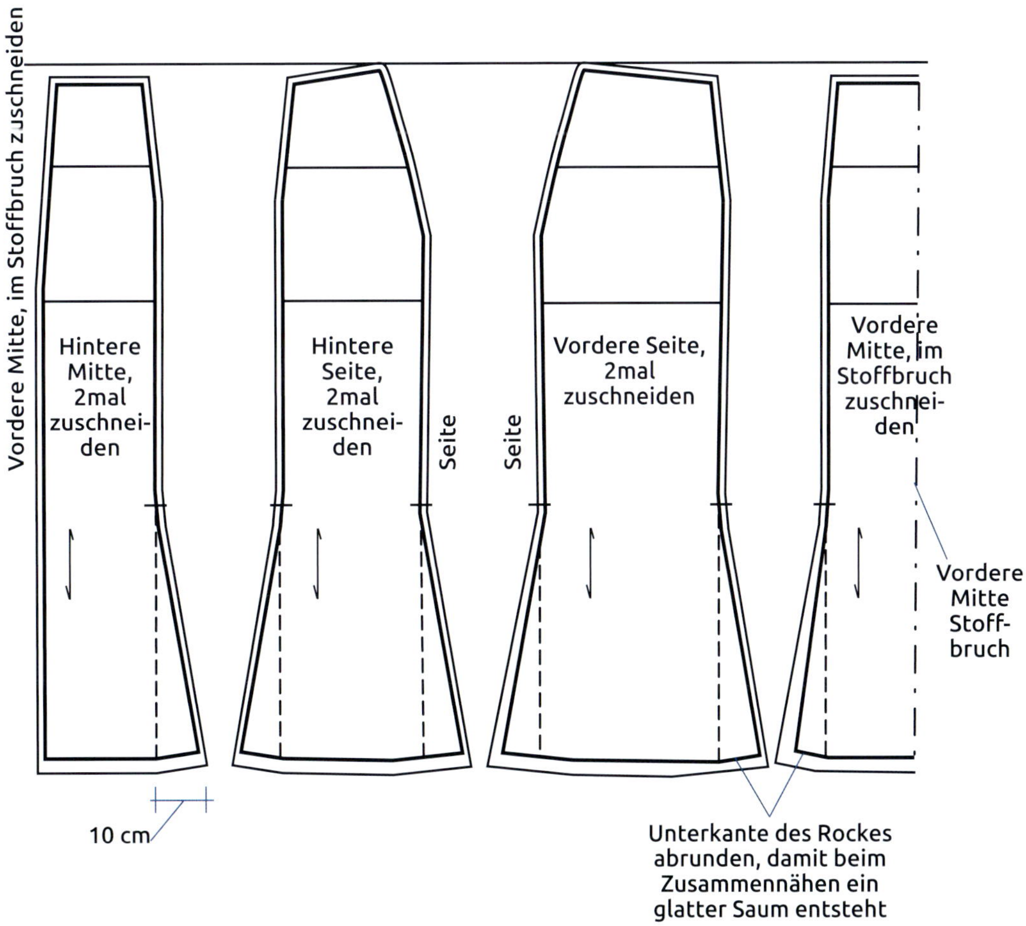

Endgültiges Schnittmuster des Rockes

BILD 2

Rock mit kreisförmigem Volant

Modell 7

Dieses Schnittmuster besteht aus zwei Teilen: geradem Rock und Volant.

Den Grundschnitt für den geraden Rock nach den genommenen Maßen konstruieren und die Länge des geraden Rockes festlegen. Am besten liegt sie über dem Knie, um die Bewegungen beim Gehen nicht einzuschränken (hier Rocklänge = 40 cm und Volantlänge = 43 cm).

Die Oberkante des Volants muss genauso breit sein wie die Unterkante des Rockes, denn beide Teile werden dort zusammengenäht.

Für das Schnittmuster des Volants zunächst um A einen Viertelkreis ziehen (Bild 2), dessen Radius der Breite der Rockunterkante geteilt durch 3 entspricht.

Dann setzen Sie an die Seite des Rockes ein Passzeichen, indem Sie mit einem Maßband den Bogen aus den Maßen der halben Breite des Rückenteils und der halben Breite des Vorderteils des Rockes ermitteln.

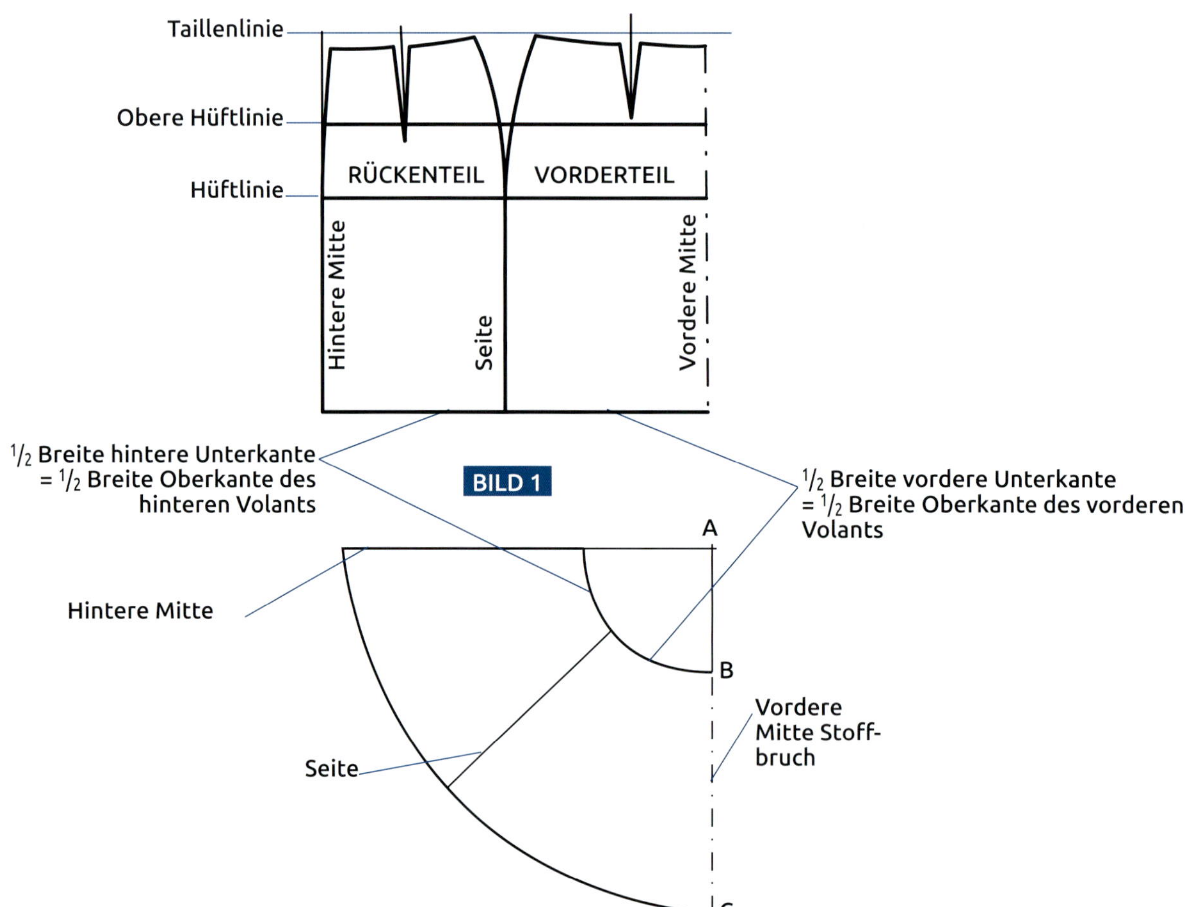

BILD 1

BILD 2

Zur Fertigstellung des Schnittmusters für den Volant entlang der Vertikalen die Länge des Volants BC (hier 43 cm) einzeichnen und die Unterkante des Volants von einem Viertelkreis um A bis hin zum Punkt C zeichnen.

Der Volant für dieses Schnittmuster basiert auf einem Halbkreis mit einer einzigen Naht hinten. Mehr Volumen ergibt ein Volant aus einem ganzen Kreis.

Sie sparen Stoff, wenn Sie das Schnittmuster für den Volant mit Nähten an der Seite und in der hinteren Mitte versehen.

Auf den endgültigen Schnittmustern von Rock und Volant eine Nahtzugabe von 1 cm vorsehen.

Pass- und Einsetzzeichen anbringen.

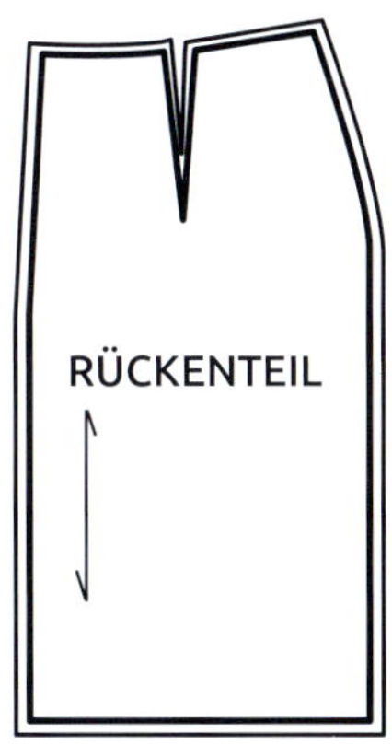

Endgültiges Schnittmuster für das Rückenteil, 2mal zuschneiden

BILD 3

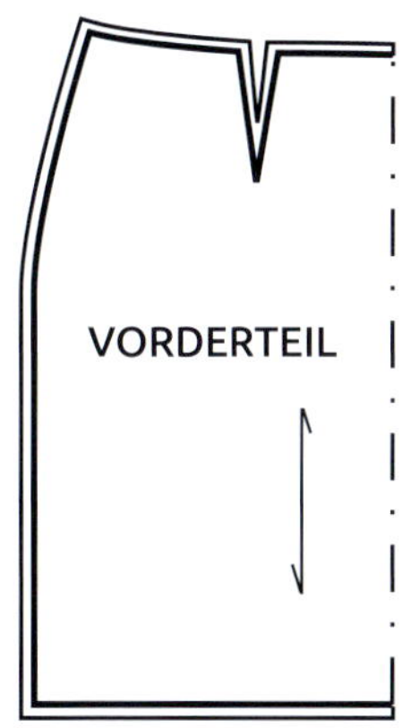

Endgültiges Schnittmuster für das Vorderteil, im Stoffbruch zuschneiden

BILD 4

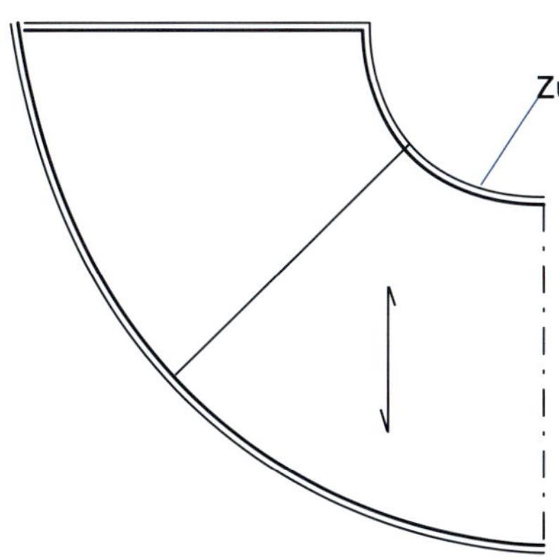

Endgültiges Schnittmuster für den Volant, im Stoffbruch zuschneiden

BILD 5

Achtung!
Aus optischen Gründen an der Oberkante des Volants 2 bis 3 cm zugeben.

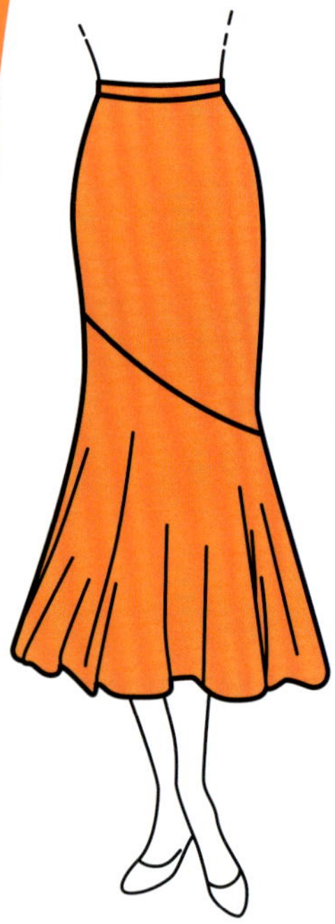

Rock mit schräg angesetztem Volant

Modell 8

Für die gewünschte Vergrößerung des Grundrocks wird bei der Konstruktion die Technik des Zerlegens angewandt.

Den Grundschnitt für den geraden Rock nach den genommenen Maßen konstruieren und die Länge des geraden Rockes festlegen (schräge Linie in Bild 1). Hier beträgt die Höhendifferenz zwischen der rechten und linken Seite 10 cm.

Obere und untere Rockpartie voneinander trennen.

Die äußeren Kanten des schrägen Schnittes 2 cm abflachen, um beim Zusammennähen einen glatten Saum zu erhalten.

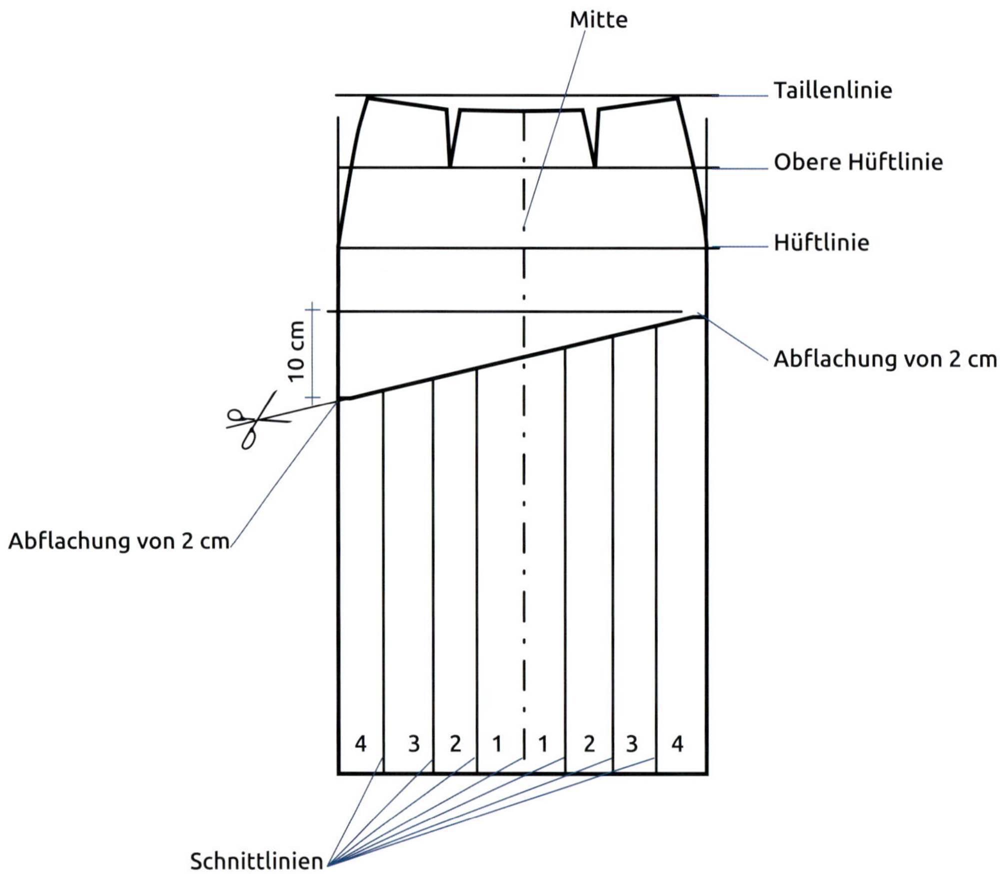

BILD 1

Die untere Partie des Rockes in mehrere gleiche Teile schneiden und die Schnittlinien für den Schrägschnitt zeichnen.

Beim Schneiden die obere Partie nicht abtrennen, um die Breite der schrägen Linie zu erhalten.

Die Teile unter Beachtung der vertikalen Mittellinie aufdrehen. Von der Mitte aus beginnen (Teil 1, dann Teil 2 ..., siehe Bild 2). Die Unterkante des Volants wird automatisch kreisförmig, wenn die Abstände zwischen den Teilen gleich sind.

Nahtzugabe von 1 cm sowie Pass- und Einsetzzeichen einzeichnen, besonders in der unteren Mitte des Rockes und der oberen Mitte des Volants.

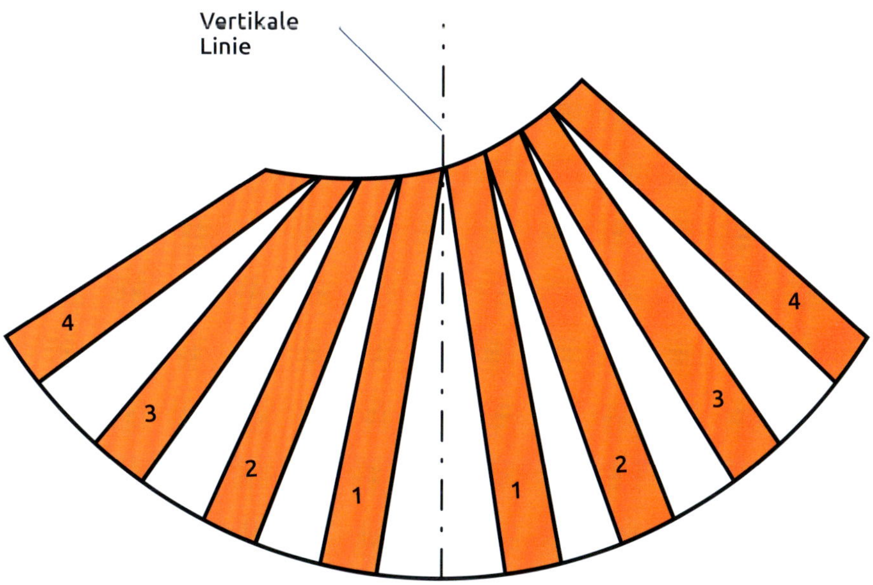

Schnittmuster des Volants

BILD 2

Glockenrock mit Zipfelsaum

Modell 9

Das Schnittmuster für dieses Modell beruht auf einem Quadrat.

Beide Diagonalen in der gewünschten Länge zeichnen: diagonale Länge = 2 x seitliche Rocklänge + $^1/_2$ Taillenweite. Die beiden Diagonalen stehen für die beiden Seitenlinien und die vordere sowie die hintere Mittellinie (Bild 1).

Dann in der Mitte der Diagonalen die Taillenweite in der Form eines Kreises zeichnen (Bild 1). Kreisradius = $^1/_2$ Taillenweite geteilt durch 3.

Für mehr Ausgewogenheit den Kreis an der vorderen und hinteren Mittellinie um 1 bis 2 cm erweitern.

Da das Modell keine Naht hat, setzen sie an die hintere Mittellinie (oder an die linke Seite) eine Öffnung von 20 cm, in die ein Reißverschluss eingepasst wird (der spitz zulaufend eingenäht wird).

An der Rockunterkante und um die Taille 1 cm Nahtzugabe vorsehen.

Pass- und Einsetzzeichen anbringen.

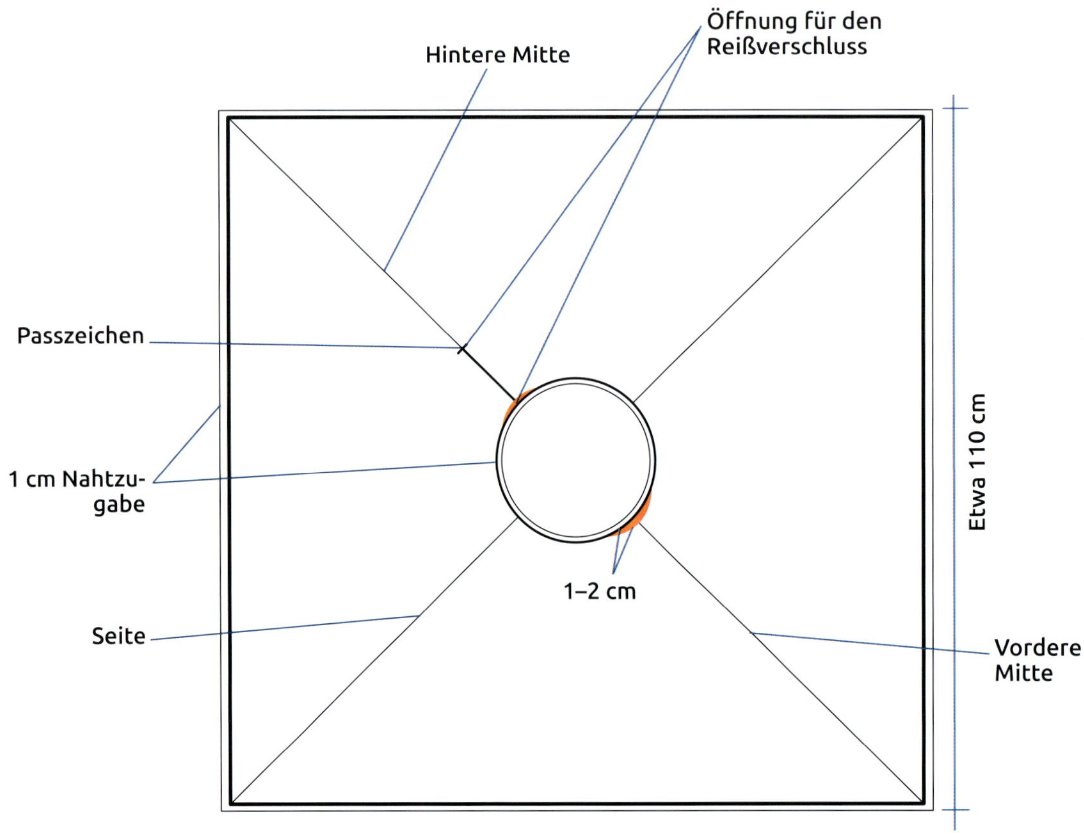

Schnittmuster für den Rock

BILD 1

Hosenrock

Modell 10

Das Schnittmuster für den Hosenrock auf der Basis des Grundschnitts für den geraden Rock nach den genommenen Maßen (plus der Sitzhöhe) und gemäß Bild 1 konstruieren.

Auf dem endgültigen Schnittmuster 1 cm Nahtzugabe vorsehen.

Pass- und Einsetzzeichen anbringen.

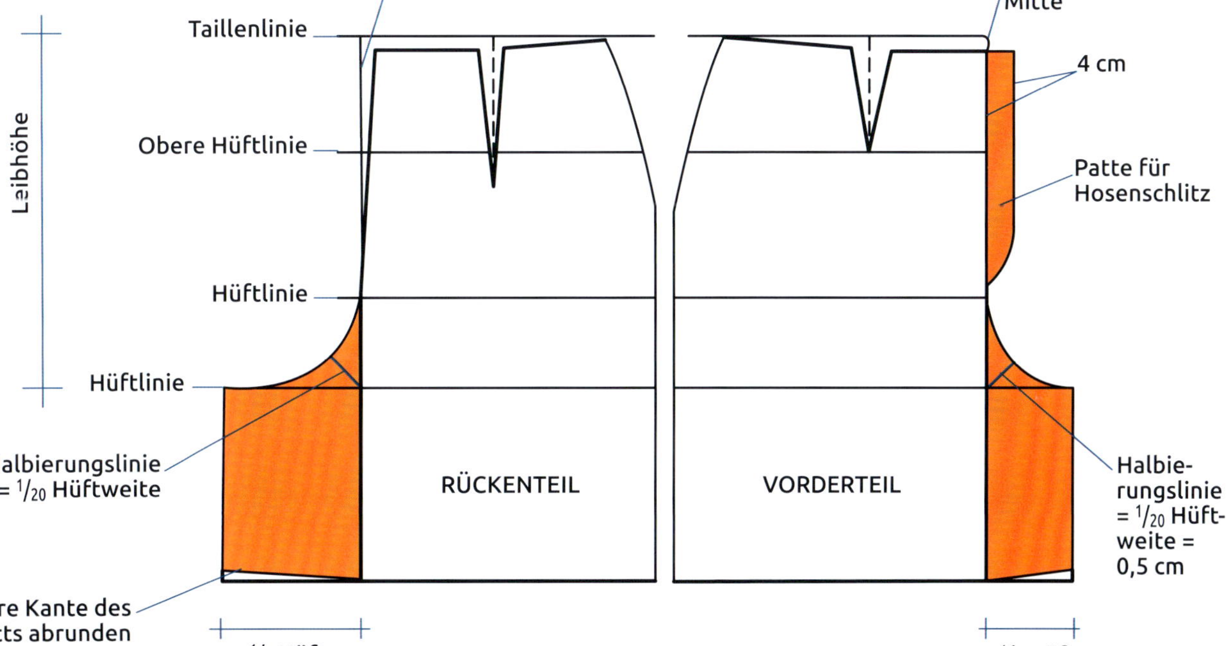

BILD 1

Tabelle für die Leibhöhe je nach Hosengröße								
Größe	32	34	36	38	40	42	44	46
Leibhöhe	24,5	25	25,5	26	26,5	27	27,5	28

Beim Hosenrock Leibhöhe um 3 cm vergrößern.

Kragen

Ein Kragen kann an jedes Oberteil angesetzt werden, ob nun mit engem Ausschnitt oder mit Dekolleté, und unabhängig von der Größe.

Der Kragen prägt das Vorderteil des Modells und macht seinen Stil aus.

Es gibt unzählige Kragenvarianten und daher auch unterschiedliche Schnittmusterverfahren. Deshalb werden die hier vorgestellten Modelle nach der Zeichentechnik eingeteilt (siehe S. 150). Die Grundlage für die Konstruktion aller Kragen bildet aber stets der Ausschnitt an Hals und Brust.

Kragenarten

Es gibt zwar eine große Vielfalt an Kragen (verschiedene Proportionen, Ränder etc.), aber sie lassen sich nach der Technik der Schnittmustererstellung in zwei Kategorien unterteilen in:

1. Kragen, die am Halsausschnitt angesetzt sind (Bild 1 und 2);

2. Kragen, die in einem Stück mit dem Oberteil gefertigt werden und dessen Verlängerung darstellen (Bild 3 und 4).

Die erste Kategorie (angesetzte Kragen) lässt sich nach der Konstruktionstechnik weiter unterteilen in:
- Kragen, deren Konstruktion auf den Maßen des Ausschnitts am Oberteil basiert (Bild 1)
- Kragen, deren Konstruktion nach dem Zusammennähen der Schulter auf dem Ausschnitt direkt erfolgt. Kragen dieser Art werden oft als „flache Kragen“ bezeichnet (Bild 2).

Die zweite Kategorie lässt sich nach der Kragenform noch weiter unterteilen in:
- mehr oder weniger hohe Stehkragen, die mehr oder weniger eng am Hals anliegen (Bild 3);
- Umlegekragen, die mehr oder weniger auf den Schultern liegen und stets ein V-förmiges Dekolleté bilden (Bild 4).

Beispiel für angesetzten Kragen: Blusenkragen (mit oder ohne Kragensteg)

BILD 1

Beispiel für „flachen“ angesetzten Kragen: Bubikragen

BILD 2

Beispiel für Stehkragen

BILD 3

Beispiel für Schalkragen

BILD 4

Die Konstruktion offener und geschlossener angesetzter Kragen

Angesetzte Kragen können geschlossen (Bild 1) oder offen (Bild 2) sein. Die Grundlagen für die Konstruktion sind aber gleich.

Eine Horizontale in der ½ Länge der Halslinie zeichnen (Bild 3).

Dann die erste Vertikale, die hintere Mittellinie, zeichnen. Davon ausgehend die halbe Länge der hinteren Halslinie eintragen und eine zweite Vertikale, die Schulterlinie, zeichnen. Schließlich die ½ Länge der vorderen Halslinie eintragen und die dritte Vertikale, die vordere Mittellinie, zeichnen.

BILD 1

BILD 2

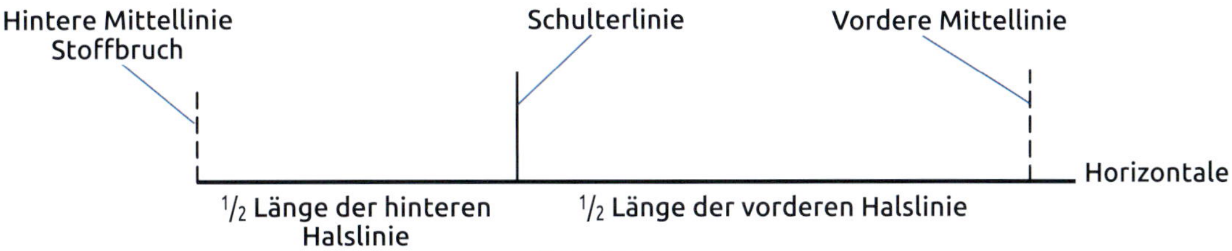

BILD 3

Der Bogen der Halslinie wird mit einem Maßband oder einem flexiblen Lineal ausgemessen.

Konstruktion eines geschlossenen Kragens

Von der halben vorderen Länge 2,5 cm heruntergehen, dann in zwei Partien teilen und beide um 2 mm abrunden (Bild 4).

Rückenlinie um 0,5 cm anheben und einen kleinen Bogen zeichnen. Dieser Bogen sorgt für Elastizität, denn die Linie liegt nicht im Fadenlauf. So liegt der Kragen perfekt an der Halslinie an. Ein gerade liegender Kragen würde den Bogen der Halslinie herunterziehen und abflachen (besonders bei festem Stoff) und drücken.

Die weitere Konstruktion ist vom gewählten Kragenmodell abhängig.

Zum Grundmuster (Bild 4) kommt die Höhe des Kragenstegs (ca. 2 bis 3 cm) und die Höhe des Kragenfalls (ca. 5 bis 7 cm).

Beim hinteren Teil des Kragens müssen Ober- und Unterkante sowie Stoffbruch parallel sein. Den vorderen Teil je nach gewähltem Kragenmodell zeichnen, z. B. nach einer der farbigen Linien in Bild 5.

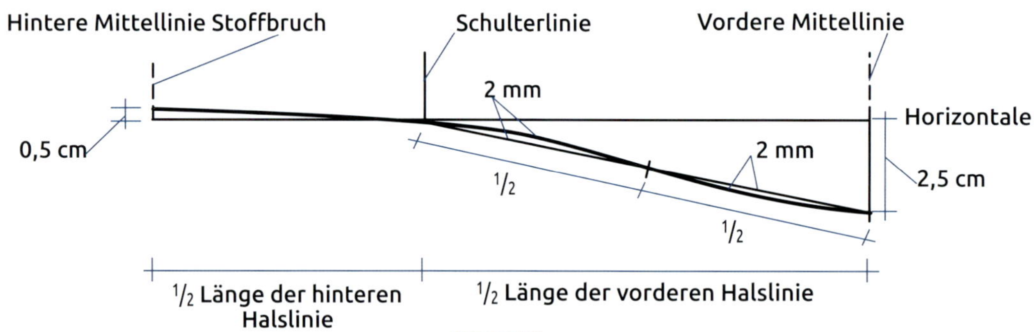

BILD 4

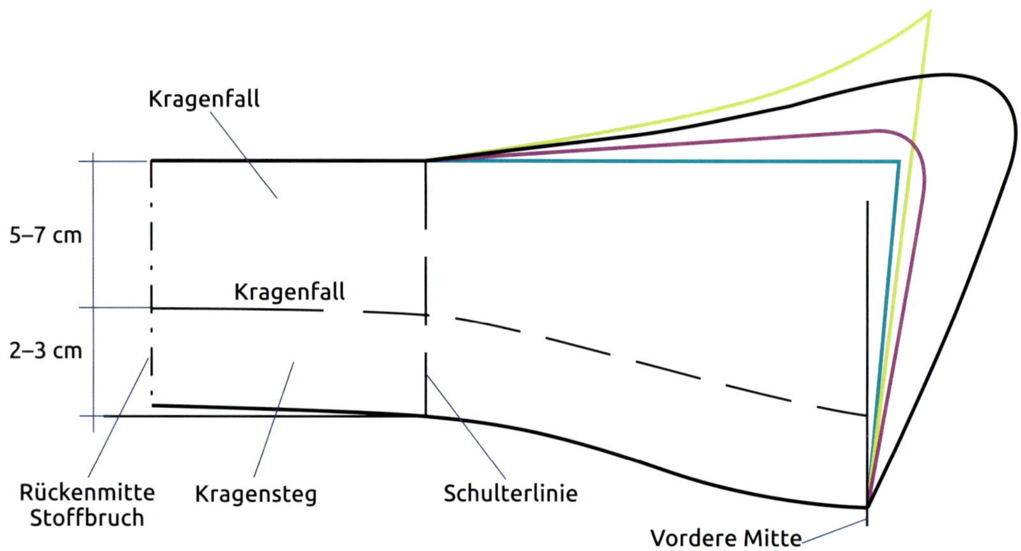

Konstruktion des Grundschnitts für einen geschlossenen Kragen

BILD 5

Konstruktion eines offenen Kragens

Die halbe vordere Länge um 2,5 cm erhöhen, dann in zwei Partien teilen und beide in der Mitte um 2 mm abrunden (Bild 6).

Die Rückenlinie um 0,5 cm anheben und eine kleine Kurve zeichnen.

Die Höhe des Kragenstegs (ca. 2 bis 3 cm) und die Höhe des Kragenfalls (ca. 5 bis 7 cm) hinzufügen, dann Kragenform zeichnen, horizontal am Rücken und je nach Modell vorn (z. B. nach den farbigen Linien in Bild 7).

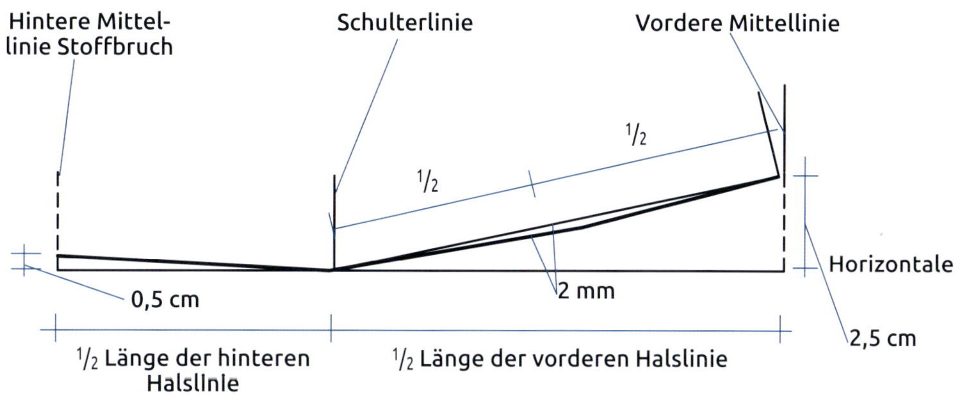

BILD 6

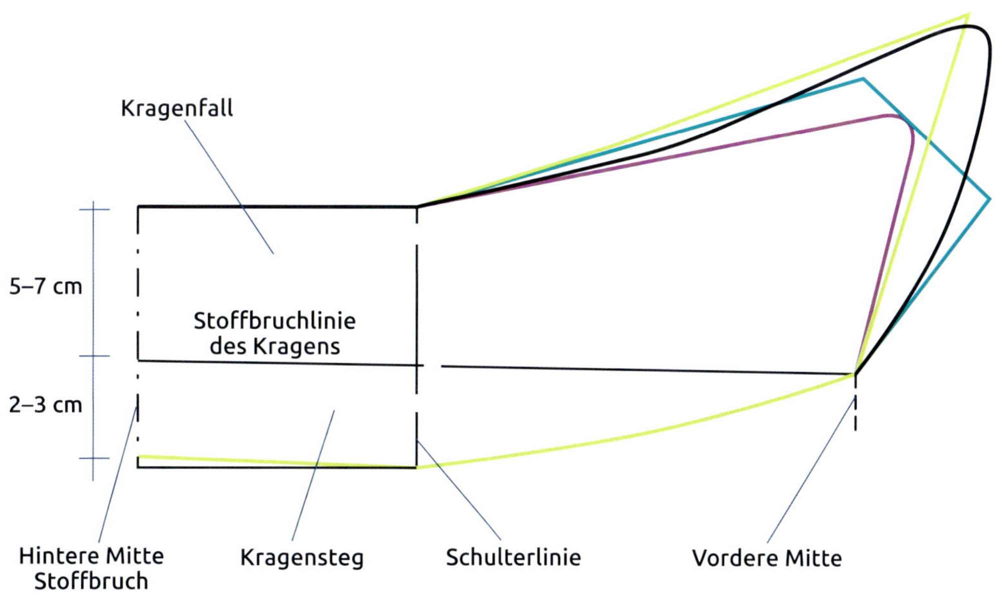

Konstruktion des Grundschnitts für einen offenen Kragen

BILD 7

Konstruktion eines geschlossenen angesetzten Kragens mit separatem Kragensteg

Der Unterschied zwischen dem einfachen Kragen und dem mit separatem Kragensteg liegt in Optik und Nähtechnik. Der einfache Kragen wird oft für Modelle aus Strick oder fließenden Stoffen benutzt. Der Kragen mit separatem Kragensteg ermöglicht einen höheren Kragenfall. Bei Herrenhemden wird dieser Stil ausschließlich benutzt, um Platz für die Krawatte zu bieten.

Einfacher Kragen

BILD 1

Kragen mit separatem Kragensteg

BILD 2

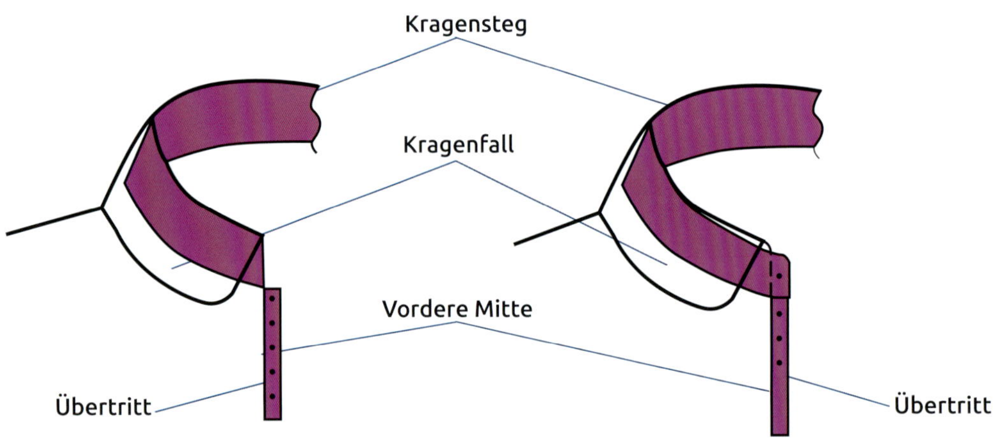

Einfacher Kragen: Er setzt in der Regel in der vorderen Mitte an und erhält einen Übertritt an der Brust

BILD 3

Kragen mit separatem Kragensteg: Die Breite des Übertritts ist eingeschlossen

BILD 4

Grundkonstruktion für einen geschlossenen Kragen in der gewünschten Form mit einem Kragenfall von 5 bis 7 cm fertigen (Kragensteg nicht mitmessen).

Dann die vertikalen Linien, die hintere Mittellinie, die Schulterlinie und die vordere Mittellinie, verlängern.

Der ½ Länge der vorderen Halslinie die Breite des Übertritts hinzufügen (in der Regel mindestens 2 cm je nach Knopfdurchmesser).

Dann am hinteren Kragensteg die Unterkante um 0,5 cm absenken und die obere Kante horizontal in einem Abstand von 3 cm zeichnen.

Für den vorderen Kragensteg wie in Bild 5 zwei Parallelen in einem Abstand von 3 cm zeichnen; Oberkante des Übertritts eventuell abrunden.

Fertigstellen mit den Passzeichen an Ober- und Unterkante des Kragenstegs: hintere Mitte, Schulter, vordere Mitte.

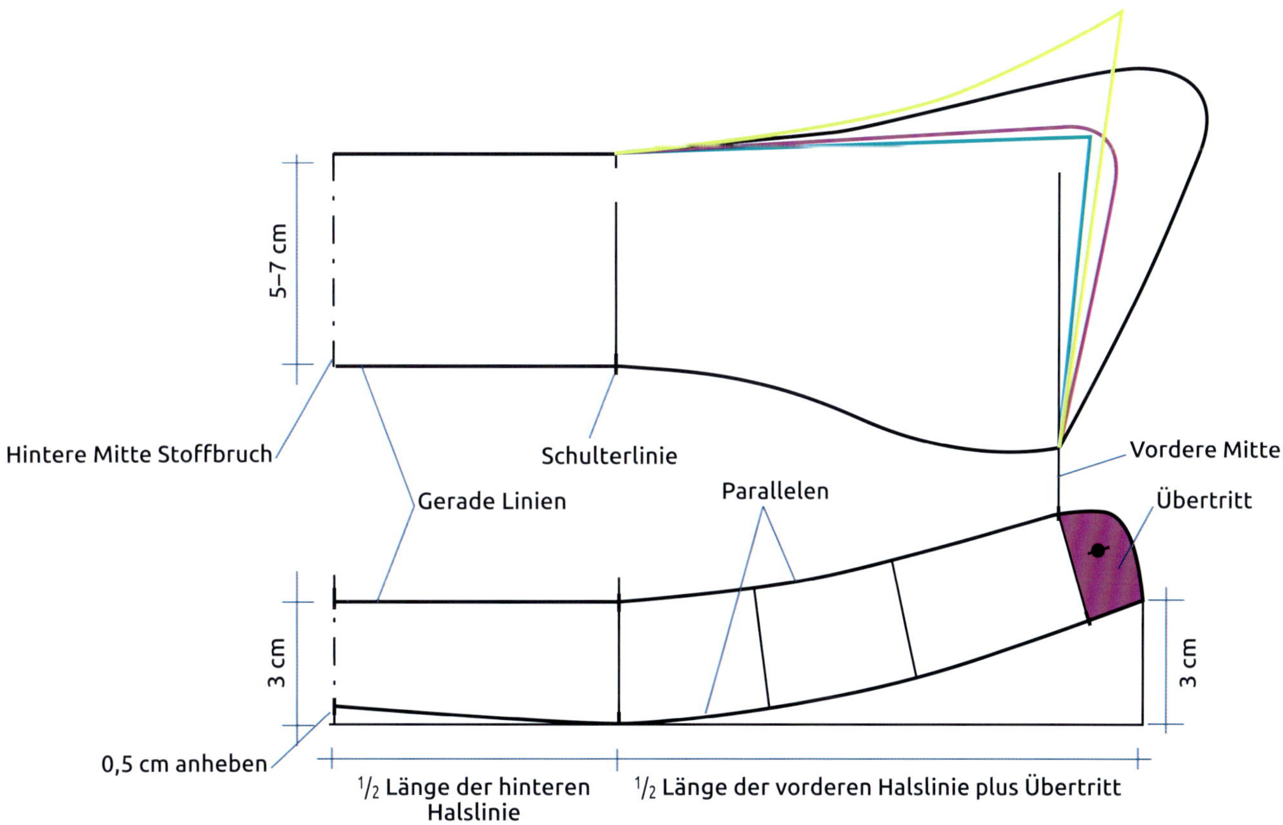

BILD 5

Ein Sonderfall: das Jabot

Das Jabot ist ein am Vorderteil befestigter Fantasiekragen. Es kann mit Falten, mit einer Raffung an der Halslinie oder aus einem Kreis konstruiert werden.

Wir zeigen hier die drei Modelle, die am häufigsten für Blusen verwendet werden.

Erstes Modell

Auf der vorderen Mittellinie einen ersten Kreis mit einem Durchmesser in der Länge des gewünschten Jabots zeichnen (z. B. Länge ca. 30 cm, Radius ca. 4 cm).

Die Breite des Jabots (z. B. ca. 7 cm) festlegen und einen zweiten Kreis (entspricht der Außenlinie des Jabots) zeichnen.

Die Form der Halslinie zeichnen und die Unterkante des Jabots mit einer Rundung versehen.

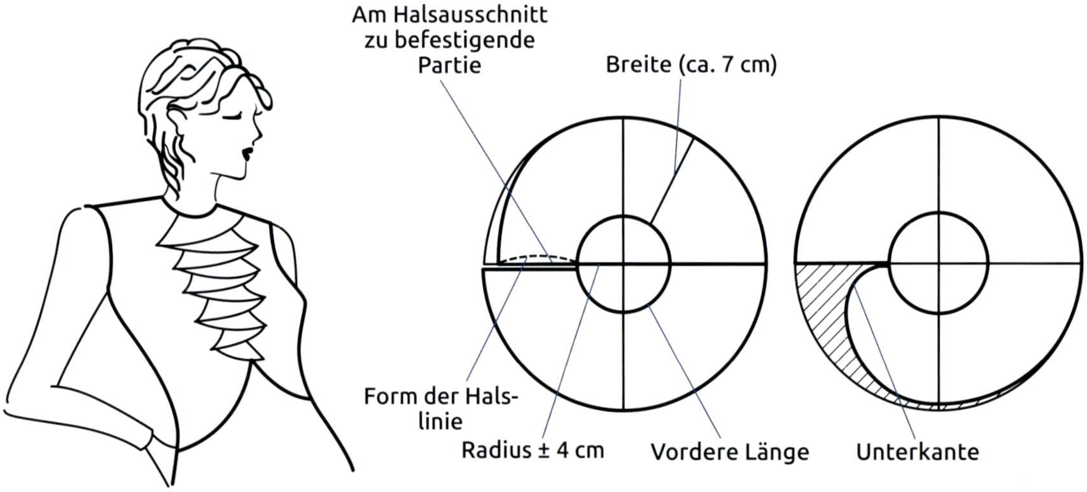

Einteiliges Jabot in der vorderen Mitte

BILD 1

Zweites Modell

Zunächst zwei Kreise für die Halskrause zeichnen (Bild 2A), den ersten mit einem Umfang entsprechend der Halslinie und den zweiten in ca. 7 cm Abstand davon.

Dann zwei Kreise für das Jabot zeichnen (Bild 2B), den ersten mit einem Umfang in der Länge des Jabots an der vorderen Mittellinie und den zweiten nach der Bestimmung der Breite (ca. 7 cm).

Außenkanten abrunden.

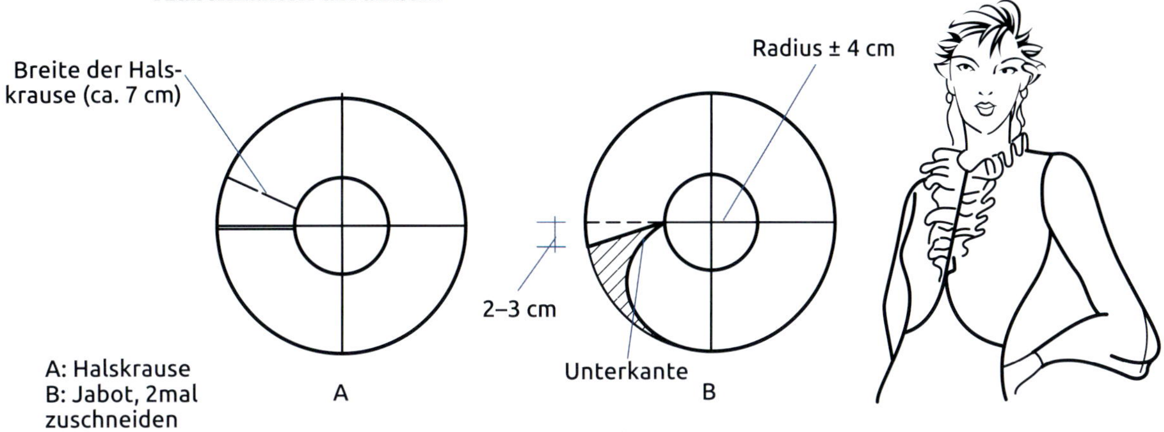

Zweiteiliges Jabot mit liegendem Kragen

BILD 2

Drittes Modell

Einen ersten Kreis mit einem Durchmesser in der Länge des Jabots auf der vorderen Mitte zeichnen (z. B. Länge ca. 30 cm, Radius ca. 4 cm).

Die Breite des Jabots (z. B. ca. 7 cm) festlegen und einen zweiten Kreis (entspricht der Außenlinie des Jabots) zeichnen.

Die Horizontale verlängern sowie Höhe und Länge des Kragens festlegen (Kragenlänge entspricht der Länge der Halslinie nach Schließen der Falten).

Passzeichen (Falten) und Einsetzzeichen (vorn) anbringen.

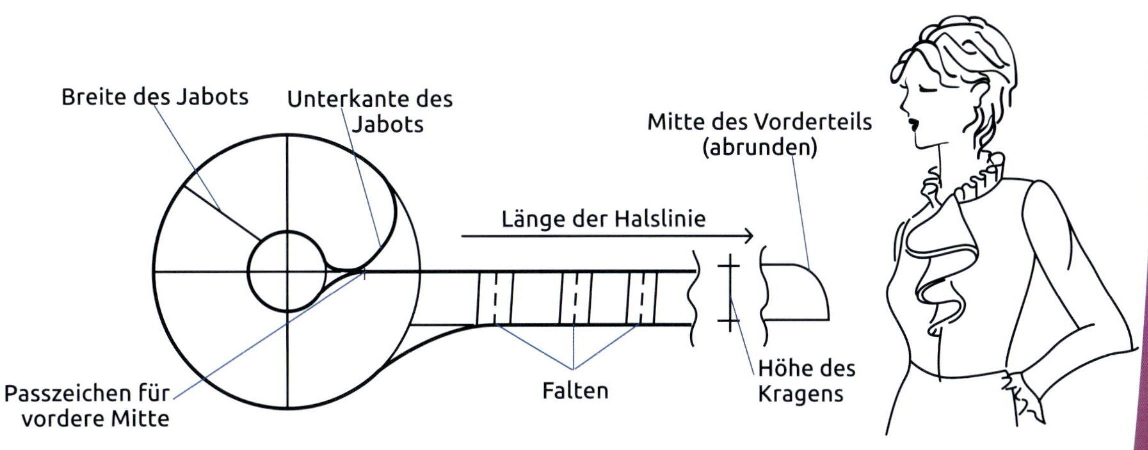

Einteiliges Jabot, verlängert um einen aufgesetzten Plisseekragen

BILD 3

Angesetzte Kragen

Alle Kragen, deren Schnittmuster separat von dem des Oberteils gezeichnet werden, sind angesetzte Kragen, denn sie werden an den Halsausschnitt genäht. Bei den echten angesetzten Kragen (Modell 1 bis 5) basiert die Konstruktion stets auf dem Maß der Halslinie beim endgültigen Schnittmuster für das vordere und hintere Oberteil, ob der Kragen nun halsnah, an einem weiten Ausschnitt oder an einem Dekolleté ansetzt.

Die Stehkragen (auch Offiziers- oder Maokragen genannt, Modell 6 bis 8) bestehen aus dem Kragensteg, der in Höhe und Neigung angepasst wird. Dieser elegante Kragen passt zu allen Kleidungsstücken. Die flachen Kragen (Modell 9 bis 12) liegen flach auf den Schultern. Dieser Kragen ist eine exakte Kopie der jeweiligen Partie des Vorder- und Rückenteils um den Halsausschnitt. Die klassische zweiteilige Form mit vorn und hinten abgerundeten Ecken ist der Bubikragen.

Geschlossener Kragen an rautenförmigem Dekolleté

Modell 1

Zunächst Grundschnitt für das Oberteil nach den vorgegebenen Maßen zeichnen und dann abwandeln.

Die Form des vorgesehenen Dekolletés zeichnen und Position des Kragens festlegen (Bild 1, in Grün).

Vordere und hintere Besätze mit einer Breite von 5 bis 7 cm zeichnen.

Einen geschlossenen Kragen nach den Maßen der Halslinie am endgültigen Schnittmuster konstruieren (Bild 2). $^1/_2$ Länge der hinteren Halslinie plus $^1/_2$ Länge der vorderen Halslinie bis zum Einsetzzeichen.

Die Anleitungen in Bild 2 befolgen. Nahtzugabe von 1 cm hinzufügen.

Pass- und Einsetzzeichen auf dem endgültigen Schnittmuster anbringen.

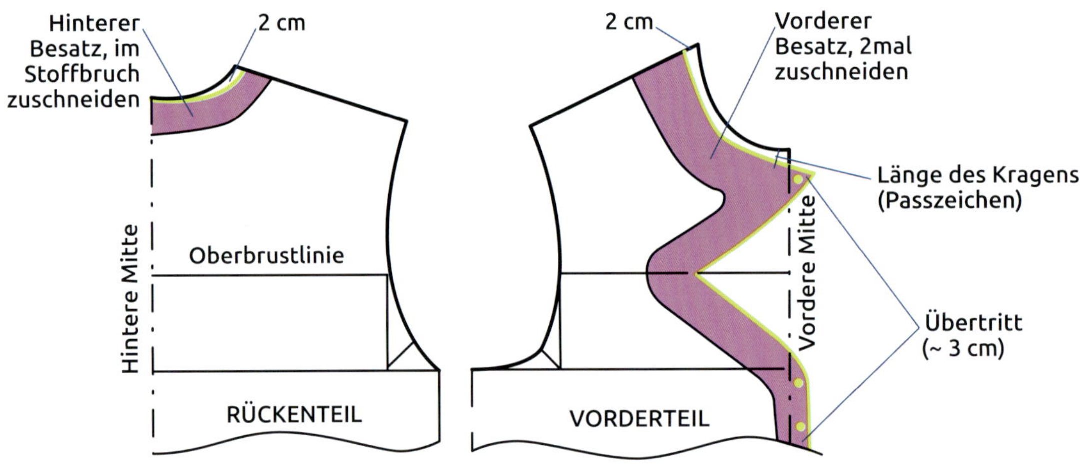

BILD 1

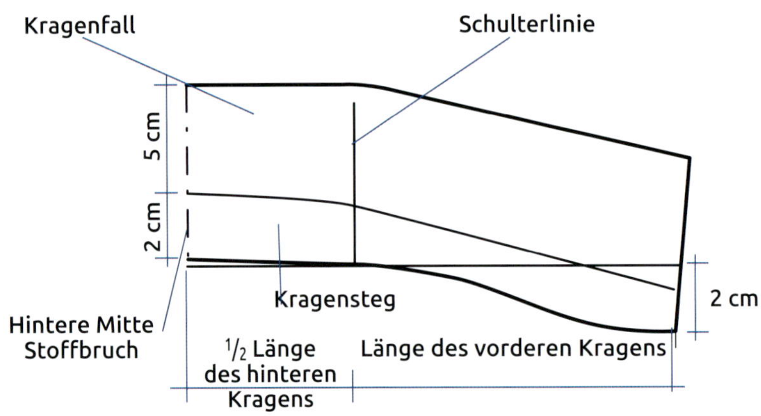

BILD 2

Offener Kragen mit V-Ausschnitt

Modell 2

Grundschnitt für Oberteil nach den vorgegebenen Maßen zeichnen und dann abwandeln.

Tiefe des Ausschnitts festlegen (Bild 1, in Grün) und ein Einsetzzeichen für den Kragen anbringen.

Einen offenen Kragen in der gewünschten Breite nach dem Schnittmuster für das Oberteil konstruieren: Länge der hinteren Halslinie plus Länge des vorderen Ausschnitts bis zum Einsetzzeichen des Kragens.

Dann die Anleitungen in Bild 2 befolgen. Schnittmuster mit Pass- und Einsetzzeichen sowie einer Nahtzugabe von 1 cm fertigstellen.

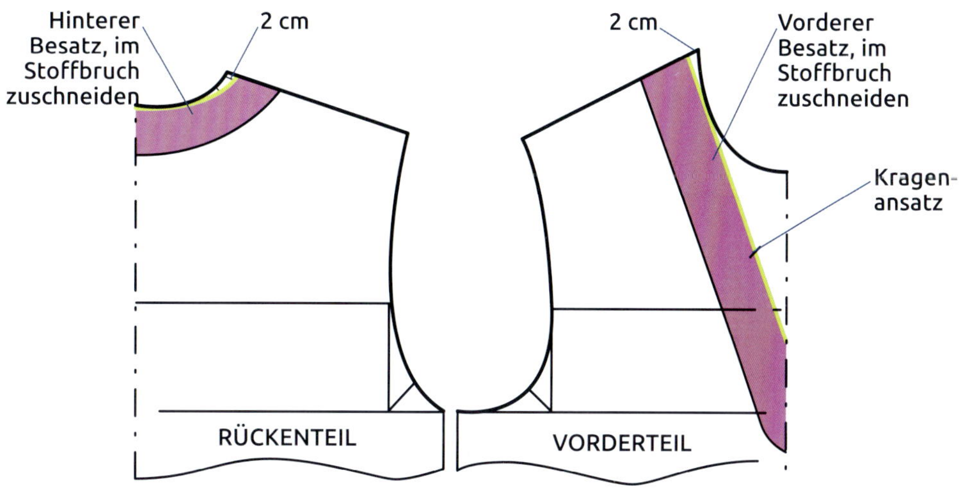

BILD 1

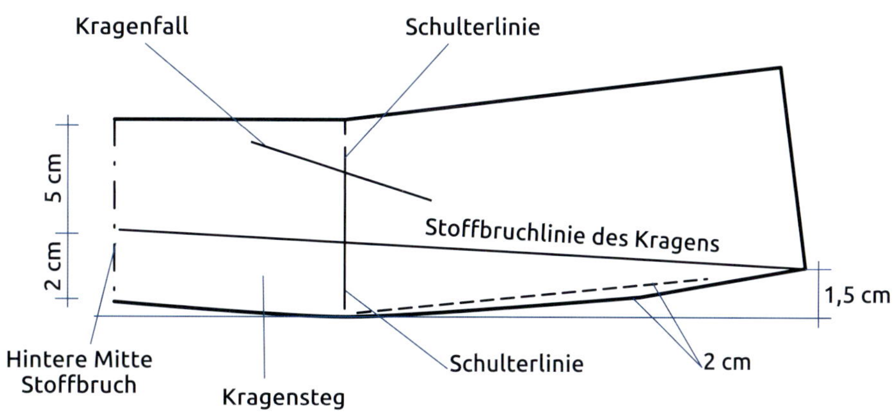

BILD 2

Offener Kragen mit Volants am spitzen Ausschnitt

Modell 3

Bei diesem Modell sitzt vorn in der Mitte ein Reißverschluss. Der Volantkragen ist ca. 5 bis 10 cm länger als der Ausschnitt.

Grundschnitt für Oberteil nach den vorgegebenen Maßen zeichnen und dann abwandeln.

An der vorderen Mittellinie den Ansatz des Reißverschlusses markieren und die Ausschnittlinie bis zur Schulterlinie ziehen.

Für die Konstruktion des Kragens wird zunächst eine Horizontale gezeichnet, auf der die Maße der 1/2 hinteren Halslinienlänge, der Kragenlänge und der Länge des Ausschnitts eingetragen werden. Die Maße werden gemäß dem endgültigen Schnittmuster des Oberteils genommen.

Dann die Anleitungen in Bild 2 befolgen.

Pass- und Einsetzzeichen sowie eine Nahtzugabe von 1 cm hinzufügen.

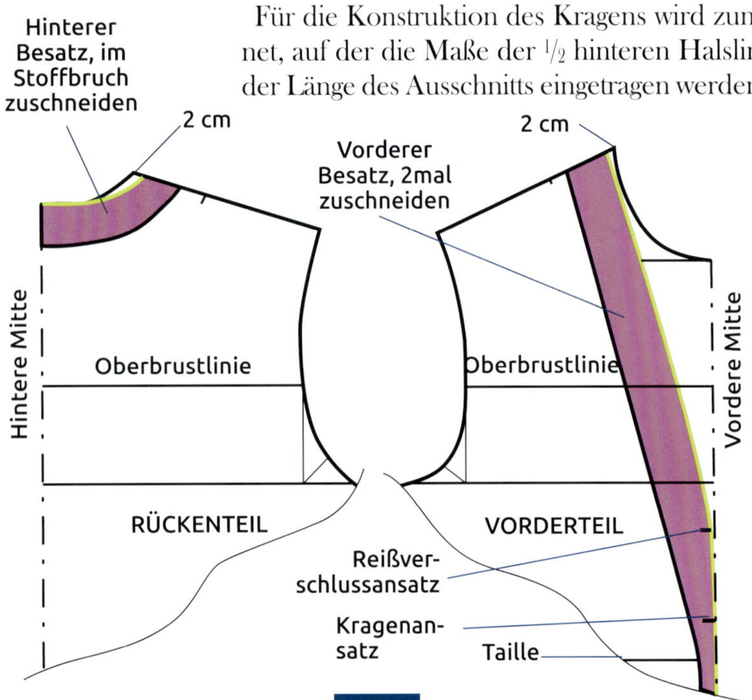

BILD 1

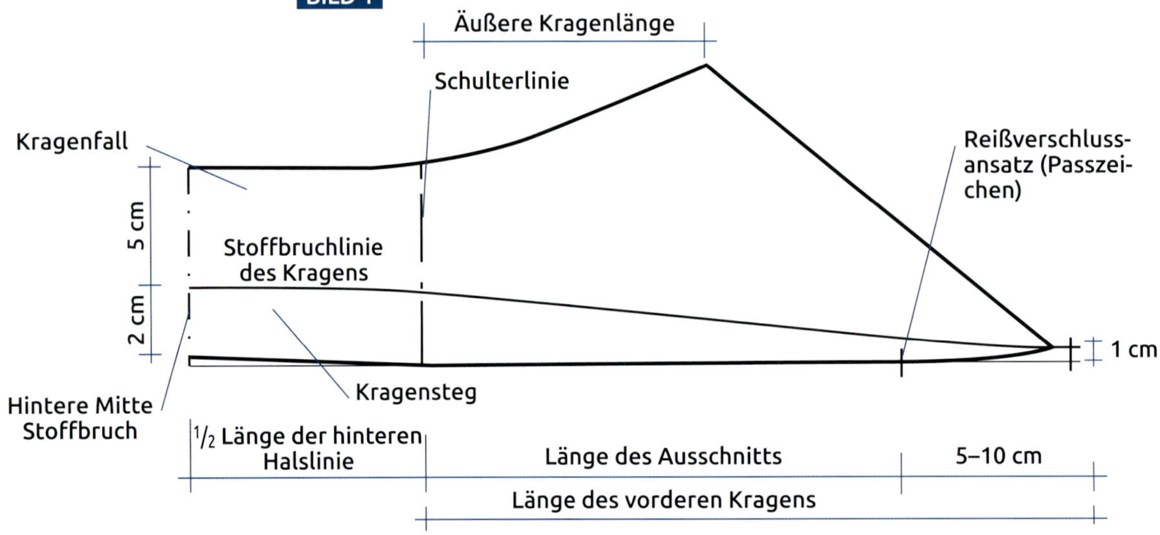

BILD 2

Offener Kragen am vorn geknöpften V-Ausschnitt

Modell 4

Den Grundschnitt für das Oberteil nach den vorgegebenen Maßen zeichnen und dann abwandeln.

Einen Übertritt von 2 bis 3 cm zeichnen (das Maß hängt vom Knopfdurchmesser ab). Die Tiefe des Ausschnitts festlegen und seine Linie bis zur Schulterlinie ziehen (Bild 1, in Grün).

Einen offenen Kragen in der gewünschten Breite nach den Maßen der Halslinie am endgültigen Schnittmuster für Rücken- und Vorderteil konstruieren. Dann die Anleitungen in Bild 2 befolgen.

Eine Nahtzugabe von 1 cm auf dem endgültigen Schnittmuster des Kragens hinzufügen sowie Pass- und Einsetzzeichen einzeichnen.

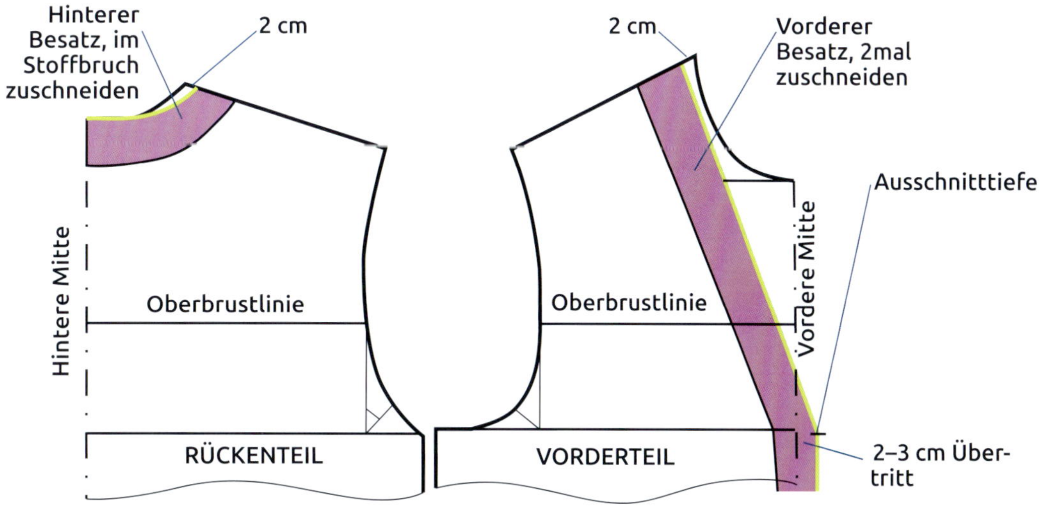

BILD 1

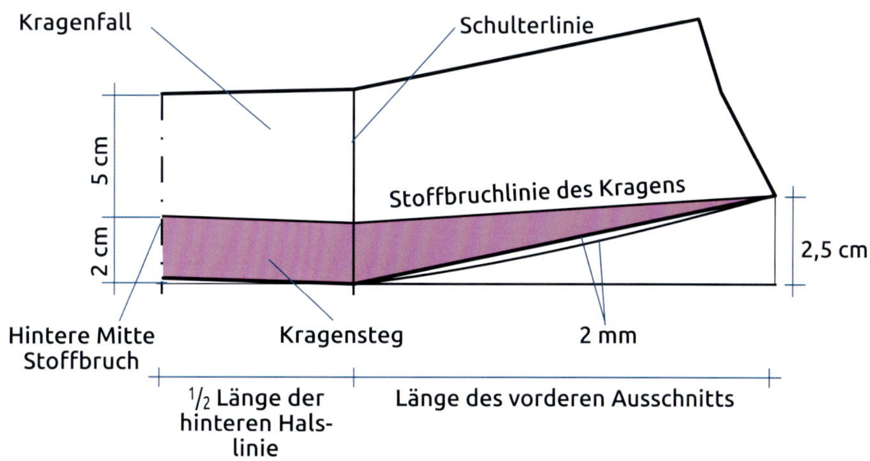

BILD 2

Offener Kragen mit Volants am vorn geknöpften V-Ausschnitt

Modell 5

Den Grundschnitt für das Oberteil nach den vorgegebenen Maßen zeichnen und dann abwandeln.

An der vorderen Mitte einen Übertritt von 3 cm hinzufügen, Halslinie vorn und hinten um 2 cm erweitern und dann die Tiefe des Ausschnitts festlegen. Neue Linie vorn zeichnen (Bild 1, in Grün).

Vordere und hintere Besätze mit einer Breite von 7 bis 10 cm zeichnen (Bild 1, in Violett).

Der Kragen sitzt an der Halslinie und hat an der Außenkante Volants. Diese Volants lassen sich durch Zerlegen des Schnittes erzeugen. Zunächst den flachen Kragen auf das Schnittmuster des Vorderteils zeichnen (Bild 1, in Blau), dann den Kragen durchpausen; er dient als Grundlage für das Zerlegen.

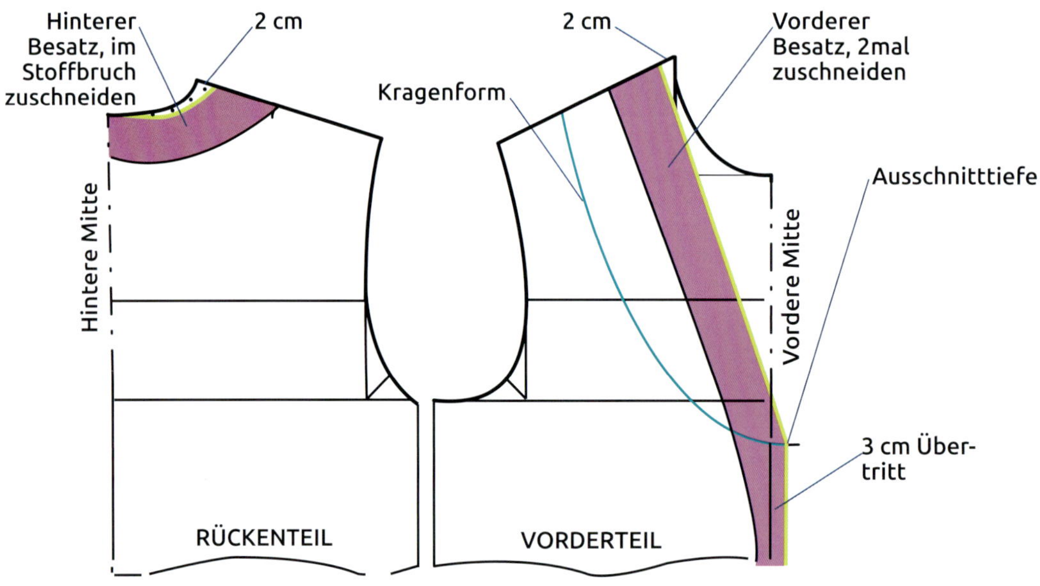

BILD 1

Das abgepauste Schnittmuster für den Kragen auf ein neues Schnittmusterpapier legen, hintere Partie anfügen (Bild 1, in Blau), dabei die 1/2 Länge der hinteren Halslinie einhalten.

Dann die Schnittlinien zeichnen (Bild 2).

Die ausgeschnittenen Teile in regelmäßigen Abständen aufdrehen (und eng an der inneren Halslinie führen), wie in Bild 3 gezeigt. Die mittlere Partie hinten verläuft vertikal an der hinteren Mittellinie.

Dann das Schnittmuster für den Kragen neu zeichnen (Bild 4). Die beim Aufdrehen entstandenen Ecken abrunden. Passzeichen sowie eine Nahtzugabe von 1 cm auf dem endgültigen Schnittmuster hinzufügen.

Damit am Ausschnitt kein Faltenwurf entsteht – denn die beiden Teile (Ausschnitt und Kragen) sind schräg geschnitten –, nähen Sie ein Nahtband mit ein.

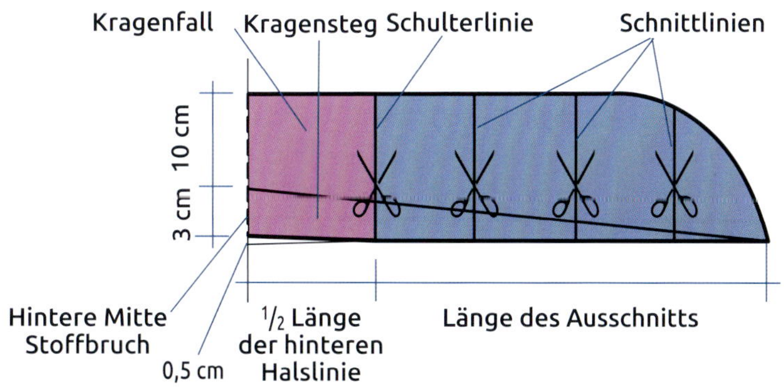

BILD 2

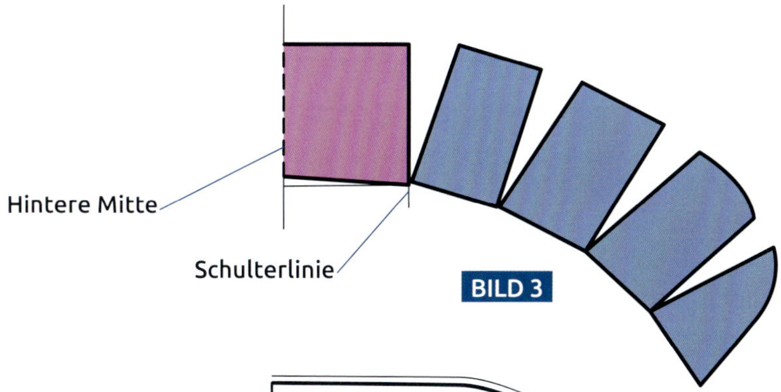

BILD 3

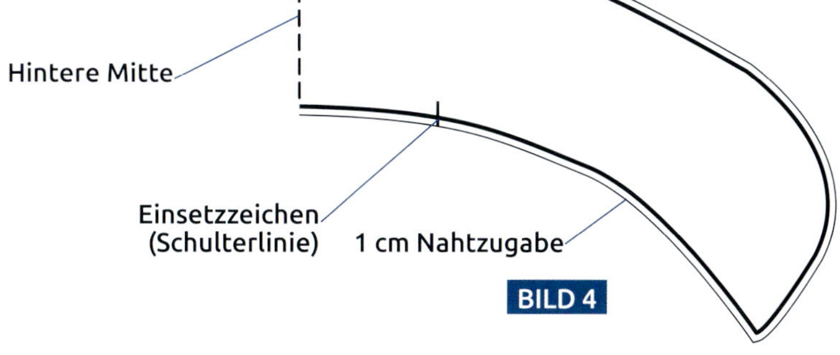

BILD 4

Klassischer Stehkragen

Modell 6

Der Stehkragen (auch Offiziers- oder Maokragen genannt) ist ein in Höhe und Neigung angepasster Kragensteg; ansonsten wird er wie der Kragensteg des Blusenkragens konstruiert.

Eine Horizontale zeichnen, dann gemäß dem endgültigen Schnittmuster des Oberteils die Maße der 1/2 Länge der hinteren Halslinie und der 1/2 Länge des Ausschnitts eintragen.

Dann die Anleitungen aus Bild 1 befolgen.

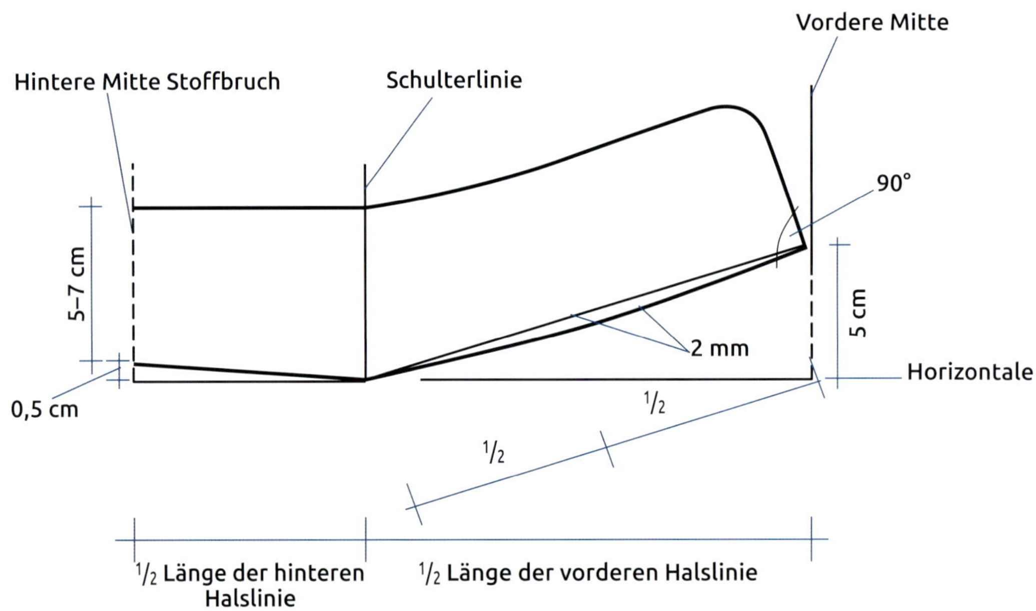

BILD 1

Der Stehkragen passt ebenso gut zu einer Bluse wie zu einem Kleid, einer Jacke oder einem Mantel. Je nach Zweck ist er mehr oder weniger hoch und liegt mehr oder weniger eng am Hals.

Bild 2 und 3 zeigen unterschiedlich geneigte Halslinien (für verschiedene Stile).

Der Grundschnitt wird für die einzelnen Formen auf die gleiche Weise konstruiert, es ändert sich nur die Höhe des Punktes an der vorderen Mitte. Die Farben in Bild 3 entsprechen denen in Bild 2.

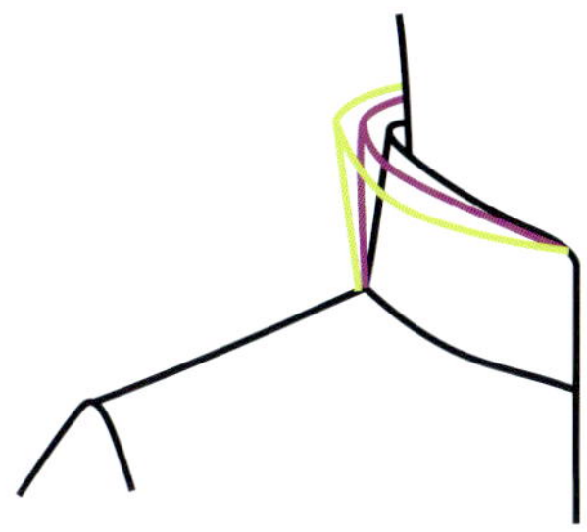

BILD 2

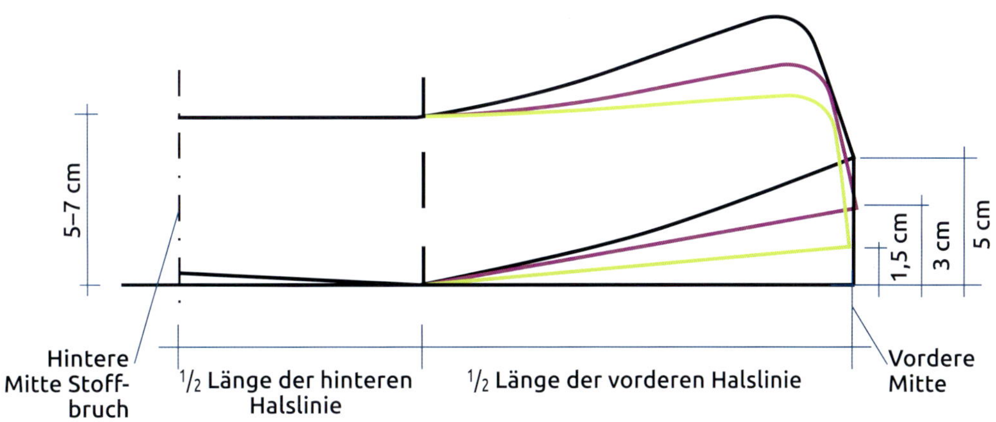

BILD 3

Kurzer Stehkragen

Modell 7

Den Grundschnitt für das Oberteil nach den vorgegebenen Maßen zeichnen und dann abwandeln.

Einen Übertritt von mindestens 2,5 cm hinzufügen.

Tiefe und Form des Ausschnitts festlegen (Bild 1, in Grün).

Halslinie um ca. 2 cm absenken und, ausgehend von der vorderen Mittellinie, ca. 2,5 cm enger machen.

Neue Linie vorn zeichnen (Bild 1, in Grün).

Dann vorn und hinten einen Besatz mit einer Breite von 5 bis 7 cm zeichnen (Bild 1, in Violett).

Linien für die Konstruktion des Kragens nach Bild 2 zeichnen.

Auf dem endgültigen Schnittmuster 1 cm Nahtzugabe einzeichnen.

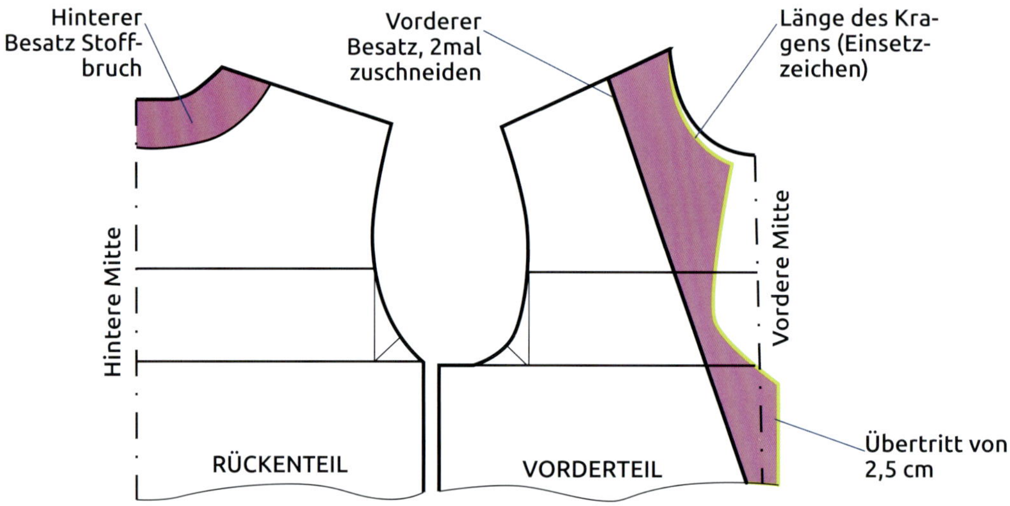

BILD 1

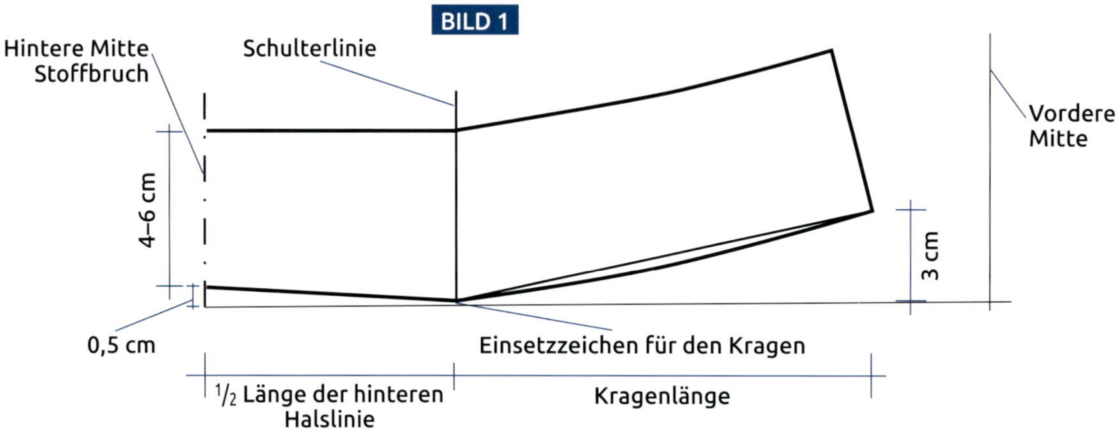

BILD 2

Stehkragen mit Knopfleiste

Modell 8

Zunächst den Grundschnitt für das Oberteil nach den vorgegebenen Maßen zeichnen.

Die Form des Ausschnitts (Bild 1, in Grün) festlegen, dann die Besätze mit einer Breite von 5 bis 7 cm zeichnen (Bild 1, in Violett).

Die Konstruktion des Kragens entspricht der des Stehkragens auf S. 166 (Bild 1), erhält aber eine 2,5 cm breite Knopfleiste in der vorderen Mitte.

Auf dem endgültigen Kragenschnittmuster 1 cm Nahtzugabe und die Einsetzzeichen (für Schulter) einzeichnen.

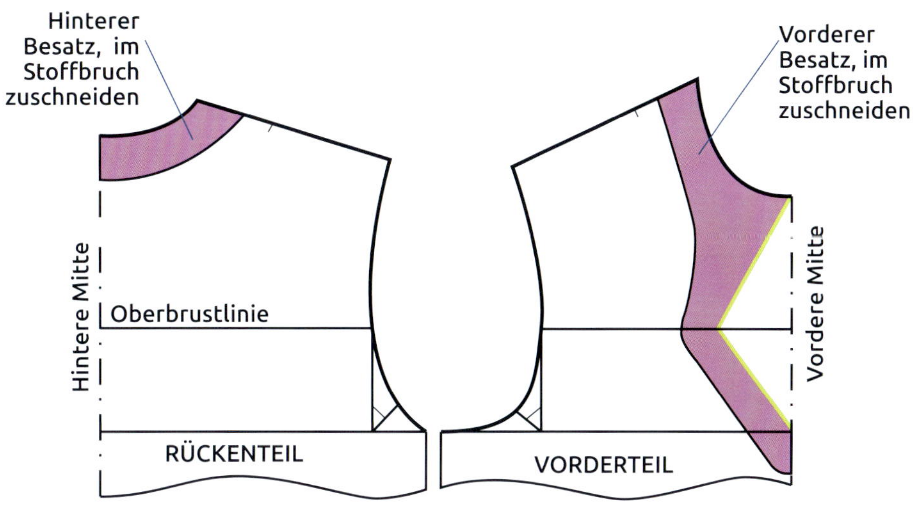

BILD 1

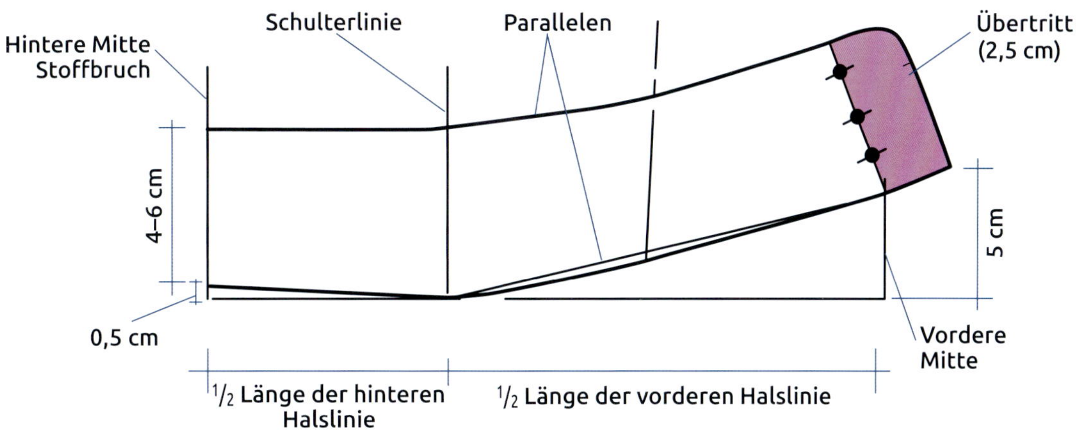

BILD 2

Bubikragen

Modell 9

Dieser Kragen wird um die Halslinie angesetzt und direkt auf das Schnittmuster von Vorder- und Rückenteil des Oberteils gezeichnet. Alle flachen Kragen werden auf die gleiche Weise konstruiert, nur die Außenkanten unterscheiden sich (Bild 1).

Für das Schnittmuster des gewünschten Kragens (Vorschläge in Farbe in Bild 1) den Grundschnitt von Vorder- und Rückenteil Schulter an Schulter aneinanderlegen (Bild 1).

Die Aufdrehung zwischen den beiden Schulterlinien (von 0 cm an der Halslinie auf 1 cm am Armausschnitt) bewirkt, dass der Kragen nach dem Annähen glatt aufliegt.

Zunächst die Form des gewünschten Kragens zeichnen.

An der vorderen und hinteren Mittellinie den Kragen zum Ansetzen an der Halslinie um 1 cm absenken. Das verhindert, dass der Kragen sich nach dem Annähen aufrichtet und sich um die Halslinie „rollt“ (Bild 1).

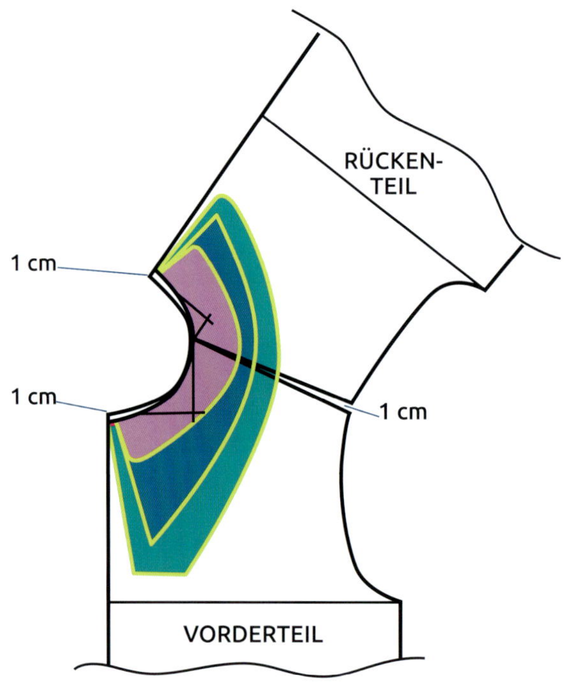

BILD 1

Flacher einseitiger Kragen

Modell 10

Das Schnittmuster für den flachen Kragen auf dem maßgefertigten Grundschnitt für das Oberteil zeichnen. Da das Modell asymmetrisch ist, wird für das Vorderteil ein rechter und ein linker Schnitt benötigt. Dann die Anleitungen aus Bild 2 befolgen.

Rechtes Vorderteil

Den Umfang der Halslinie um 1 cm erweitern und die Spitze des Ausschnitts je nach gewünschter Asymmetrie (hier 5 cm) verlängern. Dann den Übertritt zeichnen, der, von diesem Punkt ausgehend, immer schmaler wird und auf der Höhe der Brust schließlich 2 cm erreicht (Bild 1, in Violett). Kragen (in Violett) und Besatz (grüne Linie) zeichnen und abpausen.

Linkes Vorderteil

Den Umfang der Halslinie um 1 cm erweitern, 2 cm Übertritt anfügen, Besatz zeichnen und abpausen. Auf dem endgültigen Schnittmuster 1 cm Nahtzugabe sowie Pass- und Einsetzzeichen anbringen.

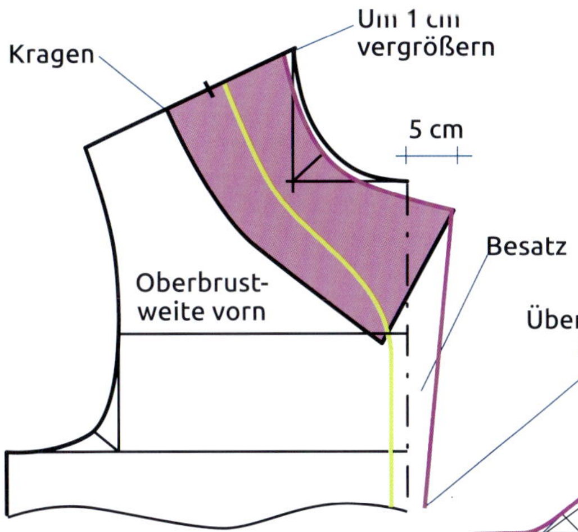

Rechtes Vorderteil

BILD 1

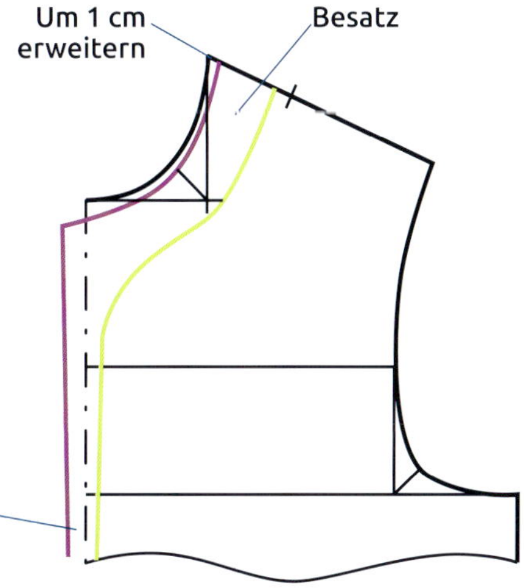

Linkes Vorderteil

BILD 2

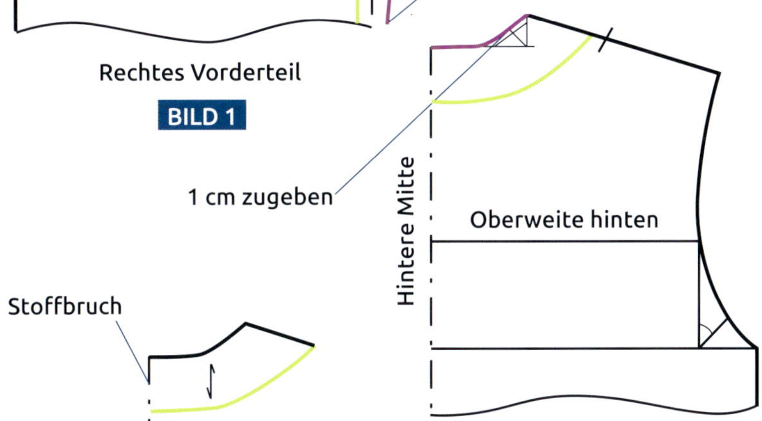

Besatz für hinteren Halsausschnitt

Schnittmuster für das Rückenteil

BILD 3

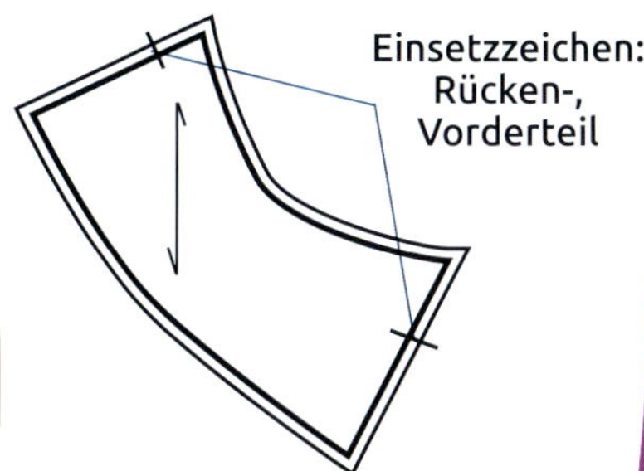

Endgültiges Kragenschnittmuster

BILD 4

Großer flacher Kragen

Modell 11

Schnittmuster für den Kragen auf dem Grundschnitt für das Oberteil zeichnen, der nach den vorgegebenen Maßen gefertigt wurde.

Einen Übertritt von mindestens 2 cm hinzufügen, dann Tiefe des Ausschnitts festlegen.

Vorderes und hinteres Oberteil wie in Bild 1 platzieren, dann Form des gewünschten Kragens zeichnen (Bild 1, in Violett).

Besatz zeichnen (Bild 1, in Grün). Danach Kragen und Besatz abpausen. Mehrere Pass- und Einsetzzeichen anbringen. Auf dem endgültigen Schnittmuster 1 cm Nahtzugabe vorsehen.

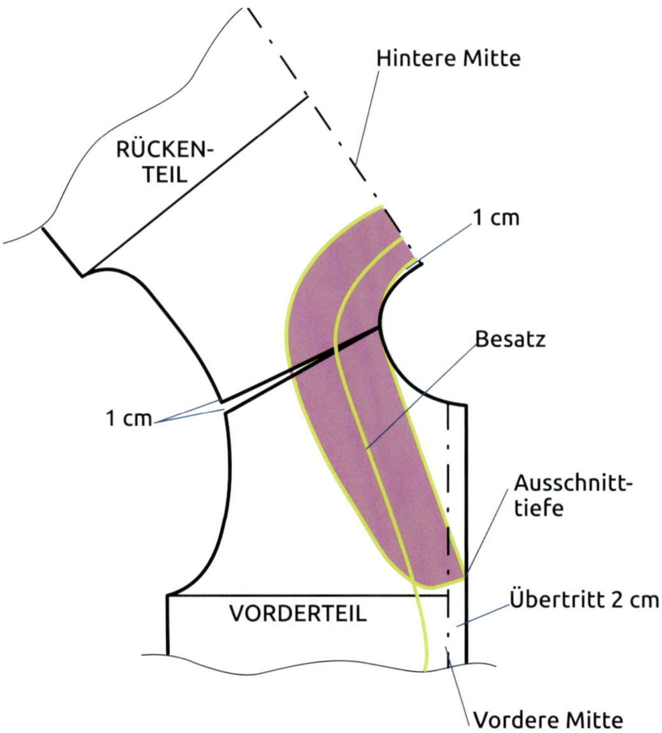

BILD 1

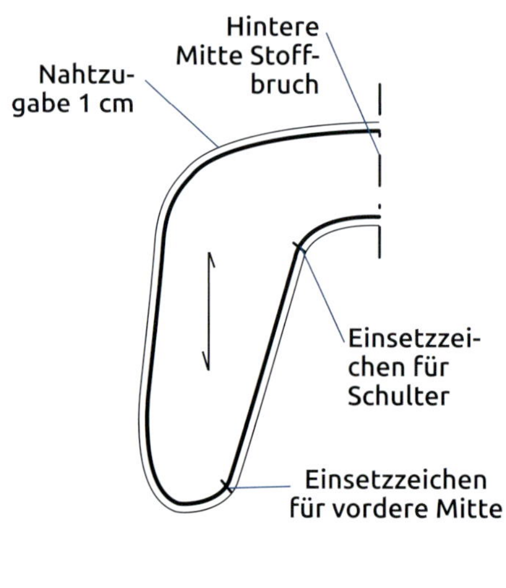

Endgültiges Kragenschnittmuster im Stoffbruch zuschneiden

BILD 2

Flacher Kragen mit Revers

Modell 12

Das Schnittmuster für dieses Modell wie das Schnittmuster der vorigen Seite konstruieren.

Für die Faltung an der Kragenkante die Unterkante erweitern und die Schulterlinien um 2 cm aufdrehen.

Kragen (Bild 1, in Grün) und Besatz (blaue Linie) zeichnen und abpausen.

Für den schrägen Kragensteg die hintere Mitte des Kragens für den Zuschnitt in den Fadenlauf legen.

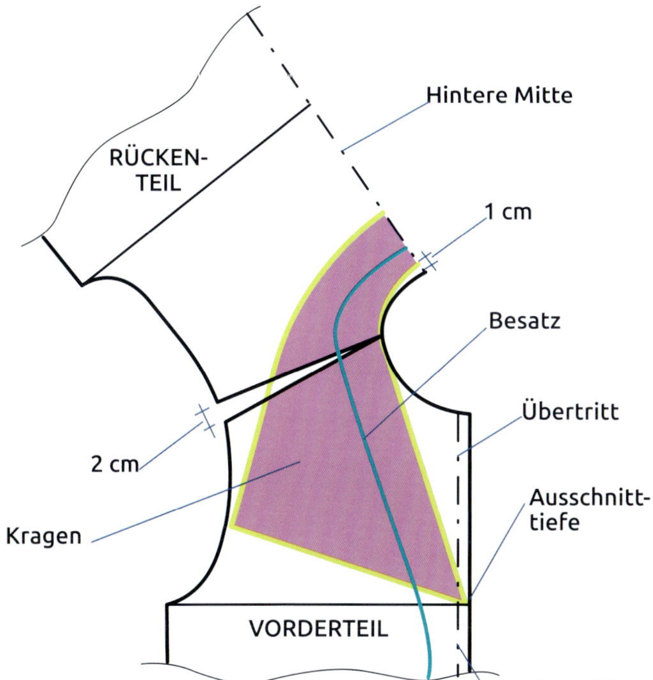

BILD 1

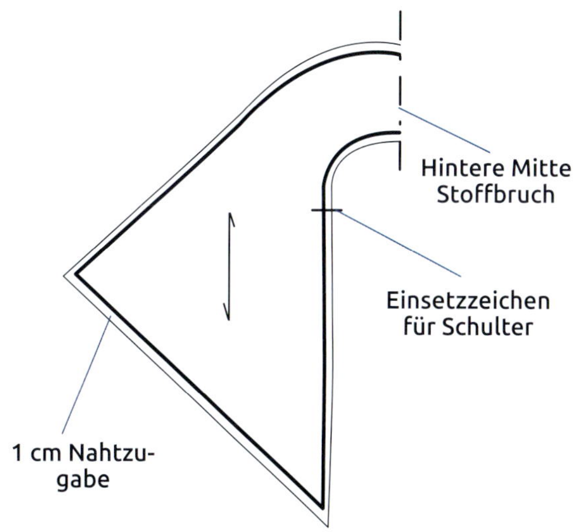

Endgültiges Kragenschnittmuster im Stoffbruch zuschneiden.

BILD 2

Angeschnittene Kragen

Bei diesen Kragen wird das endgültige Schnittmuster für das Oberteil am Hals verlängert. Stehkragen stellen eine mehr oder weniger hohe Verlängerung des Oberteils am Hals dar – ohne Schnitt und Nahtzugabe. Lediglich kleine Änderungen an der Halslinie sind erforderlich.

Schalkragen haben einen mehr oder weniger tiefen V-förmigen Halsausschnitt. Sie sind auch die einzigen Kragen, bei denen die hintere Mitte nicht im geraden Fadenlauf liegt: Die Neigung dieser Linie hängt von der Breite des Kragens ab, die auf der Schulter umgelegt wird.

Klassischer Stehkragen

Modell 1

Der Stehkragen entsteht durch die Verlängerung von Vorder- und Rückenteil am Hals.

Wird der Stehkragen auf der unveränderten Halslinie konstruiert, liegt er nah am Hals. Um ihn vom Hals zu entfernen und bequemer zu machen, vergrößert man die Halslinie an der Schulterlinie um 1,5 bis 2 cm.

Für eine schönere Form des Stehkragens passt man die vordere und hintere Schulterlinie an (nach den Angaben aus Bild 1).

Die Außenkante des Kragens kann individuell gestaltet werden (siehe farbige Linien in Bild 1).

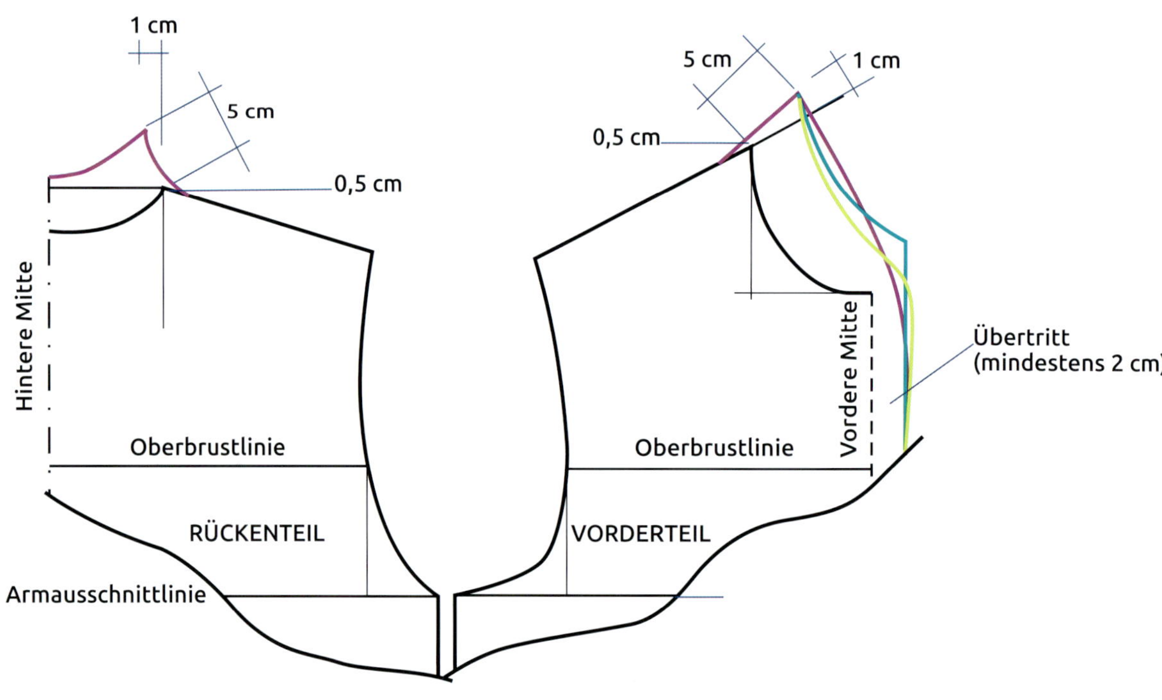

BILD 1

Stehkragen mit Fantasie-ausschnitt

Modell 2

Für das Oberteil einen festen Stoff nehmen oder mit Bügelvlies verstärken, da die gerundeten Partien nicht befestigt werden und sich verformen können.

Zunächst den Grundschnitt für das Oberteil nach den vorgegebenen Maßen zeichnen und dann abwandeln.

Die Anleitungen in Bild 1 befolgen.

Einen Übertritt von 2 bis 3 cm hinzufügen, dann Form des gewünschten Ausschnitts zeichnen (Bild 1, in Grün).

Besätze mit einer Breite von 7 bis 10 cm zeichnen (Bild 1, in Violett) und durchpausen.

Auf dem endgültigen Schnittmuster 1 cm Nahtzugabe sowie Pass- und Einsetzzeichen einzeichnen.

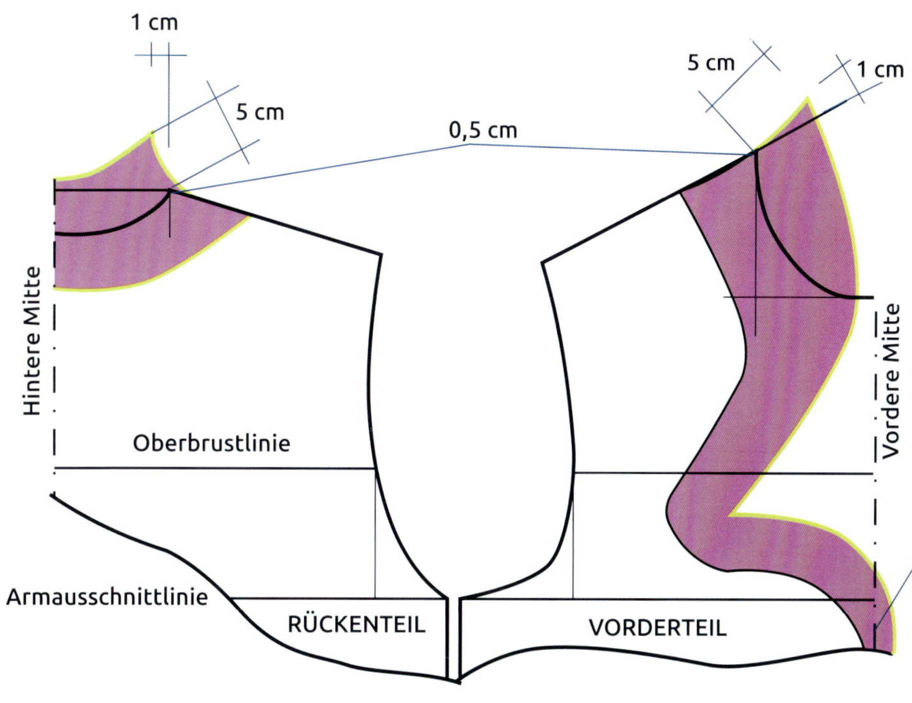

BILD 1

Asymmetrischer Stehkragen

Modell 3

Da das Vorderteil des Modells asymmetrisch ist, werden vorn ein rechtes und ein linkes Schnittmuster benötigt.

Dieses Kragenmodell ist besonders für Kleidungsstücke aus dickerem Stoff bestimmt (Jacke, Mantel, Blouson), daher die vordere und hintere Halslinie ca. 1 bis 2 cm über die Schulterlinie anheben. Bei einem leichteren Stoff genügen 0,5 bis 1 cm.

Rückenteil

Den Grundschnitt des Rückenteils im Stoffbruch nach den genommenen Maßen zeichnen, dann den Kragen nach den Angaben in Bild 1 (in Grün) konstruieren.

Den Besatz mit einer Breite von 7 bis 10 cm zeichnen (Bild 1, in Violett) und durchpausen.

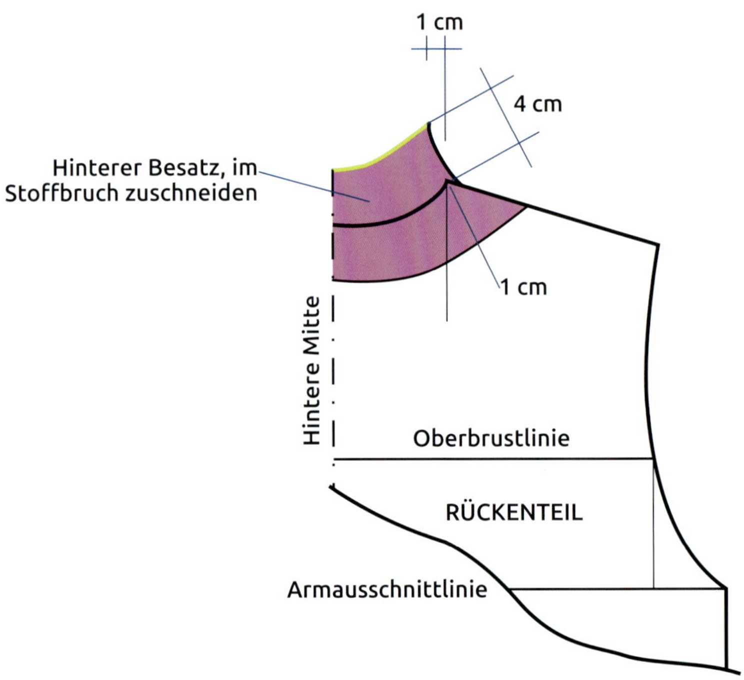

BILD 1

Vorderteil

Den Grundschnitt für das Vorderteil zeichnen – linke und rechte Seite separat.

Dann nach den Angaben in Bild 2 (in Grün) die Abwandlungen vornehmen.

Die Besätze breit genug zeichnen, denn das Vorderteil kann offen oder geschlossen getragen werden (Bild 2, in Violett, durchpausen).

Auf dem endgültigen Schnittmuster 1 cm Nahtzugabe sowie mehrere Pass- und Einsetzzeichen einzeichnen.

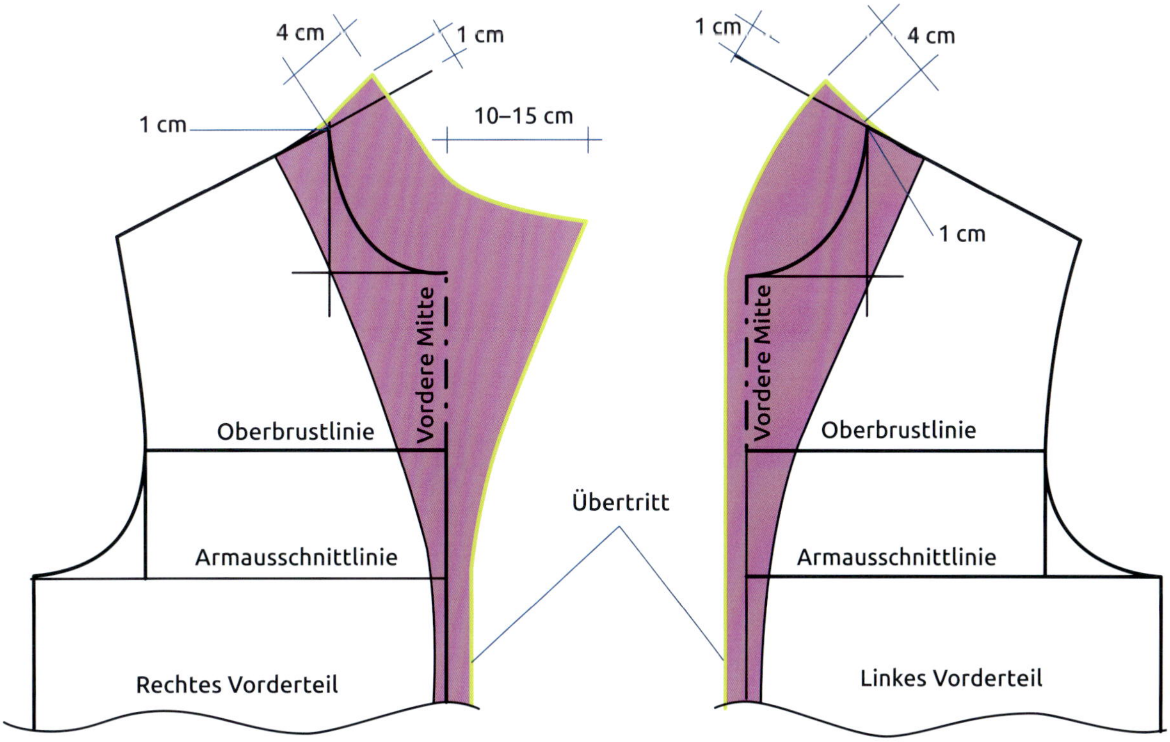

BILD 2

Stehkragen mit Abnähern

Modell 4

Einen festen Stoff nehmen oder mit Bügelvlies verstärken.

Den Grundschnitt für das Oberteil nach den vorgegebenen Maßen zeichnen und dann abwandeln: Die Ausschnitttiefe festlegen, dann nach den Angaben in Bild 1 (in Grün) den Kragen konstruieren.

Da der Stehkragen 6 cm hoch ist, werden auf der Höhe der vorderen Halslinie zwei Abnäher eingesetzt, die die Form verschönern.

Um den Kragen an den Hals anzupassen, setzen Sie, ausgehend von der hinteren Mitte, einen Abnäher, der dem Bogen des Halsausschnitts folgt (Weite ca. 1 cm, Länge ca. 5 cm).

Zeichnen Sie auf dem endgültigen Schnittmuster 1 cm Nahtzugabe sowie mehrere Pass- und Einsetzzeichen ein.

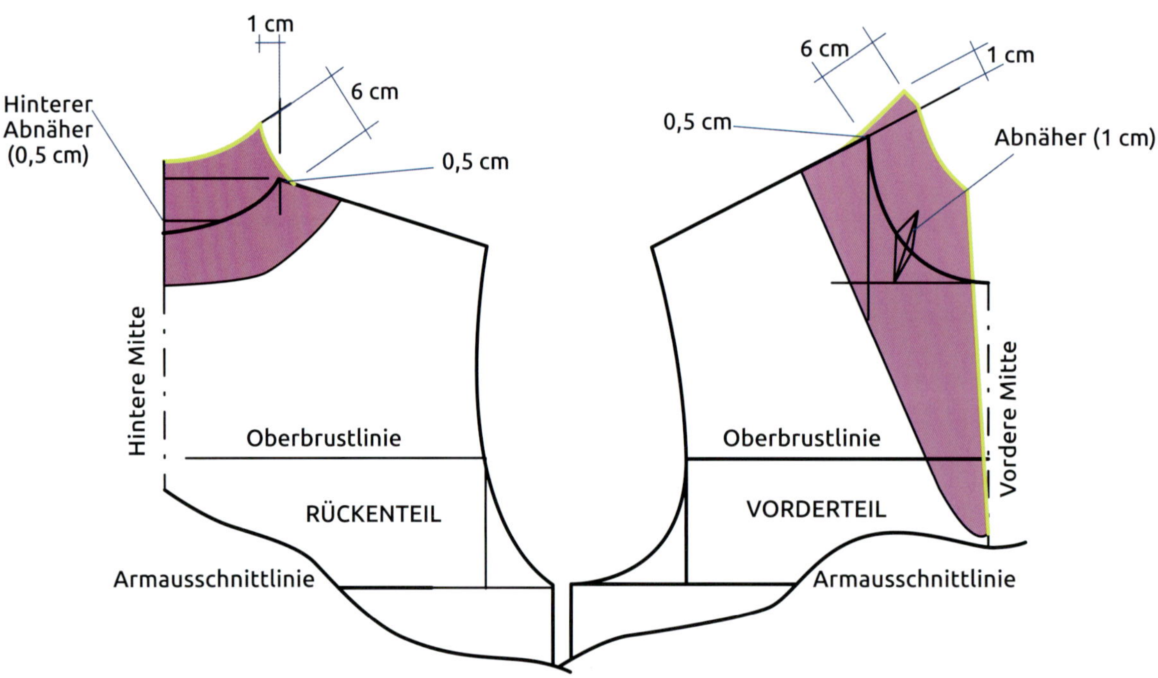

BILD 1

Stehkragen mit Revers

Modell 5

Den Grundschnitt für Oberteil nach den vorgegebenen Maßen zeichnen und dann abwandeln.

An der vorderen Mitte einen Übertritt von 2 bis 3 cm hinzufügen, dann die Linien für die Konstruktion (in Grün) nach den Angaben in Bild 1 zeichnen.

Die Besätze zeichnen (Bild 1, in Violett) und dann durchpausen. Auf dem endgültigen Schnittmuster 1 cm Nahtzugabe sowie Pass- und Einsetzzeichen einzeichnen.

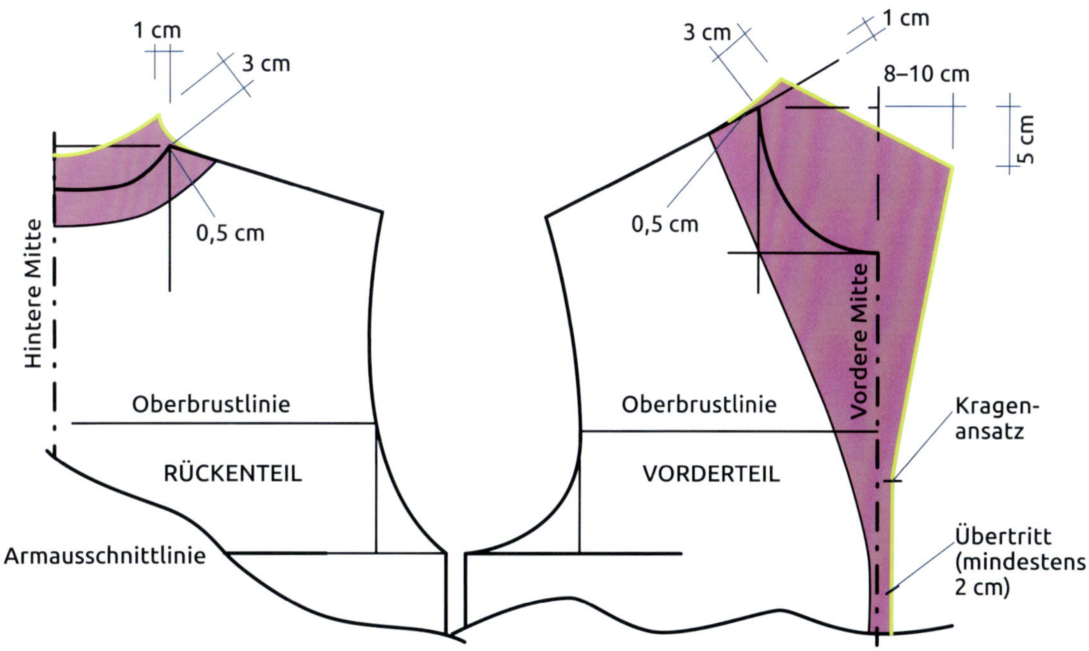

BILD 1

Stehkragen mit Revers auf Fantasieausschnitt

Modell 6

Zunächst den Grundschnitt für das Oberteil nach den vorgegebenen Maßen zeichnen und dann die Änderungen vornehmen.

Tiefe und Form des Ausschnitts auf der vorderen Mittellinie festlegen (Bild 1, in Grün).

Den Kragen nach der Anleitung aus Bild 1 konstruieren.

Die Besätze festlegen (Bild 1, in Violett) und durchpausen (Bild 2 und 4).

Obere und untere Partie des Vorderteils (Bild 3) an den Schnittlinien voneinander trennen.

Auf dem endgültigen Schnittmuster 1 cm Nahtzugabe sowie Pass- und Einsetzzeichen einzeichnen.

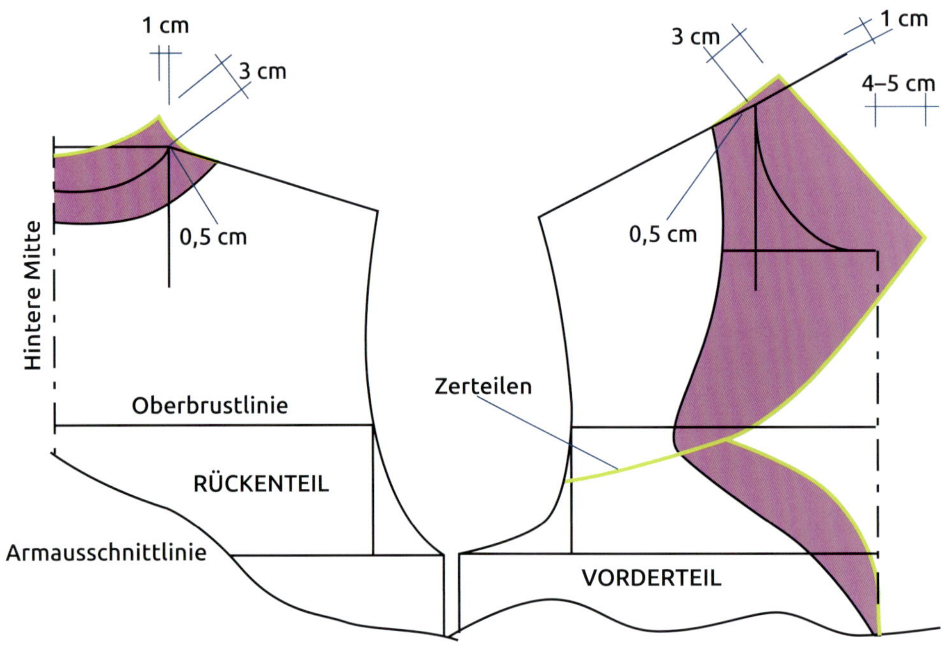

BILD 1

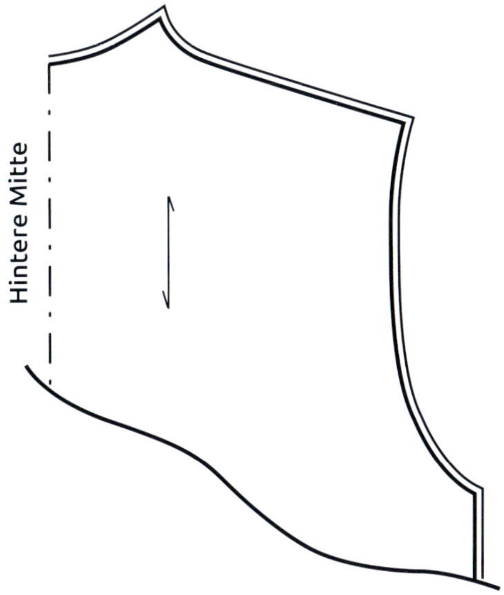

Endgültiges Schnittmuster des Rückenteils, im Stoffbruch zuschneiden

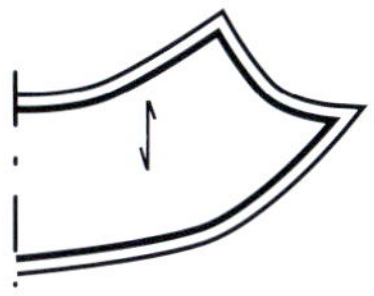

Endgültiges Schnittmuster für den hinteren Besatz, im Stoffbruch zuschneiden

BILD 2

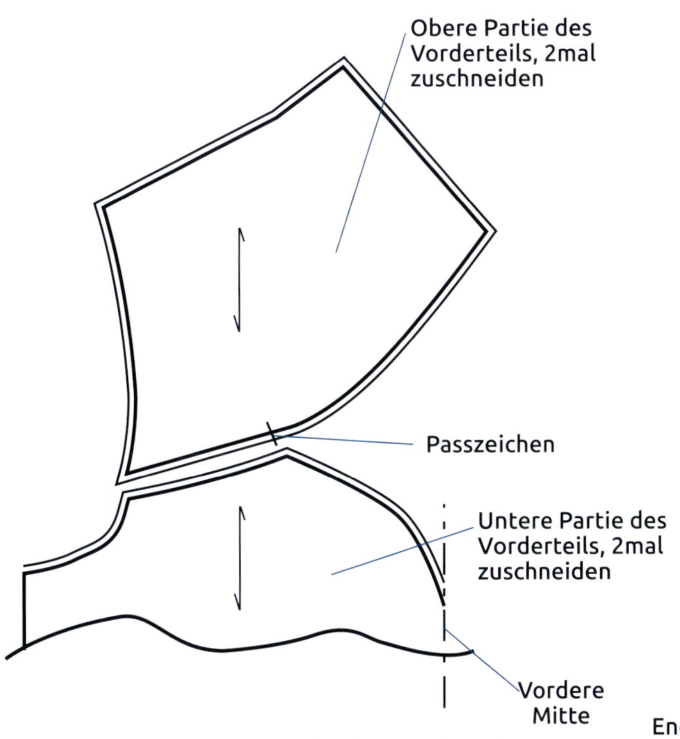

Endgültiges Schnittmuster für das Vorderteil

BILD 3

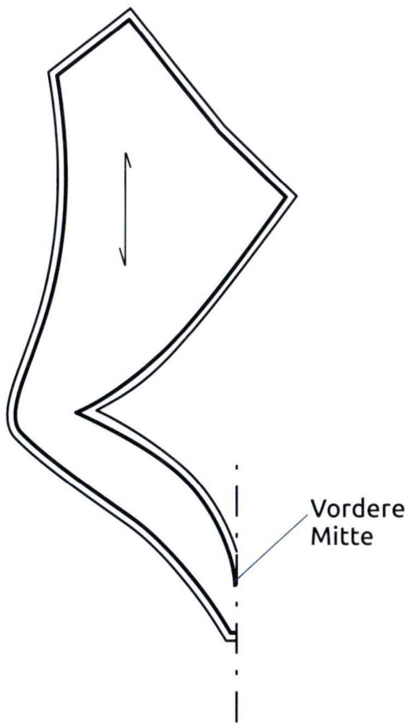

Endgültiges Schnittmuster für den vorderen Besatz, im Stoffbruch zuschneiden

BILD 4

Klassischer Schalkragen

Modell 7

Die hintere Partie dieses Kragens ist eine Verlängerung der vorderen Partie.

Das Schnittmuster für den Kragen auf dem Grundschnitt für das Oberteil konstruieren, der nach den vorgegebenen Maßen gefertigt wurde.

Dann die Anleitungen in Bild 1 und 2 befolgen. Vordere und hintere Halslinie an der Schulterlinie um 1,5 bis 2 cm vergrößern. An der vorderen Mitte einen Übertritt von 2 bis 4 cm Breite zeichnen.

Die Ausschnitttiefe festlegen, dann die Konstruktionslinie für den Kragen zeichnen. Sie verläuft von der Spitze des Ausschnitts durch die vergrößerte Halslinie an der Schulterlinie.

Verlängern Sie diese Konstruktionslinie um die halbe Länge der hinteren Halslinie.

Parallel zur Schulterlinie 3 cm markieren (Breite des Kragenstegs). Diesen Punkt mit der Schulterlinie verbinden. Ebenfalls von diesem Punkt aus im rechten Winkel die Mittellinie des Kragens über 6 cm zeichnen (Breite des Kragenfalls).

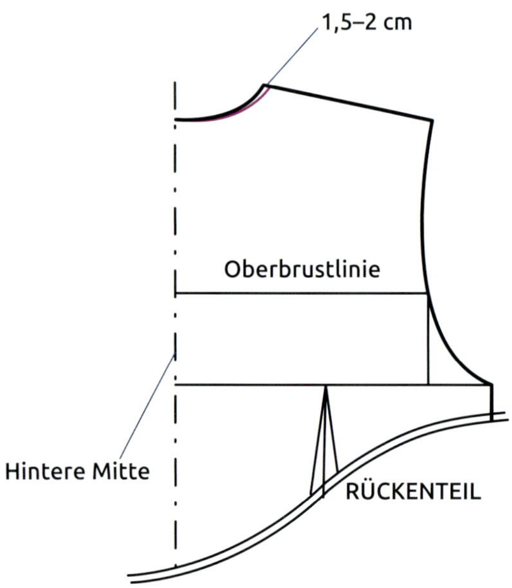

BILD 1

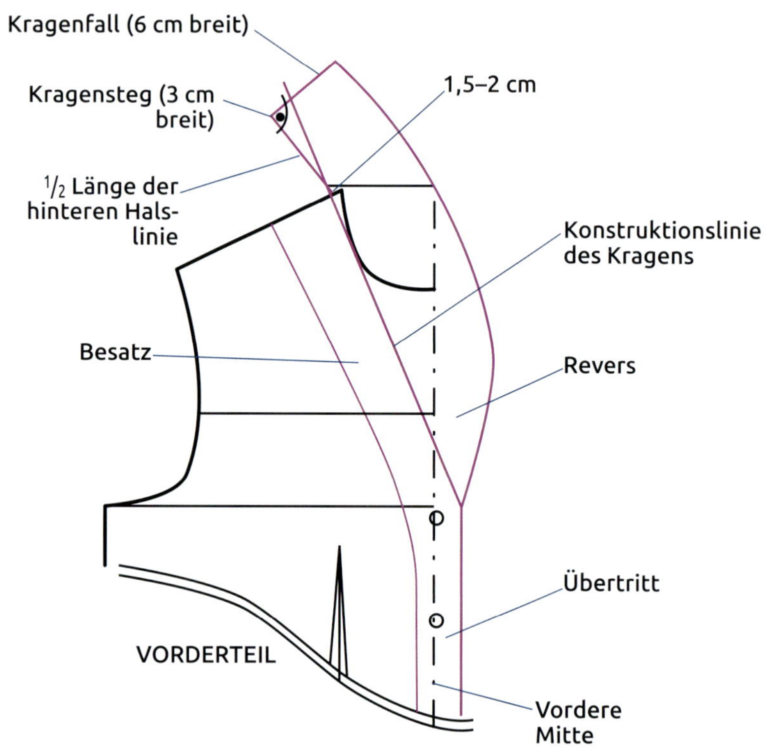

BILD 2

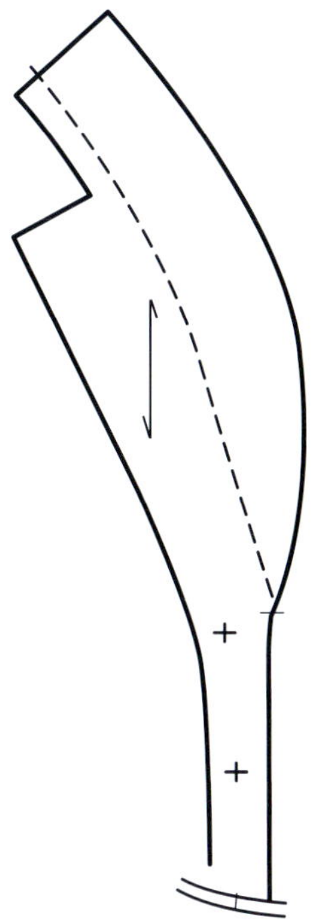

Die aus der Konstruktion entstandenen Ecken abrunden, den Besatz durchpausen. Pass- und Einsetzzeichen anbringen. Auf dem endgültigen Schnittmuster 1 cm Nahtzugabe einzeichnen.

Schnittmuster für Besatz mit Reverskragen.

BILD 3

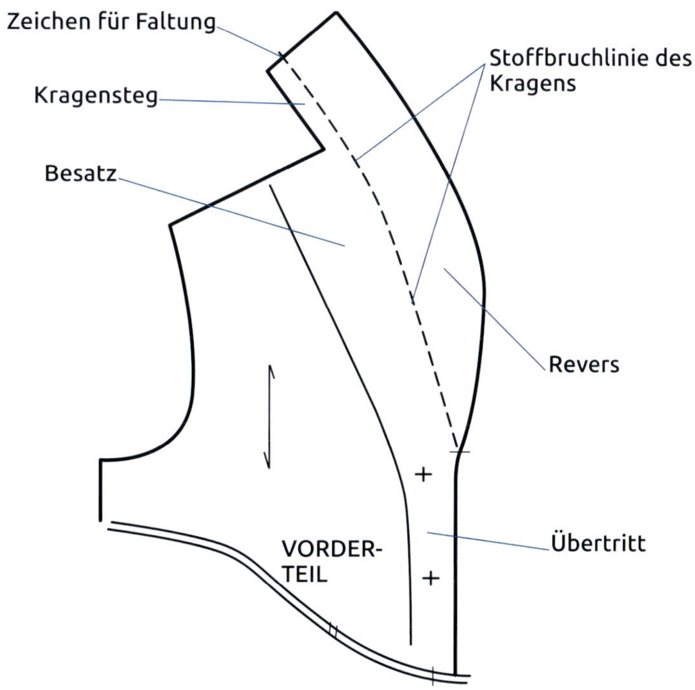

Endgültiges Schnittmuster für das Vorderteil

BILD 4

Eckiger Schalkragen

Modell 8

Das Schnittmuster für dieses Modell auf der Basis des angepassten Grundschnitts für das Oberteil konstruieren.

Die hier angewandte Methode unterscheidet sich von der auf den beiden vorhergehenden Seiten (Modell 7, S. 184/185).

Einen Übertritt von 3 bis 4 cm zeichnen, dann die Ausschnitttiefe festlegen (Bild 2).

Die Konstruktionslinie für den Kragen zeichnen. Sie verläuft von der Ausschnittspitze über Hals- und Schulterlinie.

Die vordere und hintere Halslinie an der Schulterlinie um 2 cm erhöhen.

Auf das Schnittmuster des Vorderteils die Kragenform zeichnen (Bild 2, in Violett), dann mit Hilfe von Pauspapier den Kragen entlang der Konstruktionslinie spiegeln (Bild 2, in Violett).

Auf der verlängerten Konstruktionslinie die halbe Länge der hinteren Halslinie eintragen (Bild 3).

Parallel zur Schulterlinie 3 cm markieren. Diesen Punkt mit der Schulterlinie verbinden und dann eine Parallele zu dieser Geraden in 2 cm Abstand zeichnen (Kragensteg). Den hinteren Teil mit einem rechten Winkel abschließen (Breite des Kragenfalls ca. 6 cm). Die bei der Konstruktion entstandenen Ecken abrunden.

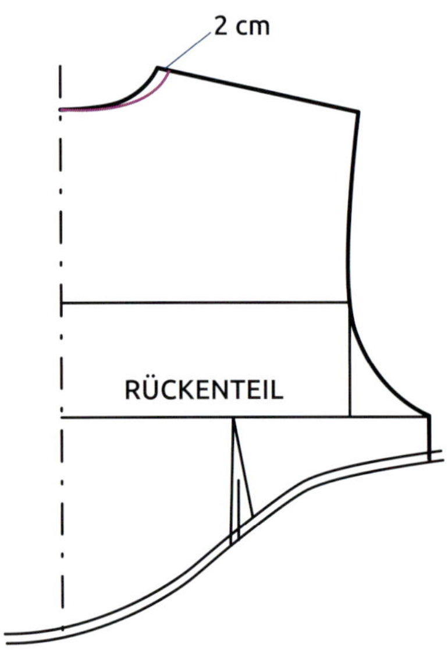

BILD 1

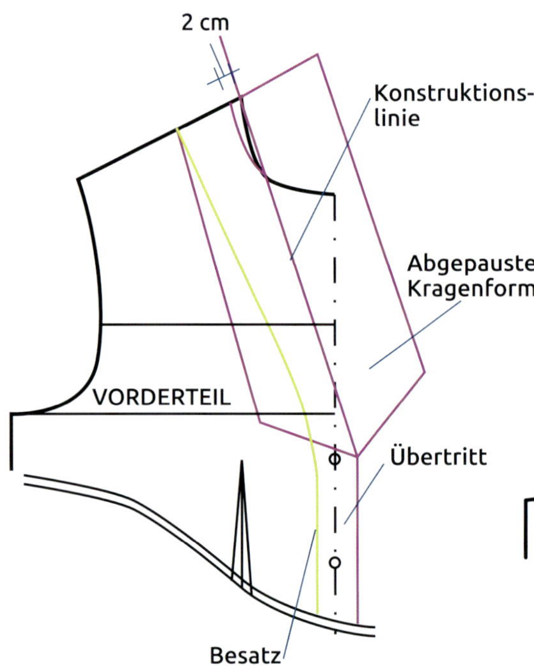

BILD 2

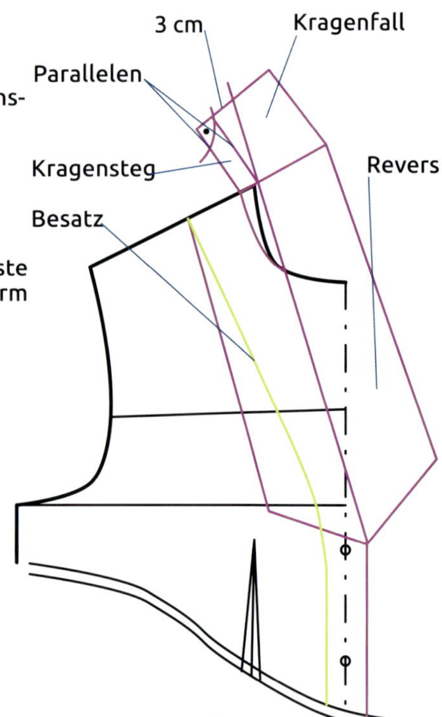

BILD 3

Den Besatz zeichnen (Bild 4, in Grün) und durchpausen.

Auf dem endgültigen Schnittmuster 1 cm Nahtzugabe sowie Pass- und Einsetzzeichen einzeichnen.

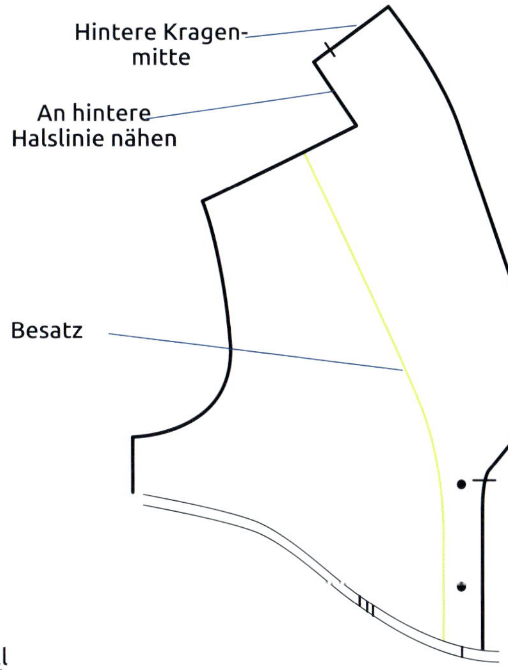

Endgültiges Schnittmuster für das Vorderteil

BILD 4

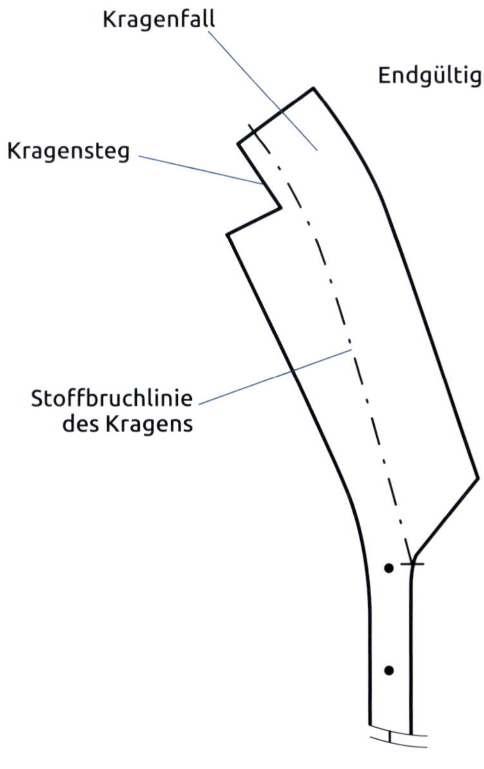

Endgültiges Schnittmuster für den Besatz

BILD 5

Kurzer Schalkragen

Modell 8

Das Schnittmuster für dieses Modell auf der Basis des angepassten Grundschnitts für das Oberteil konstruieren (Bild 2, in Violett).

Breite des Übertritts und Ausschnitttiefe bestimmen.

Vordere und hintere Halslinie an der Schulterlinie um 2 cm vergrößern, dann von diesem Punkt auf dem vorderen Schnittmuster 3 cm in der Höhe der Schulterlinie eintragen. Von dort die Konstruktionslinie bis zur Spitze des Ausschnitts ziehen (Bild 2).

Die Kragenform zeichnen, dann mit Hilfe einer Pause den Kragen entlang der Konstruktionslinie spiegeln (Bild 3).

Die Konstruktionslinie um $^1/_2$ Länge der hinteren Halslinie verlängern.

Parallel zur Schulterlinie 3 cm markieren. Diesen Punkt mit der Schulterlinie verbinden und dann eine Parallele zu dieser Geraden in 2 cm Abstand zeichnen (Kragensteg). Den hinteren Teil mit einem rechten Winkel abschließen (Breite des Kragenfalls ca. 6 cm).

Die bei der Konstruktion entstandenen Ecken abrunden.

Den Besatz zeichnen und durchpausen.

Auf dem endgültigen Schnittmuster 1 cm Nahtzugabe sowie Pass- und Einsetzzeichen anbringen.

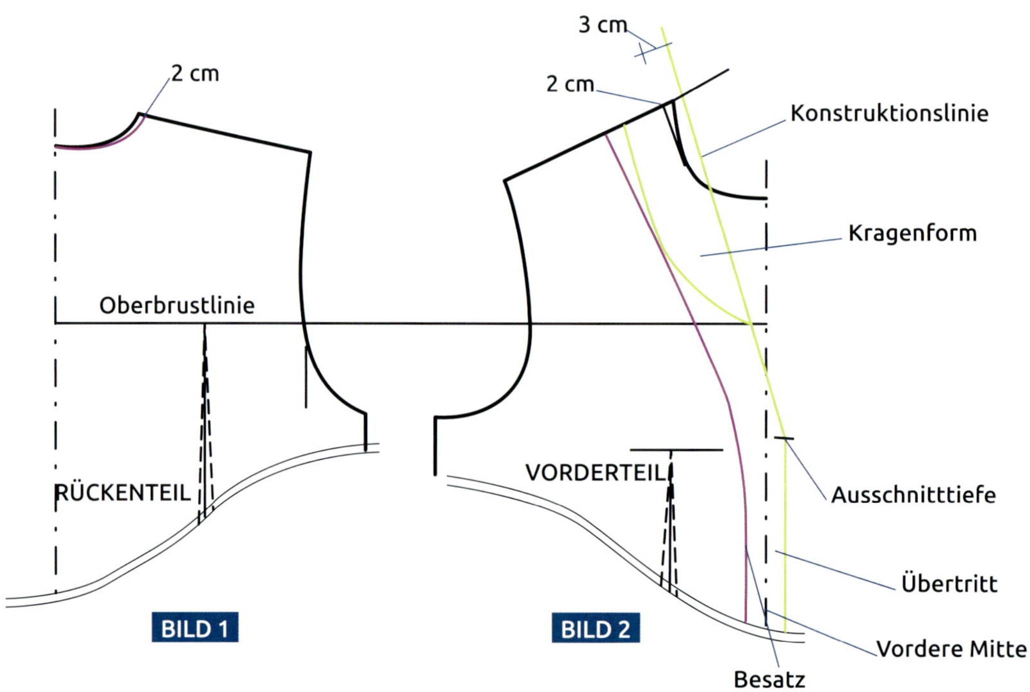

BILD 1 BILD 2

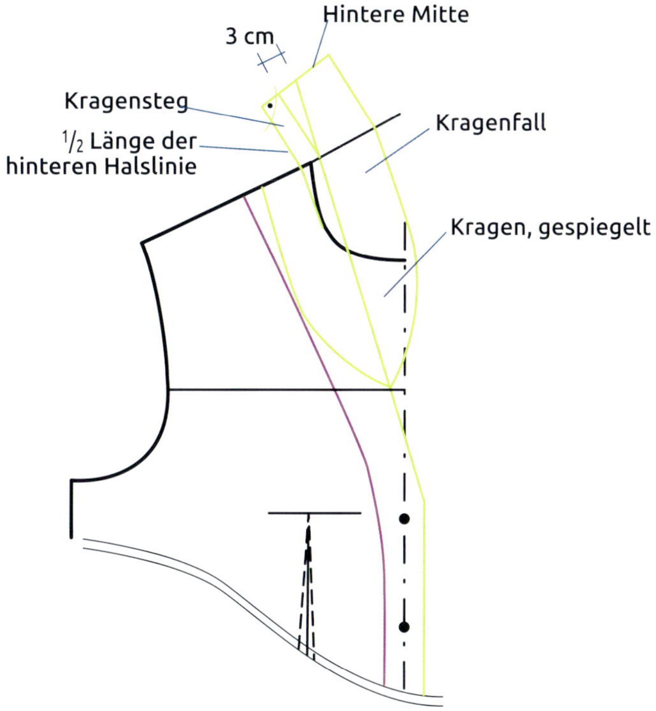

BILD 3

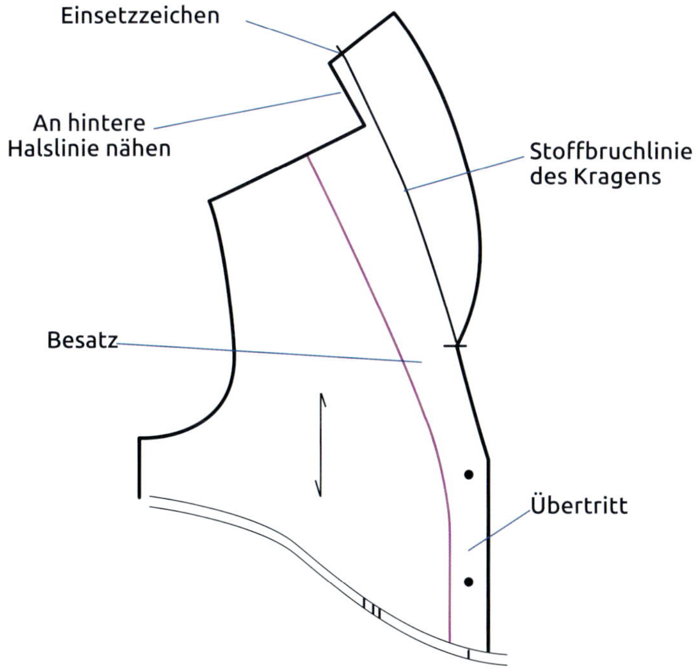

Endgültiges Schnittmuster für das Vorderteil

BILD 4

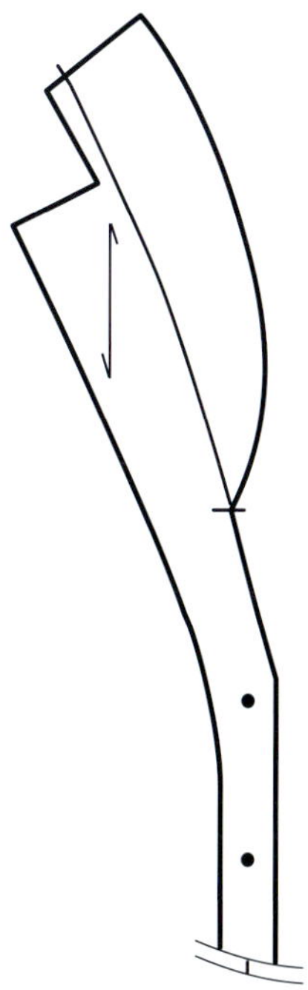

Endgültiges Schnittmuster für den Besatz

BILD 5

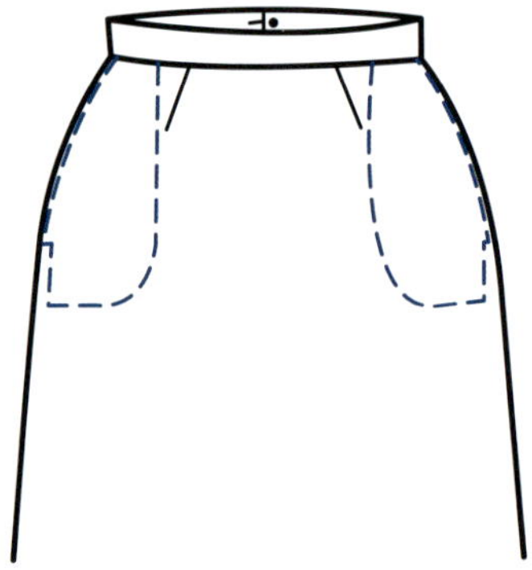

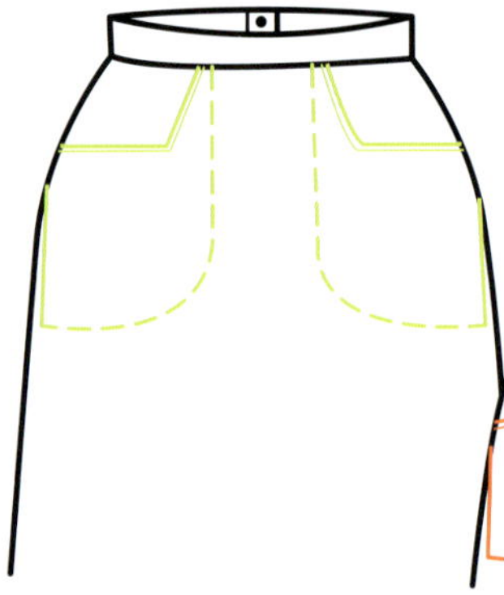
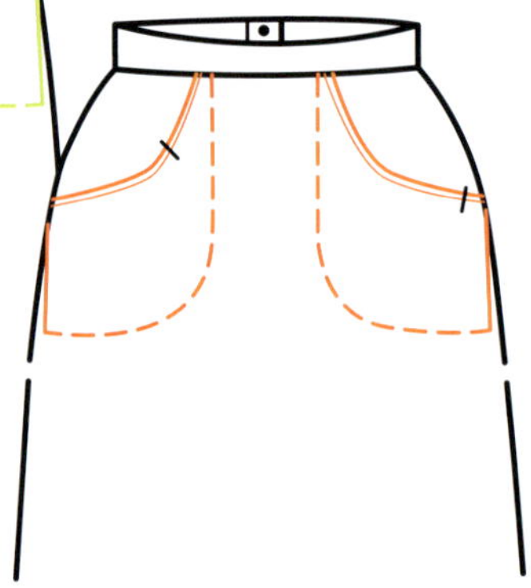

Taschen

Die große Vielfalt an Taschen lässt sich in zwei klar abgegrenzte Kategorien einteilen: eingesetzte Taschen (S. 195) und aufgesetzte Taschen (S. 207).

Unabhängig von Modell oder Form sollte die Tasche aber an einer bequemen, zugänglichen, sicheren Stelle sitzen, wenn sie nicht rein dekorativen Zwecken dient. Die Maße, also die Größe der Öffnung und die Tiefe der Tasche, hängen von Länge und Breite der Hand ab.

Es gibt weder Grundschnitte noch Konstruktionsmethoden, nach denen man ein Schnittmuster für eine Tasche fertigt. Man kann allenfalls je nach Modell allgemeine Hinweise und Ratschläge geben. Natürlich sind auch andere Verfahren als die hier beschriebenen möglich.

Einschnitt für eine Innentasche in Einzelschritten

Als Erstes bestimmt man die Länge des Tascheneingriffs: Die Hand muss ohne Probleme hineingleiten können. Soll z. B. die endgültige Länge bei 15 cm liegen, zeichnen Sie eine 13 cm lange Linie. Die fehlenden 2 cm ergeben sich aus der Nahtzugabe auf jeder Seite.

Die zugeschnittenen Partien im Stoffbruch falten, um die Öffnung der Tasche frei zu machen (Bild 2).

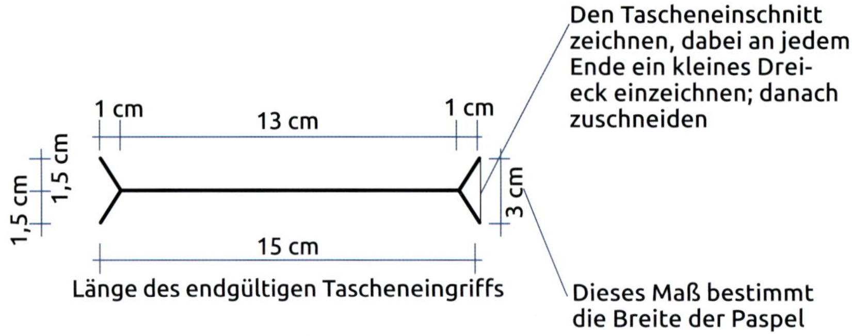

BILD 1

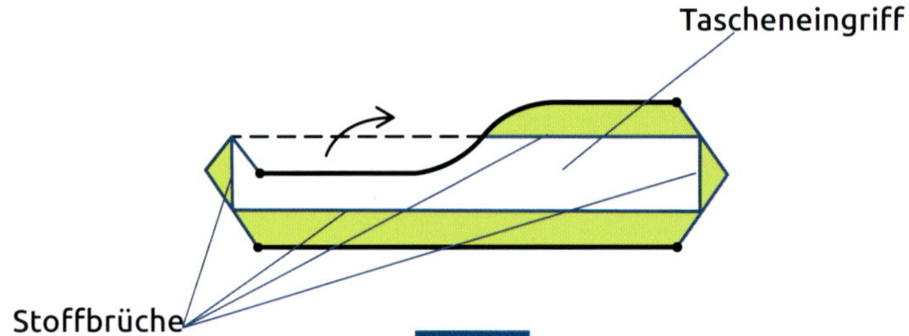

BILD 2

Achtung!
Vor dem Zuschneiden des Tascheneingriffs die gewünschten Maße prüfen.

Die Paspel anbringen: Eine einfache Paspel deckt die gesamte Öffnung ab (Bild 3), bei der doppelten Paspel deckt jede (obere und untere) die Hälfte der Öffnung ab (Bild 4).

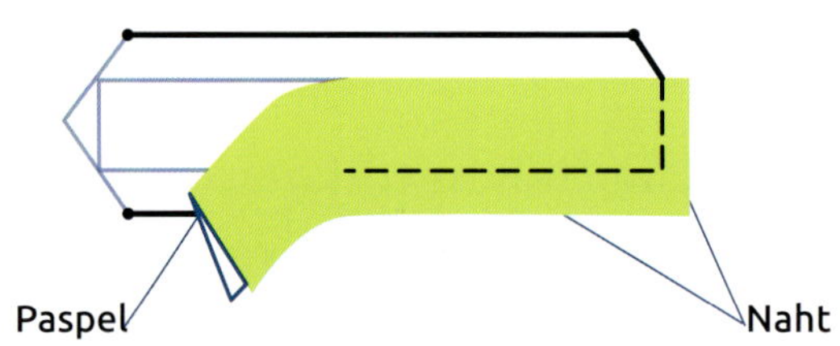

BILD 3

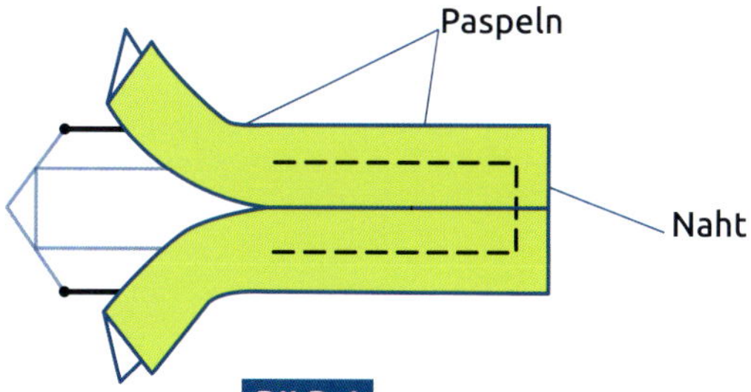

BILD 4

Verarbeitung

Ein in den Stoff geschnittener Tascheneingriff muss von einer Paspel oder einer Patte abgedeckt werden, um die beiden Schnittkanten zu versäubern.

Welche Verarbeitung gewählt wird, hängt vom Zweck des Kleidungsstücks oder vom verarbeiteten Stoff ab.

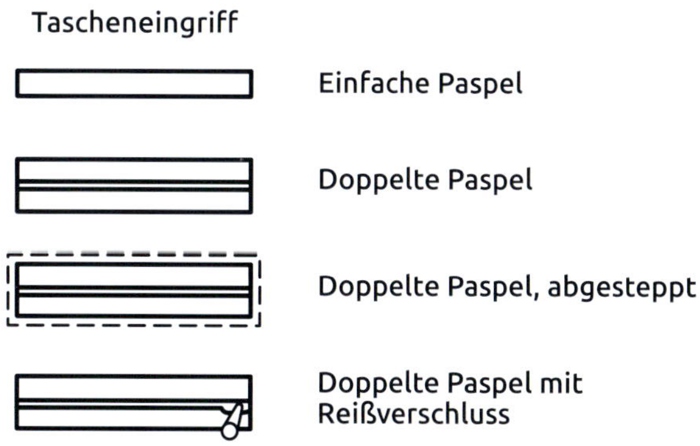

Bordüren für Taschen mit diagonaler Kante

Ganz gleich, welchen Diagonaleingriff an welchem Kleidungsstück man wählt, für das Zeichnen der Bordüren braucht man lediglich Kreativität.

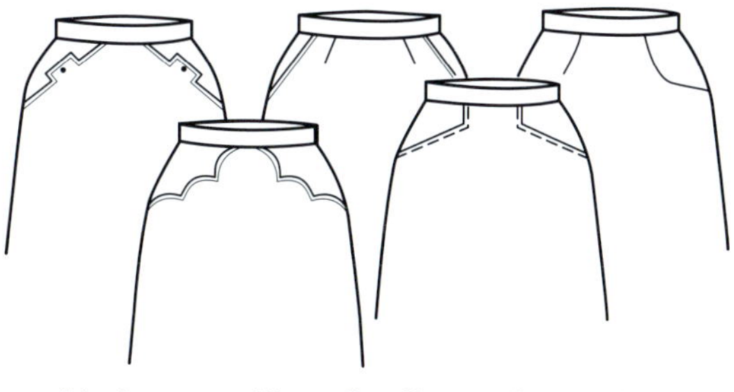

Verschiedene Bordüren für diagonale Tascheneingriffe.

BILD 1

Ob die Taschen nun zu einem Oberteil, einem Rock, einer Jacke, einem Kleid oder einem Mantel gehören, das Verfahren der Konstruktion bleibt stets gleich.

Eingesetzte Taschen

Eingesetzte Taschen werden an einer Naht oder an einem Schnitt angesetzt.
Bei dieser Taschenart beschränken sich die individuelle Gestaltung und der Ausdruck der Kreativität auf die Öffnung, denn mehr ist nicht sichtbar. Der Taschenbeutel ist im Inneren des Kleidungsstücks verborgen.
Die Konstruktion des Schnittmusters für eine eingesetzte Tasche ist komplizierter als die einer aufgesetzten Tasche und hängt von der Platzierung der Tasche ab – an der Naht oder in einem Einschnitt.

Verschiedene eingesetzte Taschen

BILD 1

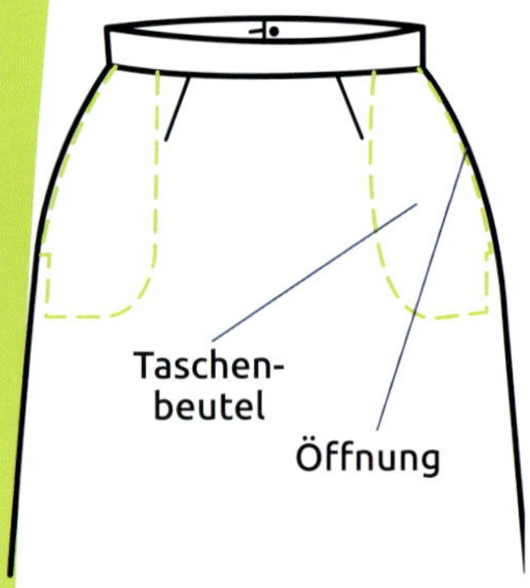

Schlitztasche in der Seitennaht eines Rockes

Modell 1

Die Tasche sitzt in der Seitennaht des Rockes.

Auf dem endgültigen Schnittmuster des Rockes dieTaschenform einzeichnen (Bild 1, in Grün).

Pass- und Einsetzzeichen zeigen Platzierung und Weite der Tasche an (hier etwa 12 cm).

Dann die Form des Taschenbeutels abpausen (Bild 2) und einen Besatz zeichnen (in Blau). Dieser Besatz wird aus dem Oberstoff geschnitten, damit die Fütterung der Tasche nicht beim Öffnen sichtbar wird.

Dann Besatz und Innentasche trennen (Bild 3). Der Taschenbeutel wird aus Futterstoff geschnitten, damit er nicht aufträgt.

Auf dem endgültigen Schnittmuster 1 cm Nahtzugabe einzeichnen.

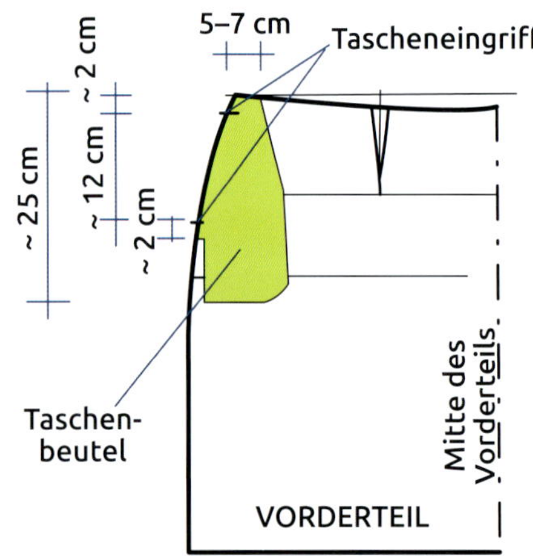

Schnittmuster für die Tasche
Platzierung der Tasche

BILD 1

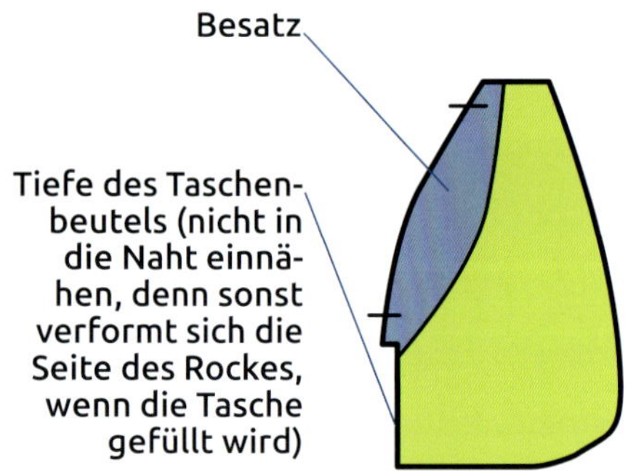

Form der Tasche

BILD 2

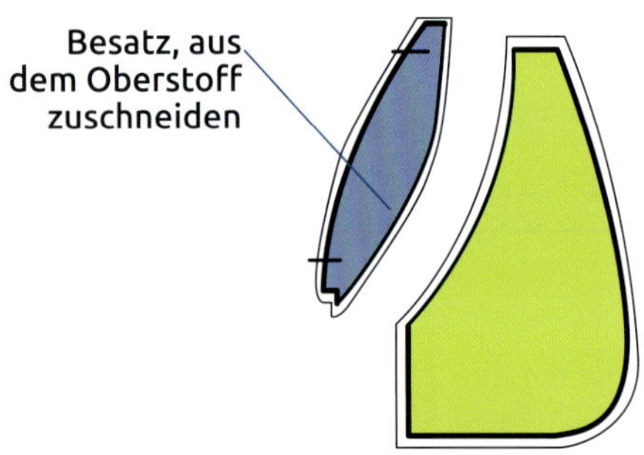

Untere Seite der Innentasche mit Besatz

BILD 3

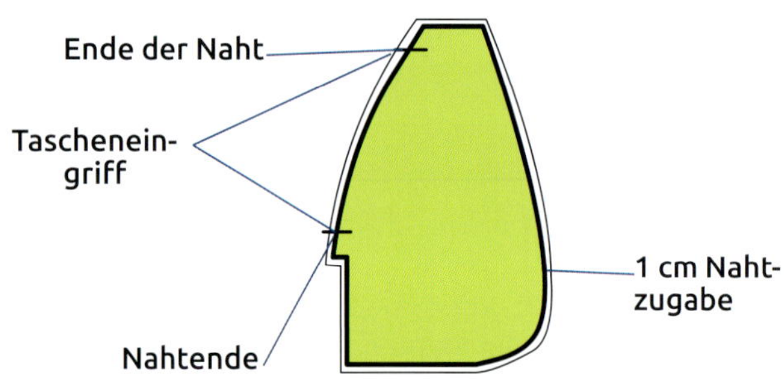

Obere Seite der Innentasche

BILD 4

Paspeltasche für Röcke

Modell 2

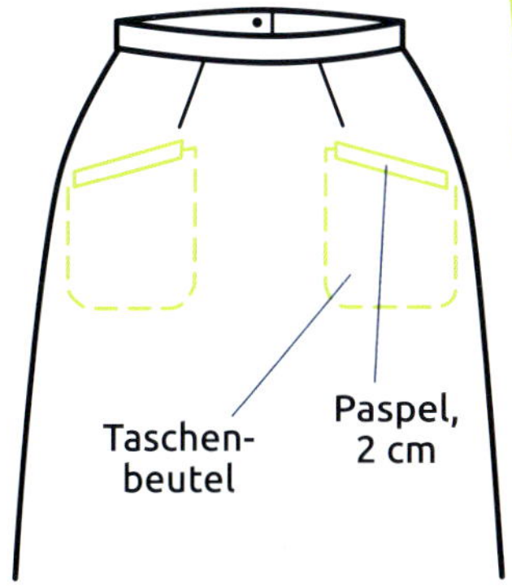

Der Tascheneingriff dieses Modells erhält eine Paspel oder eine Patte, die die beiden Schnittkanten bedeckt (im Abstand von etwa 2 cm), die nach dem Nähen erscheinen.

Nach dem Zeichnen und Ausschneiden des Tascheneingriffs (siehe S. 192/193) die Form des Taschenbeutels auf das endgültige Schnittmuster des Rockes zeichnen (Bild 1).

Die Form des Taschenbeutels abpausen (Bild 2).

Auf jedem Schnittteil 1 cm Nahtzugabe sowie Pass- und Einsetzzeichen einzeichnen.

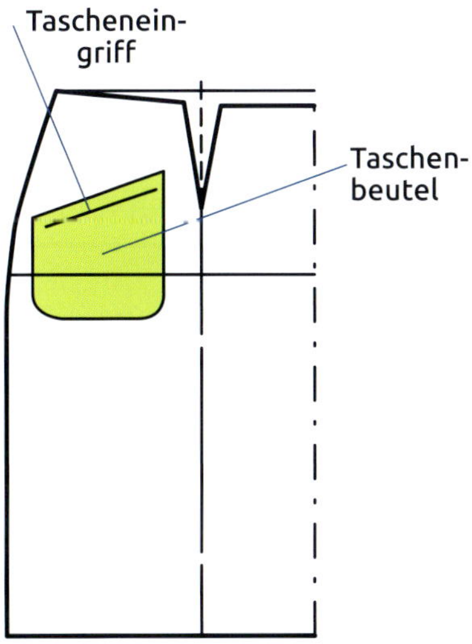

Schnittmuster für das Vorderteil des Rockes: Platzierung der Tasche

BILD 1

Form des Taschenbeutels

BILD 2

Oberes Taschenteil (auf Linie des Tascheneingriffs gezeichnet)

BILD 3

Unteres Taschenteil (etwa 2 cm oberhalb des Tascheneingriffs zugeben)

BILD 4

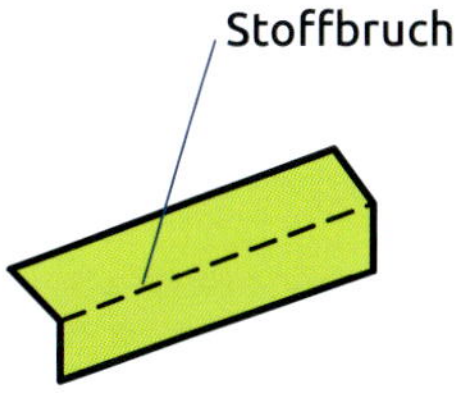

Paspel, an das obere Taschenteil nähen

BILD 5

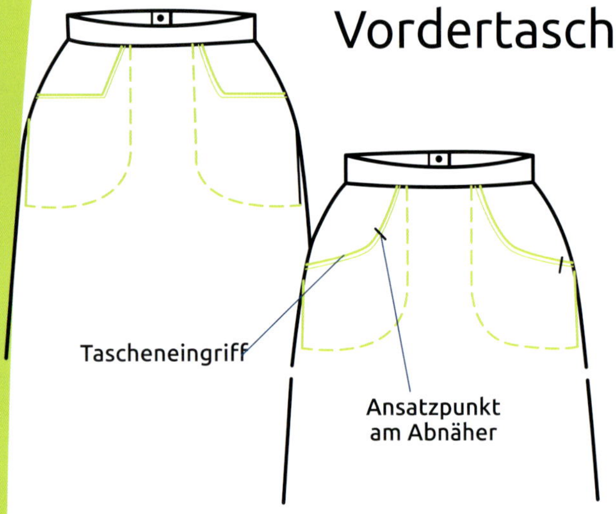

Vordertasche im Rockabnäher

Modell 3

Ist die Tasche nah am vorderen Rockabnäher vorgesehen, sollte man den Abnäher in das untere Taschenteil integrieren. Das Bild oben links zeigt zwei Modelle dieser Art: mit gerader Paspel und mit gebogener Paspel.

Die einzelnen Konstruktionsschritte sind bei beiden Modellen gleich.

Auf dem endgültigen Schnittmuster des Rockes zwei Passzeichen für den Abnäher anbringen (Weite des Abnähers).

Die Taschenöffnung vom ersten Passzeichen aus zeichnen (Bild 1, in Orange). Abnäher vom zweiten Passzeichen aus zur Taschenöffnung hin zeichnen (orangefarbene Linie in Bild 1).

Dann die Kopie der Tasche mit der Seite des Rockes abpausen (Bild 2).

Um die Weite des Abnähers, der in der Tasche vernäht wird, einzuhalten, den Abnäher, wie in Bild 3 gezeigt, verschieben. Dann diesen Abnäher einsetzen.

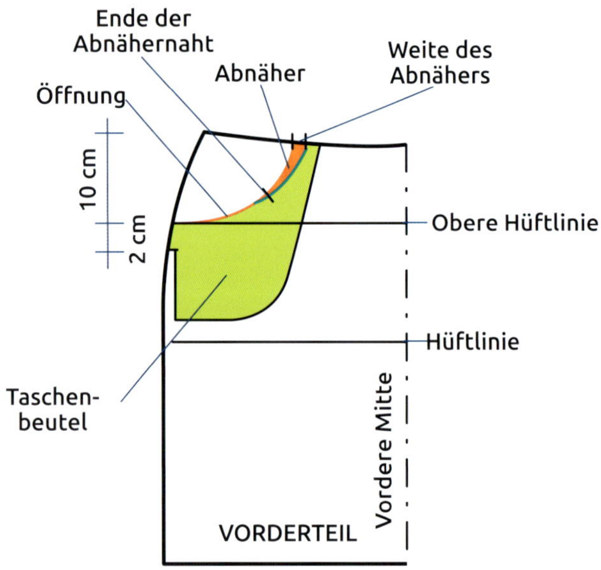

BILD 1

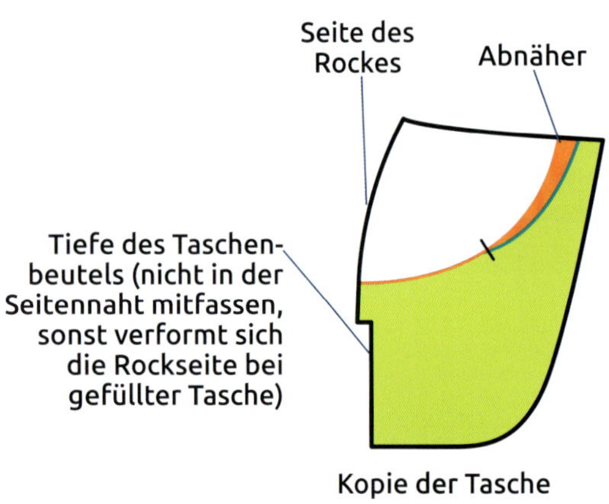

BILD 2

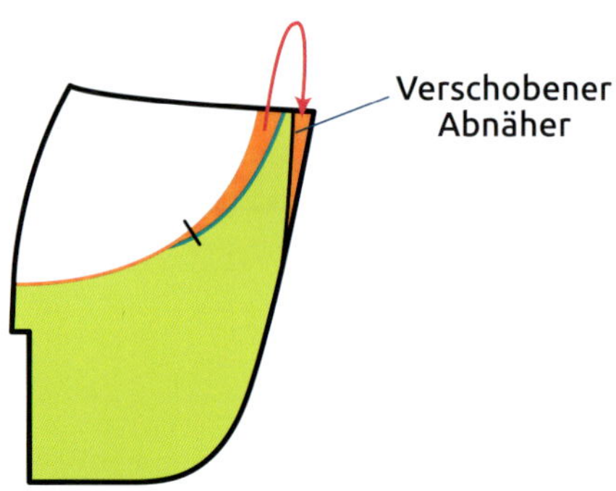

BILD 3

Auf der neuen Kopie der Tasche die Linie des Abnähers einzeichnen. Der Besatz wird mit dem Hüftpassenteil aus dem Oberstoff geschnitten, damit man das Futter nicht sieht, wenn die Tasche geöffnet wird (Bild 4).

Beide Partien des unteren Taschenteils trennen (Hüftpasse mit Besatz und Innentasche), dann alle Taschenteile mit 1 cm Nahtzugabe versehen (Bild 6 und 7).

Pass- und Einsetzzeichen anbringen.

Damit die Tasche nicht aufträgt, oberes und unteres Taschenbeutelteil aus Futterstoff zuschneiden.

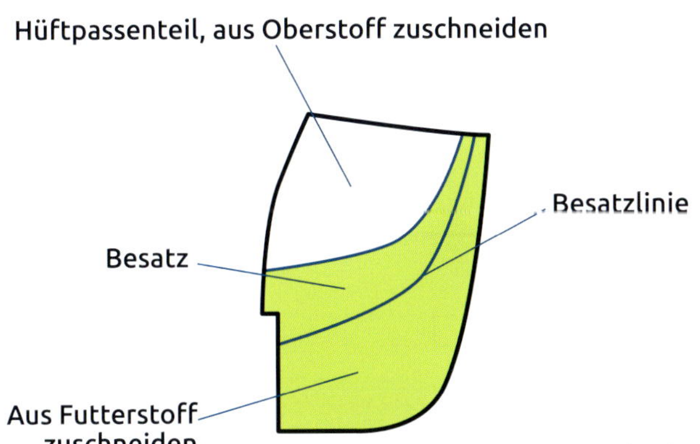

BILD 4

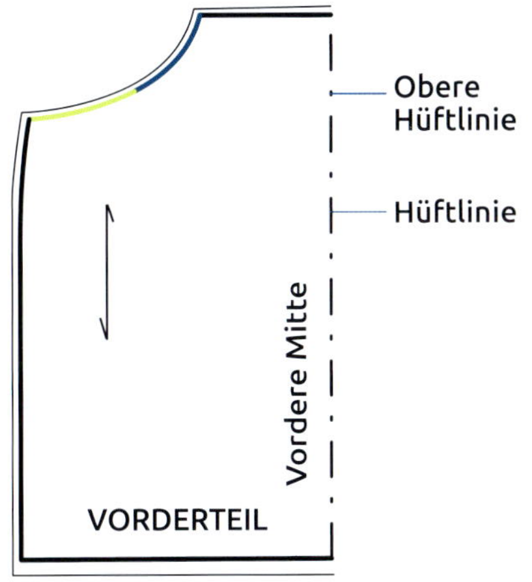

Endgültiges Schnittmuster für das Vorderteil des Rockes

BILD 5

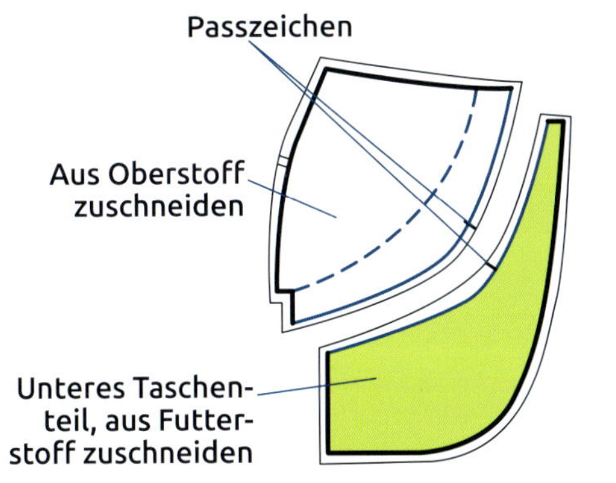

Hüftpasse mit Besatz und unterem Taschenteil

BILD 6

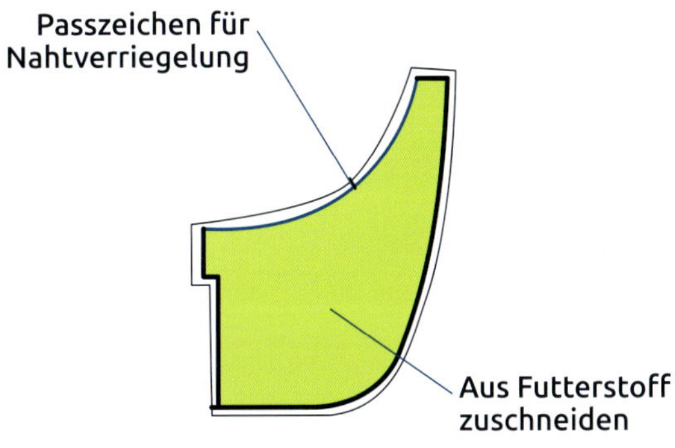

Oberes Taschenteil

BILD 7

Schräge eingeschnittene Rocktasche

Modell 4

Modell der zu nähenden Tasche

Den Rand der Tasche auf den Grundschnitt des gewünschten Rockes zeichnen (Bild 1).

Dann den Taschenbeutel abpausen (Bild 2).

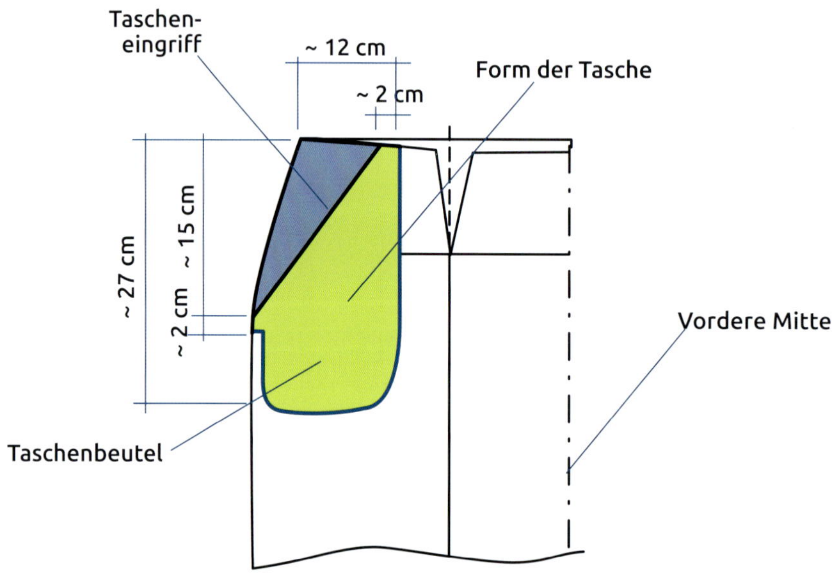

Platzierung der Tasche auf dem Grundschnitt

BILD 1

Für die Kante des Besatzes eine Parallele zur Öffnungslinie im Abstand von etwa 2 bis 5 cm zeichnen (Bild 2).

Dann beide Partien separat abpausen: Hüftpasse mit Besatz, obere und untere Seite der Tasche (Bild 3 und 4).

Obere und untere Seite der Tasche aus Futterstoff zuschneiden, damit sie nicht aufträgt (Bild 3 und 4). Besatz aus Oberstoff zuschneiden, damit die Fütterung der Tasche nicht beim Öffnen sichtbar wird. Die untere Seite der Tasche kann eventuell aus dem Oberstoff zugeschnitten werden. In diesem Fall umfasst das Schnittmuster für die untere Seite den Besatz (der nicht mehr erforderlich ist).

Nahtzugabe von 1 cm hinzufügen.

Pass- und Einsetzzeichen auf dem endgültigen Schnittmuster für die Tasche anbringen.

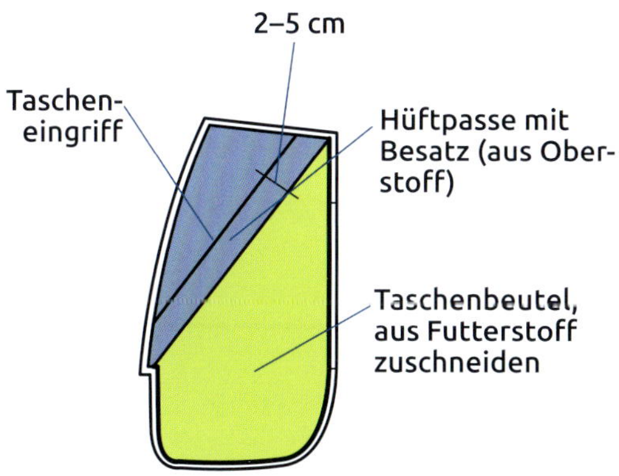

Form der Tasche

BILD 2

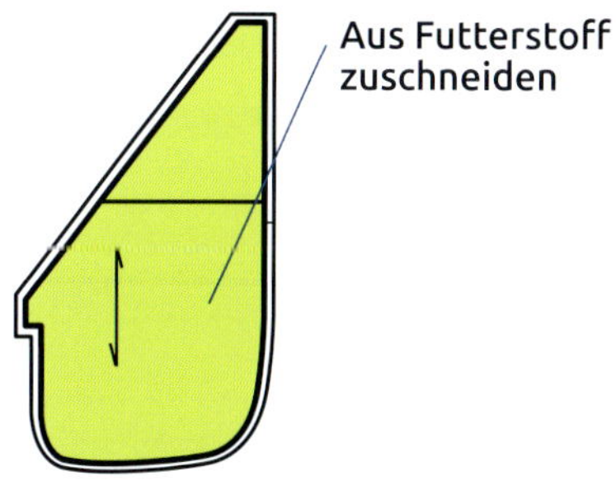

Oberes Taschenteil

BILD 3

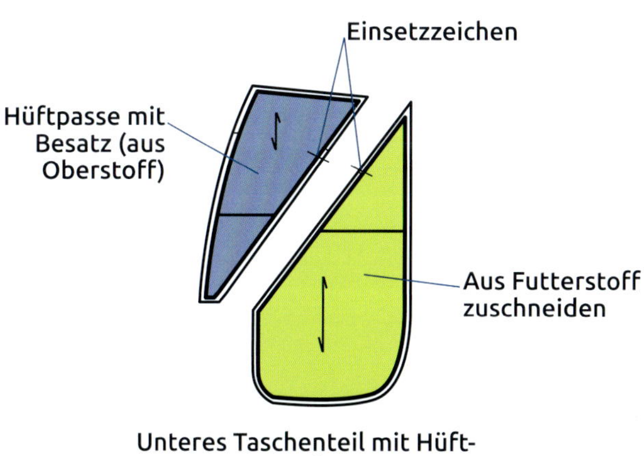

Unteres Taschenteil mit Hüftpasse und Besatz

BILD 4

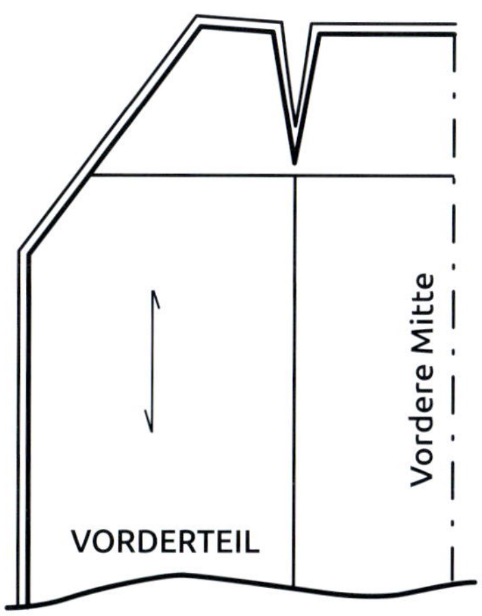

Endgültiges Schnittmuster des Rockes

BILD 5

Vertikale Einschubtasche für Jacken

Modell 5

Auf dem endgültigen Schnittmuster des Rockes, wie in Bild 1 gezeigt, den Tascheneingriff markieren (groß genug für eine Hand), dann die Form des Taschenbeutels zeichnen (Bild 1, in Grün).

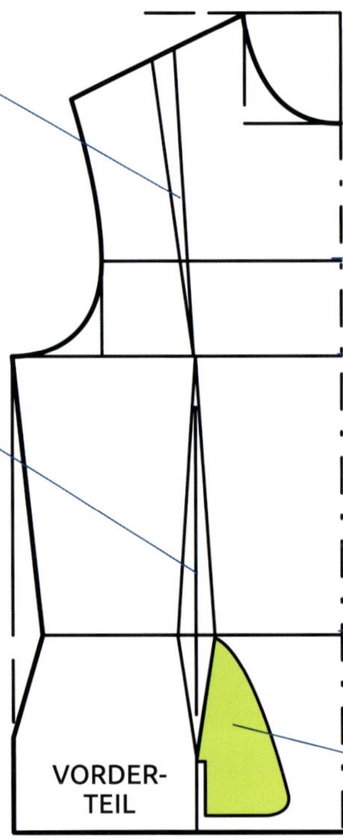

BILD 1

Die Taschenform abpausen (Bild 2).

Den Besatz zeichnen (2 bis 3 cm breit), er wird aus Oberstoff zugeschnitten, damit die Fütterung der Tasche nicht beim Öffnen sichtbar wird (Bild 2, in Blau).

Dann alle Partien separat abpausen: Besatz, oberes und unteres Taschenteil (Bild 3 und 4).

Den Taschenbeutel aus Futterstoff zuschneiden, damit er nicht aufträgt (Bild 3 und 4, in Grün).

Alle Schnittteile mit 1 cm Nahtzugabe versehen.

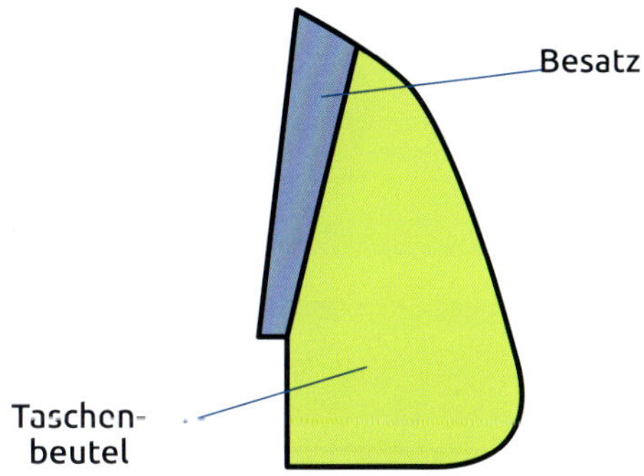

Form der Tasche

BILD 2

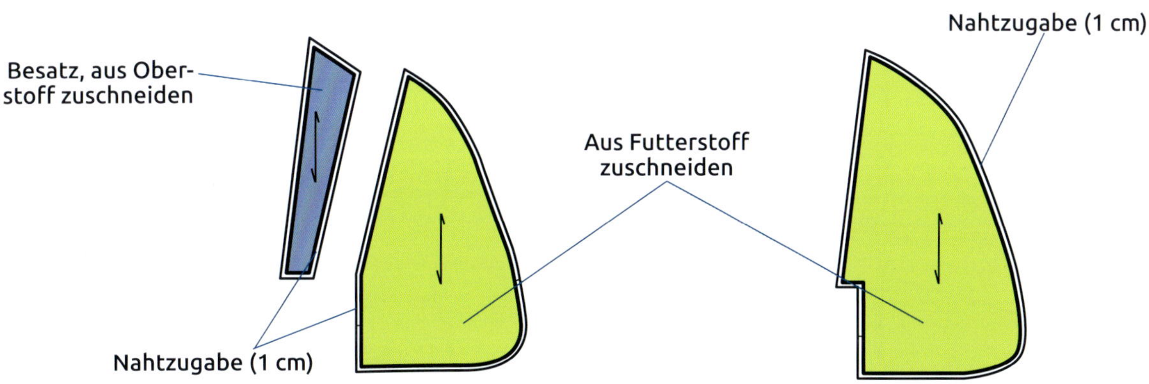

Unteres Taschenteil
mit Besatz

BILD 3

Oberes Taschenteil
mit Besatz

BILD 4

Horizontale Einschubtasche für Jacken

Modell 6

Um dieses Modell zu konstruieren, zeichnen Sie zunächst den Grundschnitt für das Oberteil und wandeln ihn wie gewünscht ab: Den Tascheneingriff anzeichnen und dann die Kopie der Tasche einzeichnen, wie in Bild 1 gezeigt.

Alle Partien abpausen (Bild 2 und 3).

Bei diesem Modell ohne Paspel ist das obere Taschenteil um die Breite eines Besatzes zu verlängern, die ausreicht, damit man die Naht der Innentasche nicht sieht (Bild 2, in Blau). Der Besatz wurde zuvor an der Kopie der Tasche befestigt (Bild 3).

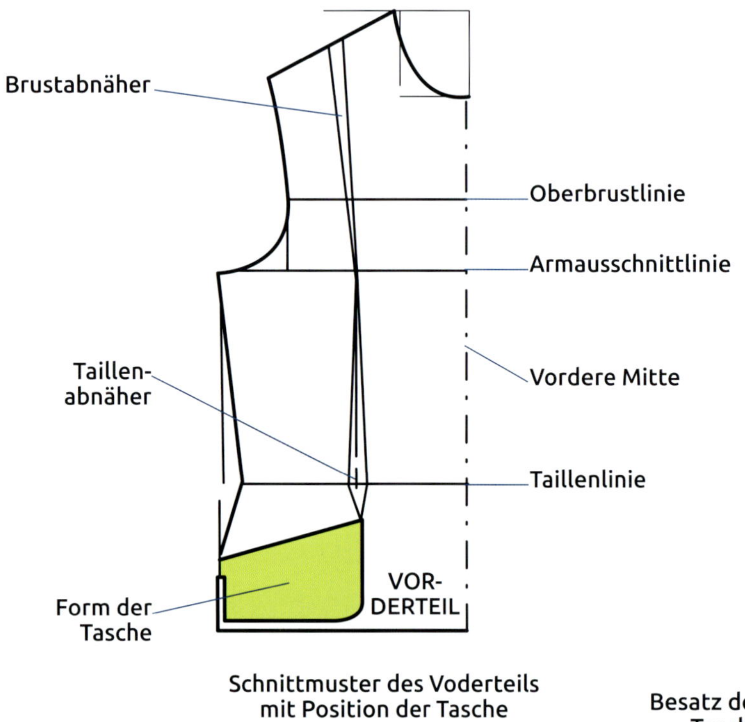

Schnittmuster des Voderteils mit Position der Tasche

BILD 1

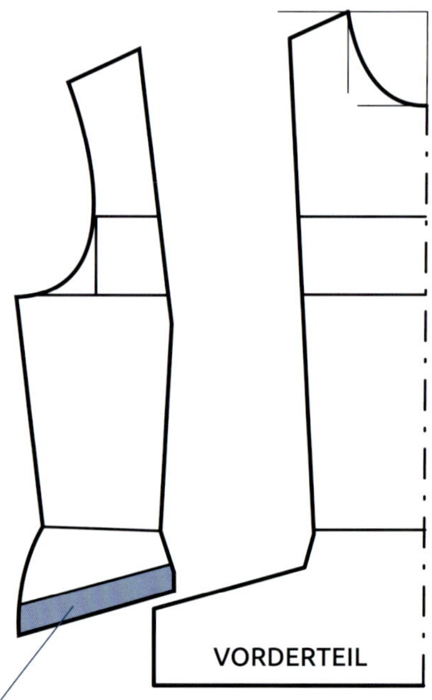

BILD 2

Den Taschenbeutel aus Futterstoff zuschneiden, damit er nicht aufträgt.

Alle Schnittteile mit 1 cm Nahtzugabe versehen.

Pass- und Einsetzzeichen einzeichnen.

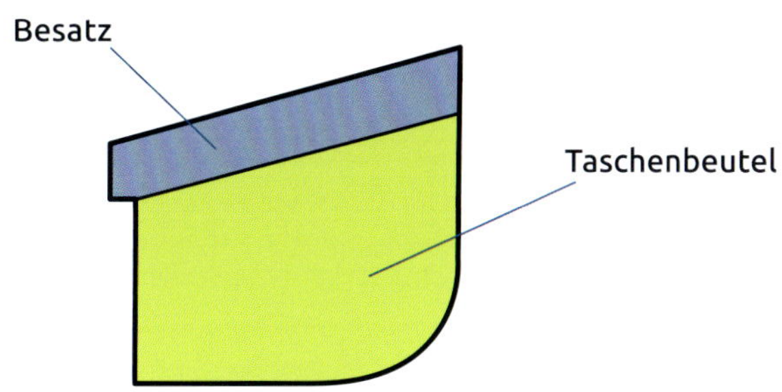

Form der Tasche

BILD 3

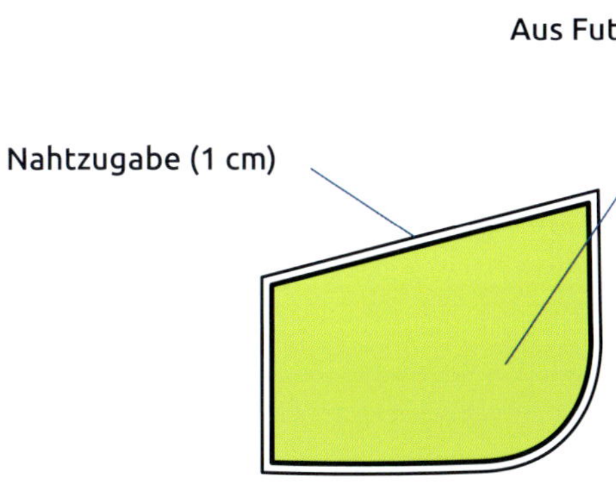

Unteres Taschenteil

BILD 4

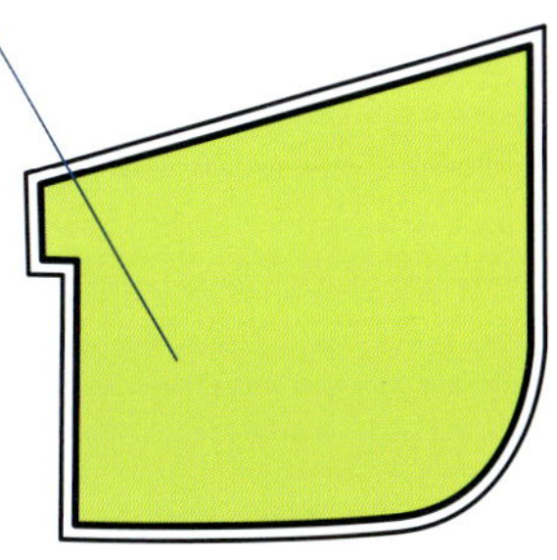

Oberes Taschenteil

BILD 5

Aufgesetzte Taschen

Aufgesetzte Taschen werden einfach auf das Kleidungsstück genäht. Dabei ist es besonders wichtig, die richtigen Pass- und Einsetzzeichen anzubringen.
Aufgesetzte Taschen können völlig flach konstruiert werden, aber es ist ratsam, vor dem Zuschneiden und Annähen zunächst ein Muster aus Stoff (z. B. Nesselstoff) zu fertigen, um Volumen und Platzierung zu überprüfen. Aufgrund der vielen verschiedenen Formen kann man hier seine Kreativität walten lassen und das Kleidungsstück ganz nach dem persönlichen Geschmack gestalten.
Die Taschen können Zierde sein oder einem Zweck dienen. Im letzteren Fall ist auf die bequeme Nutzbarkeit zu achten.

Verschiedene Modelle aufgesetzter Taschen

Blasebalgtasche mit Patte

Modell 1

Das Schnittmuster für die Tasche mit einem bequemen Eingriff (z. B. 14 bis 16 cm breit) versehen.

Dann die gewünschte Dicke des Blasebalgs an den Seiten und am Boden zugeben (hier etwa 4 cm, Bild 2).

Um wulstige Ecken zu vermeiden, überschüssigen Stoff wegschneiden (siehe Bild 2).

Seiten und Boden mit 1 cm Nahtzugabe und den Tascheneingriff mit einen Saum von 2 cm versehen.

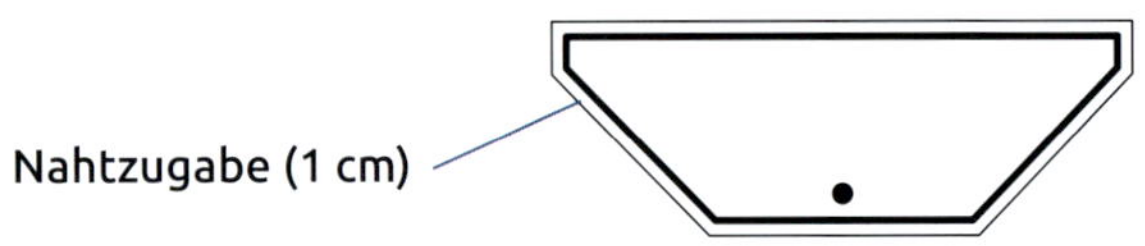

Patte der Tasche, 2mal zuschneiden

BILD 1

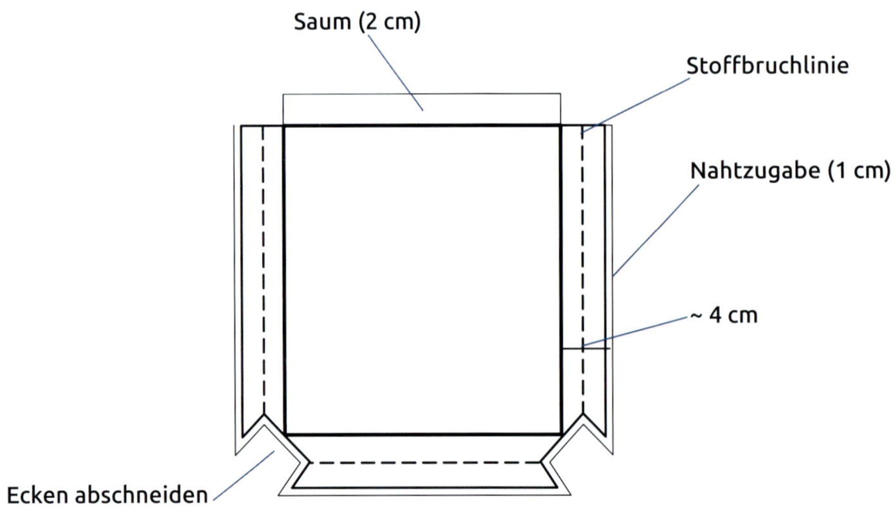

Endgültiges Schnittmuster der Tasche

BILD 2

Blasebalgtasche mit Überschlag

Modell 2

Das Schnittmuster für die Tasche mit einer bequemen Öffnung für die Hand (z. B. 14 bis 16 cm breit) versehen.

Um dem Taschenboden Volumen zu geben, dort einige breite Falten von je 1 bis 2 cm anbringen. Dann den Besatz für den Überschlag konstruieren (Bild 1).

Mit Pauspapier den Überschlag entlang des Stoffbruchs kopieren und dann 2 bis 3 cm zugeben (Bild 2). Diese Partie umfasst die obere Naht und die Seite des Überschlags.

Pass- und Einsetzzeichen sowie eine Nahtzugabe und den Saum hinzufügen.

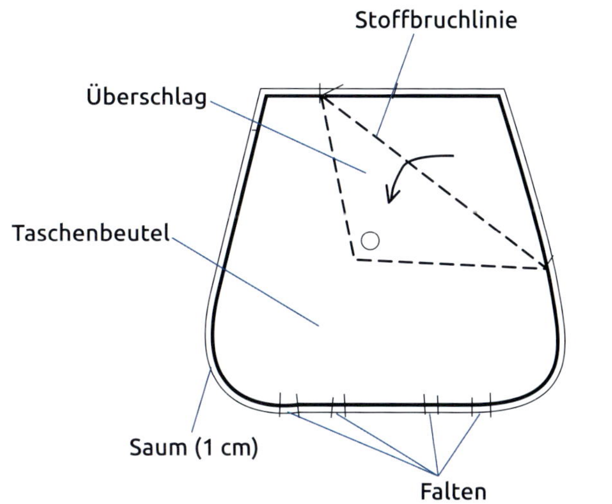

Endgültiges Schnittmuster der Tasche

BILD 1

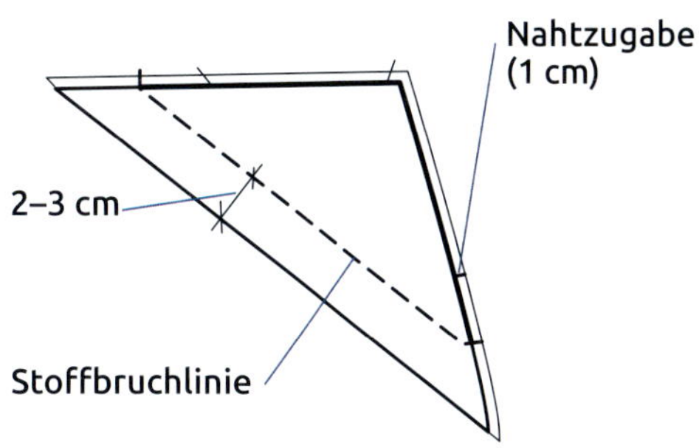

Besatz für den Überschlag

BILD 2

Fantasietasche mit gerafftem Eingriff

Modell 3

Das Schnittmuster für die Tasche mit einem bequemen Eingriff (z. B. 14 bis 16 cm) versehen. Diese Öffnung auf jeder Seite um die halbe Taschenbreite verlängern (insgesamt wird die Breite also verdoppelt). Das ergibt beim Zusammenziehen die Raffung.

Mit Pauspapier die obere Partie der Tasche verlängern, um einen Besatz zu konstruieren.

Die Platzierung der Knopflöcher markieren, durch die das Raffband gezogen wird.

Nahtzugabe und Saum hinzufügen.

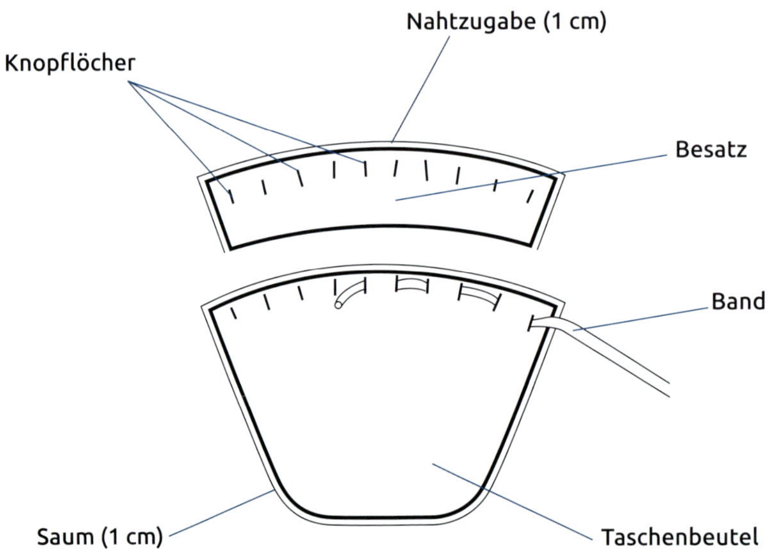

Endgültiges Schnittmuster der Tasche

BILD 1

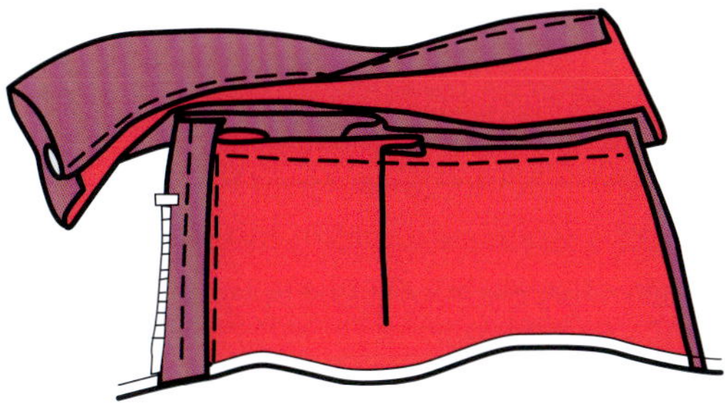

Futter

Mit ein paar geringen Abweichungen handelt es sich beim Futter um die perfekte Kopie eines Kleidungsstücks. Jedes Kleidungsstück kann aus praktischen, ästhetischen oder technischen Gründen ganz oder teilweise gefüttert werden.

Aus praktischen Gründen:
–um ein Kleidungsstück bequemer zu machen;
–um ein Kleidungsstück aus feinem Stoff zu verstärken.

Aus ästhetischen Gründen:
–um ein Kleidungsstück mit einem fantasievollen Futter zu verzieren (die großen Marken haben oft ein Futter mit dem eigenen Logo);
–um die Transparenz eines Modells zu kaschieren oder mit einem kontrastierenden Futter zu betonen.

Aus technischen Gründen:
–um ein Kleidungsstück mit einem dicken Futter aus Wolle oder Pelz wärmer zu machen;
–um Einsätze wie Miederstäbchen oder Schulterpolster zu verdecken;
–um die inneren Nähte zu verdecken.

Bei jedem Kleidungsstück ist darauf zu achten, dass das Futter bequem ist und die Bewegungsfreiheit nicht einschränkt.

Rockfutter

Einnähen des Futters

Beim Zusammennähen werden Rock und Futter gleichzeitig an den Bund genäht. Die Abnäher des Futters - ob zugenäht oder einfach gefaltet - müssen stets sorgfältig an der gleichen Stelle markiert werden wie beim Rock, um Probleme beim Tragen zu vermeiden und damit Rock und Futter die gleiche gute Passform haben. Ist der Rock aus dickem Stoff, sollten die Abnäher von Rock und Futter in entgegengesetzter Richtung umgebügelt werden.

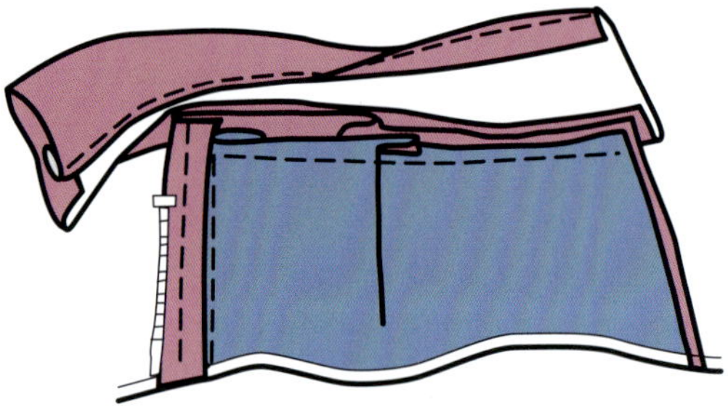

BILD 1

BILD 2

Klassisches Rockfutter

Das Futter für einen geraden oder ausgestellten Rock wird nach dem gleichen Schnittmuster konstruiert wie der Rock selbst, nur die Länge ist unterschiedlich. In der industriellen Fertigung wird das Rockfutter nicht anstaffiert, es wird lediglich am Bund vernäht.

In der Haute Couture findet man dagegen oft ein voll vernähtes Futter, das auch mit einer Naht am Saum befestigt wird.

BILD 3

Füttern von weiten Röcken

Das Futter für weite Röcke (Tellerröcke, Faltenröcke) wird aus Gründen der Bequemlichkeit nicht auf dem gleichen Schnittmuster konstruiert wie der Rock: Es basiert auf dem Grundschnitt eines ausgestellten Rockes und erhält Schlitze an den Seiten, um beim Gehen nicht zu behindern.

BILD 4

Füttern von langen Röcken

Bei langen Röcken ist es ratsam, das Futter nicht in der gleichen Länge wie den Rock zu fertigen, damit der Stoff an der Unterkante fließend bleibt. Man nimmt das Schnittmuster für einen geraden knielangen Rock als Grundlage und sieht Schlitze an den Seiten vor.

Jacken- und Mantelfutter

Vor dem Fertigen des Schnittmusters für das Futter sind einige Anpassungen vorzunehmen, damit es in das Kleidungsstück passt und bequem ist.

1. Besatz vom endgültigen Schnittmuster trennen (Bild 1, in Violett). Der Besatz wird anschließend aus dem Oberstoff zugeschnitten.

2. An der hinteren Mittellinie das Schnittmuster für eine Bewegungsfalte um 2 bis 3 cm erweitern. Diese Bewegungsfalte wird in Form einer flachen Falte oder einer Kellerfalte oben am Besatz und unten am Saum befestigt (Bild 3).

3. Hat das Kleidungsstück Schulterpolster, dann wird deren Dicke auf dem Schnittmuster für das Futter mit einbezogen (Bild 1, in Grün).

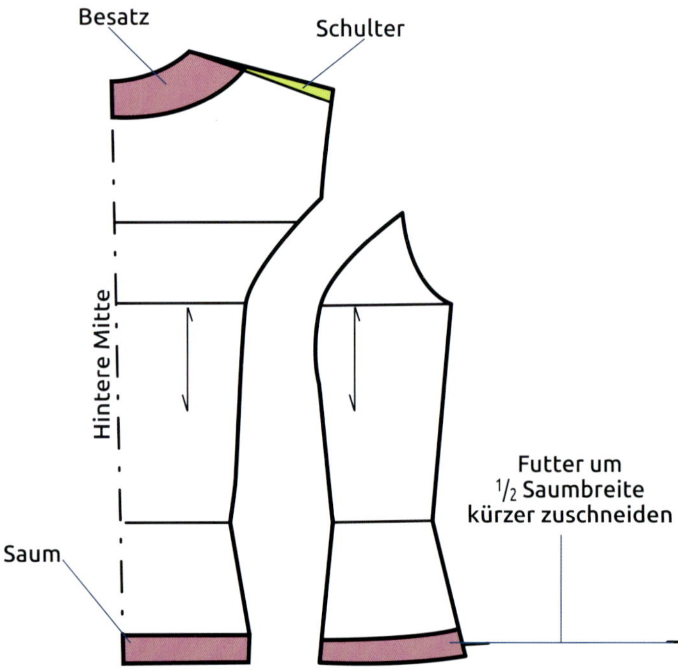

Schnittmuster für die Jacke

BILD 1

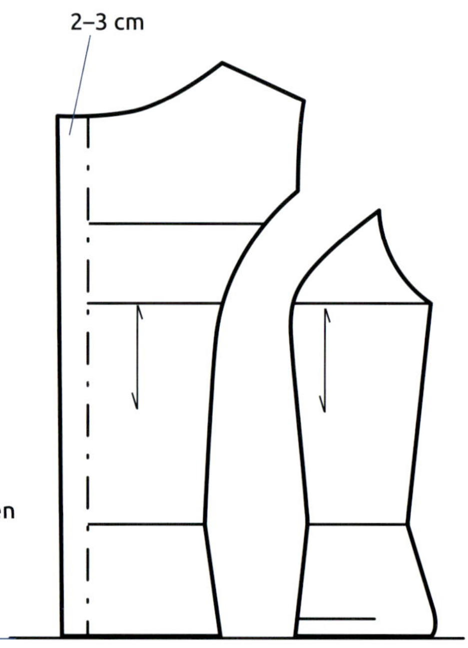

Schnittmuster für das Futter

BILD 2

Die Futterlänge um das Maß der 1/2 Saumbreite kürzen. Beispiel: Saumbreite = 5 cm; 5 : 2 = 2,5 cm. Also wird das Futter um 2,5 cm kürzer als das Kleidungsstück selbst (Bild 1 und 2).

Ein gefüttertes Kleidungsstück sollte einen Saum von mindestens 3 cm haben, damit das Futter nicht hervorschaut, nachdem an der Futtersaumkante eine Falte für die Elastizität dazugegeben wurde (Bild 4).

Jedes Futterteil erhält eine Nahtzugabe von 1 cm.

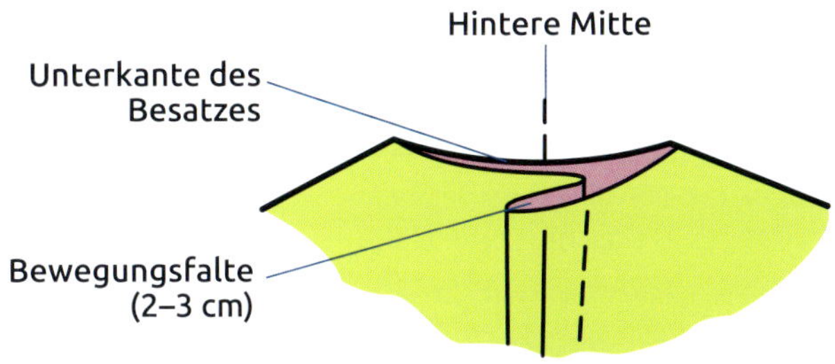

Bewegungsfalte im Futter an der hinteren Mitte

BILD 3

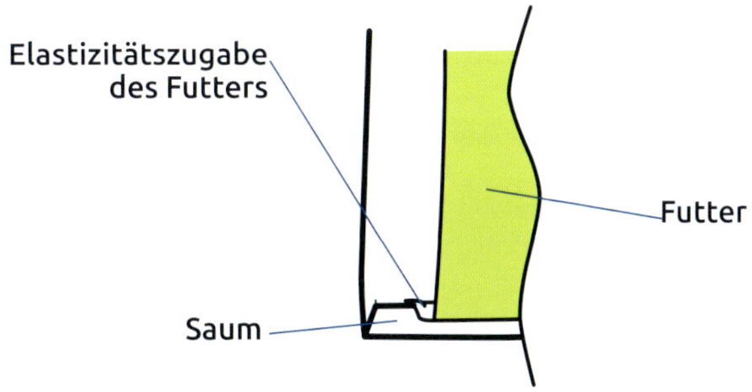

„Elastizitätsfalte" des Futters an der Saumkante

BILD 4

Nähte

Jedes endgültige Schnittmuster hat eine Reihe nützlicher Hinweise für die weiteren Phasen des Nähens. Dazu zählen auch die Angaben für die Nähte, die für das Zusammennähen benötigt werden. Wir zeigen hier die am häufigsten benutzten Grundmuster in der Schneiderei.

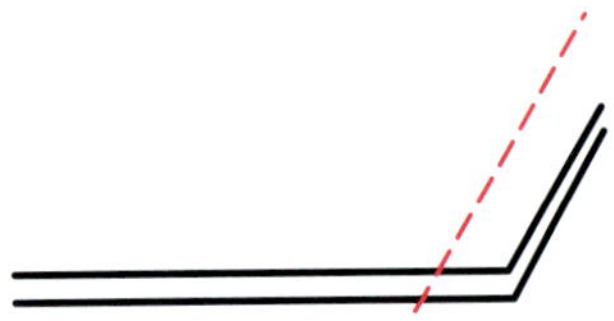

BILD 1

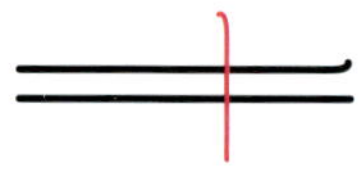

Einfache Steppnaht

Einfache Steppnaht auseinandergebügelt

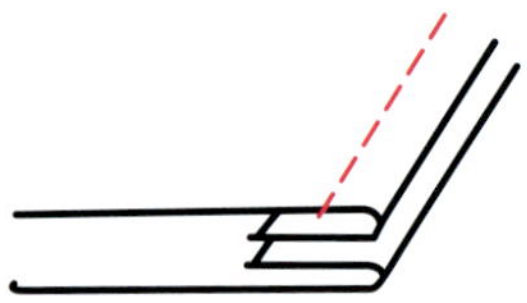

BILD 2

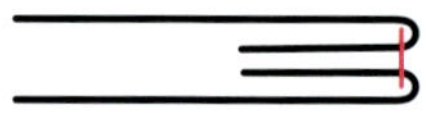

Geschlossene Naht

Doppelnaht, französische Naht

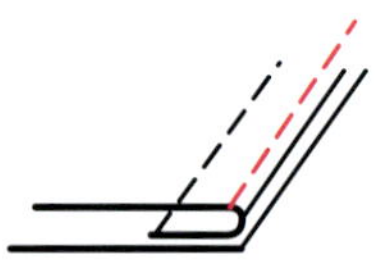

BILD 3

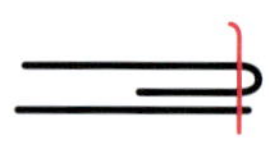

Aufgesetzt, mit Biese

Aufgesetzte Stürznaht

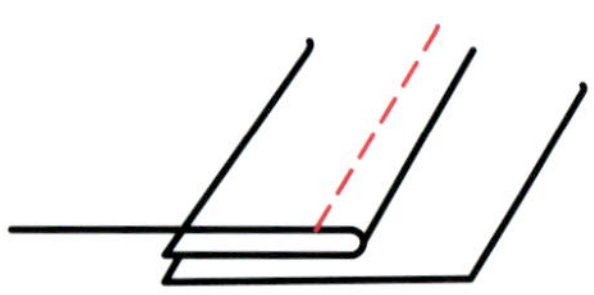

BILD 4

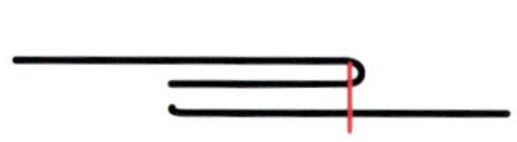

Verdeckte Naht mit Biese

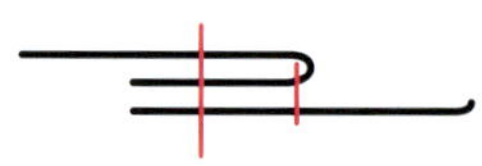

Paspelnaht

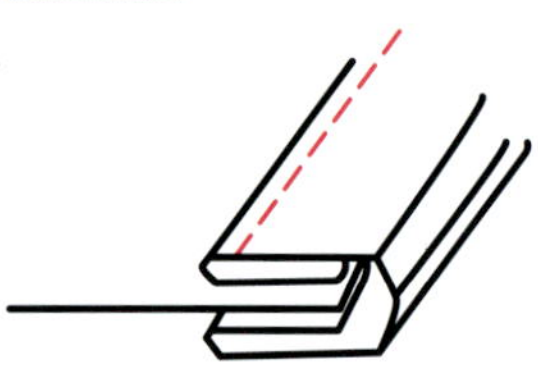

BILD 5

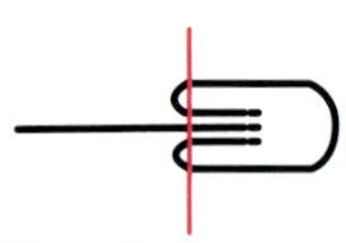

Eingefasste Kante

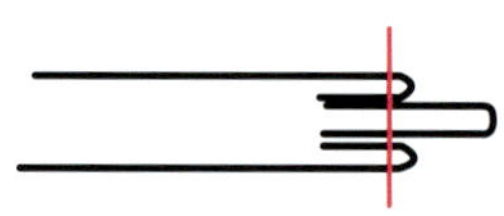

Paspelkante

BILD 6

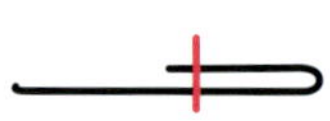

Einfach eingeschlagener Saum

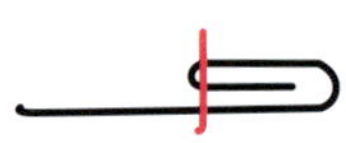

Doppelt eingeschlagener Saum

Glossar

Abflachung Begriff für die Kanten eines schrägen Schnittes, damit sich nach dem Zusammennähen keine Ecken bilden.

Abnäher Falte, die an die innere Seite genäht wird, um ein Kleidungsstück anzupassen (siehe Band 1 und 2, Abnäher, S. 21).

Angeschnitten Die entsprechende Partie ist Bestandteil des Kleidungsstücks und nicht aufgesetzt (z. B. beim Schalkragen).

Annähen Zusammenfügen der verschiedenen Teile eines Kleidungsstücks (z. B. Ärmel am Armausschnitt).

Anpassung Kleidungsstück an die gewünschten Maße angleichen.

Aufschlag Auf rechts umgeschlagener Stoff (z. B. unten am Hosenbein oder am Ärmel oder vorn am Kragen als Revers).

Aufsetzen/Applizieren Ein Stück Stoff oder ein Accessoire auf einen anderen Stoff aufsetzen.

Ausstellen Erweitern einer Partie eines Kleidungsstücks (z. B. der Unterkante eines Rockes).

Besatz Ein Stoffstück, das einen Ausschnitt oder einen Rand verstärkt und abschließt. z. B. erhält ein Revers, das auf die rechte Seite umgelegt wird, einen Besatz.

Dekolleté/Ausschnitt Erweiterung des Halsausschnitts aus Gründen der Ästhetik oder der Bequemlichkeit (siehe Band 1, Ausschnittformen, S. 33).

Drapieren Ein Material mit feinen, unregelmäßigen Falten harmonisch verteilen.

Drehen Verbesserung der Passform durch Änderung des Fadenlaufs.

Druckknopf Verschlusssystem für Kleidungsstücke, bestehend aus zwei Metall- oder Kunststoffteilen, die ineinandergreifen.

Einsatz/Passe Stück, das auf ein Kleidungsstück genäht wird, um einen Ziereffekt oder den gewünschten Stil zu erzeugen.

Einsetzzeichen Kleiner Einschnitt (Kerbe) am Rand eines Teiles zur Positionierung.

Einschneiden Kleine Einschnitte am Rand einer Stoffkante sorgen für mehr Elastizität (Bogen, Winkel).

Erweitern Die Tiefe eines Abnähers oder einer Naht vergrößern. Die Größe eines Halsausschnitts oder Armausschnitts ändern.

Fadenlauf Fadenrichtung des Gewebes. Der Schuss steht im rechten Winkel zum Saum, die Kette parallel dazu.

Fall Sitz des Kleidungsstücks am Körper als Ergebnis eines guten Schnittes und Proben.

Falte Mehrfach umgelegte Stoffpartie.

Formstück In das Innere eines Kleidungsstücks eingesetztes Teil, das die Form des Originals hat, z. B. des Bundes oder eines Besatzes (siehe Band 1, Röcke, S. 118).

Futter Kopie des Kleidungsstücks aus einem feineren Stoff, an der Innenseite des Kleidungsstücks vernäht. Es soll die inneren Nähte verdecken, das Kleidungsstück stützen oder wärmer machen (siehe Band 1, Futter, S. 213).

Gehrung Diagonaler Schnitt in einer Ecke oder beim Aufeinandertreffen zweier Stoffpartien, um zu dicke Stofflagen zu vermeiden.

Godet Falsche Falte, gebildet durch einen Schrägschnitt, häufig auch durch den Einsatz eines dreieckigen Stückes in einen Rock, um die Unterkante zu erweitern (siehe Band 1, Röcke, S. 138).

Gradieren Originalgetreue Darstellung des Grundschnitts für kleinere oder größere Größen (siehe Band 2, Gradieren, S. 19).

Halsausschnitt Öffnung oben am Oberteil, durch die der Kopf geführt wird, verläuft eng am Hals.

Kette *siehe* **Fadenlauf.**

Knopf Kleines Objekt aus Metall, Holz oder anderem Material zum Schließen von Kleidungsstücken.

Knopfloch Manuell oder mechanisch erzeugter Schlitz im Kleidungsstück, durch den der Knopf geführt wird.

Kragen Teil aus Stoff rund um die Halslinie, das den Hals bzw. das Dekolleté umgibt (siehe Band 1, Kragen, S. 149).

Kragenfall Teil des Kragens, der auf das Kleidungsstück zurückfällt (siehe Band 1, Kragen, Seite 149).

Kragensteg Teil des Kragens, der an die Halslinie genäht wird (siehe Band 1, Kragen, Seite 149).

Kurvenlineal *siehe* **Schneiderlineal.**

Leibhöhe (Hose) Äußere Länge der Beine, gemessen von der Taille bis zum Schritt (siehe Band 2, Hosen, S. 149).

Manschette Unterer Teil eines langen Ärmels, umgeschlagen oder mit Saum versehen.

Mehrweite Zugabe zum Umfang der Ärmelkugel, erforderlich wegen der natürlichen Wölbung der Arme (siehe Band 1, Mehrweite, S. 29).

Passzeichen Kleiner Einschnitt (Kerbe) am Rand eines Teiles, dient als Anhaltspunkt für das Zusammennähen, um Passform und Ausgewogenheit der Konstruktion zu bewahren.

Paspel Schräg geschnittenes Stoffband, wird um eine Kante gelegt. Wird zur Verzierung von Knopflöchern und Taschen benutzt (siehe Band 1, Taschen, S. 191).

Passform Ausgewogenheit eines Kleidungsstücks durch das Verhältnis des Fadenlaufs (Kette und Schuss müssen rechtwinklig oder parallel zum Boden sein).

Patte Angesetztes Stoffstück, soll einen Schlitz oder eine Öffnung verdecken.

Raffung Zusammenschieben des Stoffes auf einem Faden, um das Volumen eines Kleidungsstücks zu verringern.

Reißverschluss Zweiteiliger Verschluss mit Zähnchen, die ineinandergreifen. Wird mit einem Schieber geöffnet und geschlossen.

Runden Eine gebogene Linie zeichnen.

Saum Verarbeitung für die Kante eines Kleidungsstücks; der Stoff wird umgebückt und vernäht.

Schere Schneidwerkzeug mit zwei beweglichen Schneiden, die innen geschärft sind.

Schlaufe Kleiner Ring aus geflochtenem Garn oder Stoff an der Saumkante eines Kleidungsstücks, durch den ein Knopf geführt wird.

Schneiderlineal *oder* **Kurvenlineal** Gebogenes Lineal zum Zeichnen von Kurven.

Schnittbogen Modell aus Papier, Pappe oder Toile als Grundlage für das Zuschneiden eines Kleidungsstücks.

Schnittkonstruktion In der Mode Entwurf und Konstruktion eines Kleidungsstücks, ausgehend von einem Modell, unter Anwendung der Technik des Zuschneidens oder des Drapierens.

Schnittlinie Linie bestimmter Form für dekorative oder technische Zwecke.

Schnittmustererstellung Technik für die Fertigung eines Kleidungsstücks von der Modellstudie über die technische Zeichnung zum endgültigen Schnittmuster.

Schoß Partie des Kleidungsstücks, von der Taille herab über die Hüften verlaufend.

Schrägschnitt Halbierungslinie des rechten Winkels zwischen Kette und Schuss. Schnitt auf der Achse dieser Halbierungslinie (45°). Ein falscher Schrägschnitt weist einen anderen Winkel als 45° auf.

Schrittlänge Innere Länge der Beine, gemessen vom Schritt bis zum Boden (siehe Band 2, Hosen, S. 149).

Schrittlinie Linie, an der die Mittelnaht einer Hose verläuft, die die rechte und linke Partie des Beckens von der hinteren bis zur vorderen Mittellinie der Taille durch den Schritt hindurch voneinander trennt (siehe Band 2, Hosen, S. 149).

Schulterpolster Halbkreisförmiges Kissen auf der Schulter am Armausschnitt. Soll der oberen Brust Volumen geben und die Schulterlinie erhöhen.

Schuss *siehe* **Fadenlauf.**

Stäbchen Verstärkung aus Metall oder dünnem Kunststoff, z. B. Korsettstange, die eine Partie eines Kleidungsstücks hält oder stützt (siehe Band 2, Bustiers, S. 219).

Stoffbruch Bezeichnet beim Schnittmuster symmetrische Mittelachse eines Schnittteils. Am Kleidungsstück ist es die Linie, an der der Stoff umgelegt wird (z. B. das Revers eines Kragens).

Stürznaht Zwei Stoffstücke rechts auf rechts legen, umsteppen, dabei eine Öffnung umlegen.

Tasche Stoff in Form eines Beutels auf oder in einem Kleidungsstück (siehe Band 1, Taschen, S. 191).

Überschlag/Klappe Gefüttertes Teil eines Kleidungsstücks, das umgelegt werden kann.

Übertritt Stoffstück wird an eine Achse angefügt. Darauf wird die Knopfleiste genäht.

Verdeckte Knopfleiste Verschlusssystem für ein Kleidungsstück, bei dem die Knöpfe durch ein angesetztes Stoffband verdeckt werden.

Vergrößerung *oder* **Zugabe** Einem Kleidungsstück wird Breite, Elastizität und Volumen gegeben, um es bequemer zu machen (siehe Band 1, Vergrößerung, S. 27).

Volant Angesetztes Stoffband, das gerafft, plissiert, schräg angesetzt, kreisförmig oder als Spirale geschnitten sein kann (siehe Band 1, Rock mit Volant, S. 142).

Webkante Rand des Stoffes, wo der Schuss umgelegt wird.

Weite Volumen, das einem Kleidungsstück ganz oder teilweise zugefügt wird.

Weiten Vergrößerung der Weite eines Kleidungsstücks auf Taillenhöhe durch Nähte oder Abnäher (siehe Band 2, Jackenmodelle, S. 47).

Zugabe *siehe* **Vergrößerung.**

Zwickel Eingesetztes Stoffstück, z. B. unter dem Arm, das einem Kimonoärmel mehr Bewegungsfreiheit gibt (siehe Band 2, Kimono-Oberteile, S. 73).

Inhaltsverzeichnis